面向新工科专业建设计算机系列教材

科学计算与MATLAB（微课版）

吴雅娟　王莉利◎主　编
程　亮　杨冬黎◎副主编

清華大学出版社
北　京

内容简介

本书重点介绍现代工程技术中计算机常用且行之有效的数值方法及基本原理，包括绪论、MATLAB语言基础、MATLAB程序设计基础、非线性方程的数值解法、线性方程组的数值解法、MATLAB绘图基础、MATLAB中的符号运算、插值与拟合、数值微积分、常微分方程初值问题的数值解法等内容。本书内容精练、深入浅出、循序渐进，每章均配有适量的例题、习题和实验内容，对于每个重要的数值计算方法都给出便于编程的算法概述，同时给出使用MATLAB函数和程序实现算法的例子。

本书可作为高等工科院校各专业高年级学生科学计算类课程的教材，也可作为成人教育的教材和工程技术人员的自学参考书。

图书在版编目(CIP)数据

科学计算与MATLAB：微课版/吴雅娟等主编．—北京：清华大学出版社，2020.8（2024.8重印）
面向新工科专业建设计算机系列教材
ISBN 978-7-302-56052-4

Ⅰ．①科…　Ⅱ．①吴…　Ⅲ．①Matlab软件－应用－科学计算－高等学校－教材　Ⅳ．①TP317 ②N32

中国版本图书馆CIP数据核字(2020)第130541号

责任编辑：白立军
封面设计：杨玉兰
责任校对：时翠兰
责任印制：丛怀宇

出版发行：清华大学出版社
网　　址：https://www.tup.com.cn，https://www.wqxuetang.com
地　　址：北京清华大学学研大厦A座　　**邮　　编**：100084
社 总 机：010-83470000　　**邮　　购**：010-62786544
投稿与读者服务：010-62776969，c-service@tup.tsinghua.edu.cn
质量反馈：010-62772015，zhiliang@tup.tsinghua.edu.cn
课件下载：https://www.tup.com.cn，010-83470236
印 装 者：天津鑫丰华印务有限公司
经　　销：全国新华书店
开　　本：185mm×260mm　　**印　　张**：14.75　　**字　　数**：338千字
版　　次：2020年8月第1版　　**印　　次**：2024年8月第3次印刷
定　　价：45.00元

产品编号：087991-01

出版说明

一、系列教材背景

人类已经进入智能时代。云计算、大数据、物联网、人工智能、机器人、量子计算等是这个时代最重要的技术热点。为了适应和满足时代发展对人才培养的需要,2017年2月以来,教育部积极推进新工科建设,先后形成了“复旦共识”“天大行动”和“北京指南”,并发布了《教育部高等教育司关于开展新工科研究与实践的通知》《教育部办公厅关于推荐新工科研究与实践项目的通知》,全力探索形成领跑全球工程教育的中国模式、中国经验,助力高等教育强国建设。新工科有两个内涵:一是新的工科专业;二是传统工科专业的新需求。新工科建设将促进一批新专业的发展,这批新专业有的是依托于现有计算机类专业派生、扩展而成的,有的是多个专业有机整合而成的。由计算机类专业派生、扩展形成的新工科专业有计算机科学与技术、软件工程、网络工程、物联网工程、信息管理与信息系统、数据科学与大数据技术等。由计算机类学科交叉融合形成的新工科专业有网络空间安全、人工智能、机器人工程、数字媒体技术、智能科学与技术等。

在新工科建设的“九个一批”中,明确提出“建设一批体现产业和技术最新发展的新课程”“建设一批产业急需的新兴工科专业”。新课程和新专业的持续建设,都需要以适应新工科教育的教材作为支撑。由于各个专业之间的课程相互交叉,但是又不能相互包含,所以在选题方向上,既考虑由计算机类专业派生、扩展形成的新工科专业的选题,又考虑由计算机类专业交叉融合形成的新工科专业的选题,特别是网络空间安全专业、智能科学与技术专业的选题。基于此,清华大学出版社计划出版“面向新工科专业建设计算机系列教材”。

二、教材定位

教材使用对象为“211工程”高校或同等水平及以上高校计算机类专业及相关专业学生。

三、教材编写原则

(1) 借鉴 *Computer Science Curricula* 2013(以下简称 CS2013)。

CS2013的核心知识领域包括算法与复杂度、体系结构与组织、计算科学、离散结构、图形学与可视化、人机交互、信息保障与安全、信息管理、智能系统、网络与通信、操作系统、基于平台的开发、并行与分布式计算、程序设计语言、软件开发基础、软件工程、系统基础、社会问题与专业实践等内容。

(2) 处理好理论与技能培养的关系,注重理论与实践相结合,加强对学生思维方式的训练和计算思维的培养。计算机专业学生能力的培养特别强调理论学习、计算思维培养和实践训练。本系列教材以"重视理论,加强计算思维培养,突出案例和实践应用"为主要目标。

(3) 为便于教学,在纸质教材的基础上,融合多种形式的教学辅助材料。每本教材可以有主教材、教师用书、习题解答、实验指导等。特别是在数字资源建设方面,可以结合当前出版融合的趋势,做好立体化教材建设,可考虑加上微课、微视频、二维码、MOOC等扩展资源。

四、教材特点

1. 满足新工科专业建设的需要

系列教材涵盖计算机科学与技术、软件工程、物联网工程、数据科学与大数据技术、网络空间安全、人工智能等专业的课程。

2. 案例体现传统工科专业的新需求

编写时,以案例驱动,任务引导,特别是有一些新应用场景的案例。

3. 循序渐进,内容全面

讲解基础知识和实用案例时,由简单到复杂,循序渐进,系统讲解。

4. 资源丰富,立体化建设

除了教学课件外,还可以提供教学大纲、教学计划、微视频等扩展资源,以方便教学。

五、优先出版

1. 精品课程配套教材

主要包括国家级或省级的精品课程和精品资源共享课的配套教材。

2. 传统优秀改版教材

对于已经出版的、得到市场认可的优秀教材,由于新技术的发展,计划给图书配上新的教学形式、教学资源的改版教材。

3. 前沿技术与热点教材

反映计算机前沿和当前热点的相关教材,例如云计算、大数据、人工智能、物联网、网络空间安全等方面的教材。

六、联系方式

联系人：白立军
联系电话：010-83470179
联系和投稿邮箱：bailj@tup.tsinghua.edu.cn

"面向新工科专业建设计算机系列教材"编委会
2019 年 6 月

系列教材编委会

计算机科学与技术专业核心教材体系建设——建议使用时间

课程系列	基础系列	电类系列	程序系列	系统系列	应用系列	选修系列
四年级下						
四年级上			软件工程综合实践	计算机体系结构	计算机图形学	机器学习 物联网导论 大数据分析技术 数字图像技术
三年级下			软件工程 编译原理		人工智能导论 数据库原理与技术 嵌入式系统	
三年级上			算法设计与分析	计算机网络		
二年级下			数据结构	计算机系统综合实践		
二年级上	离散数学（下）	数字逻辑设计 数字逻辑设计实验	面向对象程序设计 程序设计实践	操作系统		
一年级下	离散数学（上） 信息安全导论	电子技术基础	计算机程序设计	计算机原理		
一年级上	大学计算机基础					

FOREWORD

前言

以大数据、物联网、云计算、人工智能等为代表的新一轮信息技术不断突破，深刻影响人类的生产生活及思维方式的变革。大数据、物联网、云计算、人工智能等前沿技术，其核心本质就是计算，对于计算的需求无处不在。计算手段已发展成为科学研究的第三种手段，它与实验、理论三足鼎立，相辅相成，成为人类科学活动的三大方法之一。因此，熟练运用计算机进行科学计算，已成为科技工作者的一项基本技能。

MATLAB是Matrix Laboratory(矩阵实验室)的简写，是一款功能强大的数学软件，提供科学计算、可视化及交互式程序设计的计算环境。在数值分析、矩阵运算、数据可视化、自动控制和建模仿真等方面具有广泛的应用。本书将MATLAB作为实现算法和数值计算的工具来讲解，随用随讲，章节的安排顺序按照数值计算的需要进行。

本书包括两大类内容：科学计算和MATLAB。科学计算部分讲解用计算机解决数学问题的数值方法和理论，MATLAB部分讲解用MATLAB语言实现算法和数据可视化的方法。

本书是在编者多年从事工科本科生教学实践的基础上总结提炼的，宗旨是向读者介绍有关数值计算方面的基础理论与方法以及各经典算法的程序实现。本书内容精练，侧重于计算机常用算法的描述与实现，致力于培养数值计算工作者分析问题与解决问题的能力。全书包括绪论、MATLAB语言基础、MATLAB程序设计基础、非线性方程的数值解法、线性方程组的数值解法、MATLAB绘图基础、MATLAB中的符号运算、插值与拟合、数值微积分、常微分方程初值问题的数值解法共10章。

本书由吴雅娟、王莉利担任主编，程亮、杨冬黎担任副主编，刘华蓥担任主审。第1～4章由杨冬黎编写，第5章由程亮编写，第6、7、10章由王莉利编写，第8章和第9章由吴雅娟编写。本书的授课学时为32～48学时(含上机)，教师可以根据授课对象和教学需要选讲部分内容，但作为一门完整的课程，不讲的内容应由学生自学完成。在本书编写过程中，得到了许多同事的指导、关心与帮助，在此致以诚挚的谢意。

注：矩阵本应用黑斜体，但在一般程序中一般用正白体，本书遵从这一规则，包括程序中的变量一般用正体。

由于编者水平有限，难免有不足之处，恳请读者批评指正。

编者

2020年4月

CONTENTS

目录

第1章

绪　论

1.1　科学计算的研究内容与意义

科学计算研究用计算机解决数学问题的数值方法和理论。一般来讲，用计算机解决实际问题需要经历如下过程：

实际问题→数学模型→数值计算方法→程序设计→上机计算求出结果

由此可见，科学计算这门课程就是针对科学与工程计算过程中必不可少的环节——数值计算过程而设立的，研究用计算机解决数学问题的数值方法和理论。它以纯数学为基础，着重研究解决问题的数值方法的效果，如计算速度、存储量、收敛性、稳定性及误差分析等。

算法研究的意义

面对实际问题时人们主要关心的是问题的解，包括解析解和数值解。解析解并不是所有情况下都求得到，所以有时候人们只要求满足一定精度要求的近似解，这就是数值计算关注的问题。本书对于多数问题讨论的都是数值解法。

【引例1.1】　计算 n 次多项式 $P_n(x)=a_nx^n+a_{n-1}x^{n-1}+\cdots+a_1x+a_0$ 的值。

【解】　(1) 如果直接进行计算，需进行 $\dfrac{n(n+1)}{2}$ 次乘法和 n 次加法运算。

(2) 如果设计一下算法，改写为

$$\begin{aligned}p_n(x)&=((a_nx+a_{n-1})x+a_{n-2})x^{n-2}+\cdots+a_1x+a_0\\&=(\cdots((a_nx+a_{n-1})x+a_{n-2})x+\cdots+a_1)x+a_0\end{aligned}$$

改写之后只需要进行 n 次乘法和 n 次加法运算。不仅运算次数减少，更重要的是将多项式值的计算化为简单的重复，重复做的事情就是“乘以 x 加个系数”，而重复的事情是计算机最擅长做的事，用循环就可以完成。这种方法称为秦九韶算法。

秦九韶算法：

(1) 输入多项式的次数 n 和 x 及系数 $(a_n,a_{n-1},\cdots,a_1,a_0)$。

(2) 赋初值，$s=a_n$。

(3) 进行循环，当 $i=n-1,n-2,\cdots,0$ 时

$$s=sx+a_i$$

(4) 输出结果 s。

【引例 1.2】 n 阶线性方程组的求解问题。

$$\begin{cases} a_{11}x_1 + a_{12}x_2 + \cdots + a_{1n}x_n = b_1 \\ a_{21}x_1 + a_{22}x_2 + \cdots + a_{2n}x_n = b_2 \\ \qquad \vdots \\ a_{n1}x_1 + a_{n2}x_2 + \cdots + a_{nn}x_n = b_n \end{cases}$$

如果不设计算法,使用 Cramer 法则求解,当 $n=20$ 时,乘除法运算次数为 9.7×10^{20} 次,即使用 3000 亿次/秒的计算机计算也要 100 年,说明理论上正确的方法在解决大规模问题时,现实上是行不通的。这时就必须设计算法,在有效时间内得到问题的解。例如用按列选主元的高斯消去法,虽然只能求得近似的数值解,但其乘除法运算次数为 2670 次,即使用计算机计算也只需几秒。可见,研究实用的数值方法是非常有意义的。

1.2 误差

误差

一般来讲,数值计算都是近似计算,求得的结果都有误差。因此,误差分析和估计是数值计算过程中的重要内容,通过它们可以确切地知道误差的性态和误差的界。

1.2.1 误差的主要来源

近似值与准确值之差,称为误差。按其来源,可分为模型误差、测量误差、截断误差和舍入误差等。

1. 模型误差

建立数学模型时,往往要忽略很多次要因素,把模型"简单化""理想化",这时模型与真实背景之间就有了误差,这种误差称为模型误差。

2. 测量误差

数学模型中的已知参数,多数是通过测量得到的,而测量过程受工具、方法、观测者的主观因素、测量时随机因素的干扰等影响,必然存在误差,这种误差称为测量误差。

3. 截断误差

数学模型中的表达式一般都很复杂,常用易于计算的近似公式来代替。原来表达式的准确值与近似公式的准确值之差称为截断误差。这类误差往往是在用一个有限过程逼近无限过程时产生的。例如,函数 e^x 可展开为

$$e^x = 1 + x + \frac{x^2}{2!} + \cdots + \frac{x^n}{n!} + \cdots$$

若用 $1+x+x^2/2$ 代替 e^x,则其截断误差为 $\frac{x^3}{3!}e^{\theta x}$ $(0<\theta<1)$。降低截断误差通常要以增

大运算量(如在近似公式中多取几项)作为代价。

4. 舍入误差

用计算机进行数值计算时,由于计算机的字长有限,当某数据的位数超过计算机所能表示的位数时,就要进行舍入,由此产生的误差称为舍入误差。例如用 3.14159 代替 π,用 1.414 代替 $\sqrt{2}$ 等。

一般情况下,每一步的舍入误差是微不足道的,但是经过计算过程的传播和积累,舍入误差也可能会对真值产生很大的影响。

误差的来源虽然有以上 4 种,但是前两种误差往往不是计算工作者所能独立解决的。因此,在科学计算课程中一般只讨论后两种误差,即截断误差和舍入误差。

1.2.2　误差的基本概念

定义 1.1　设 x 为准确值,x^* 为其近似值,称 $E=x-x^*$ 为近似值 x^* 的绝对误差,简称误差。

在实际问题中,x 不能确知,故 E 的准确值无法求出,只能估计出 $|E|$ 的上界 ε,即

$$|E|=|x-x^*|\leqslant\varepsilon$$

ε 称为 x^* 的绝对误差限,简称误差限,也叫精度。由误差限 ε 可知准确值 x 的范围

$$x^*-\varepsilon\leqslant x\leqslant x^*+\varepsilon$$

在工程中常记为

$$x=x^*\pm\varepsilon$$

对同一个准确值 x 而言,误差限 ε 越小,近似值 x^* 就越精确;然而对于不同的准确值 x 和 y,误差限 ε 的大小就不能完全反映出近似值 x^* 和 y^* 哪个更精确。例如,有 $x=10\pm1$ 和 $y=10000\pm5$,其中,x 和 y 的近似值分别为 $x^*=10$ 和 $y^*=10000$,相应的误差限 ε 分别为 1 和 5。从误差限来看前者小后者大,但是,不能简单地认为 x^* 比 y^* 更精确,还应考虑准确值的大小。

定义 1.2　近似值 x^* 的误差与其准确值 x 之比

$$E_r=\frac{E}{x}=\frac{x-x^*}{x}$$

称为近似值 x^* 的相对误差。

相对误差绝对值的任一个上界 ε_r 均称为相对误差限,即

$$|E_r|=\frac{|x-x^*|}{|x|}\leqslant\frac{\varepsilon}{|x|}=\varepsilon_r$$

实际计算时,准确值 x 往往不知道,故而常用 $E_r^*=\dfrac{E}{x^*}$ 代替相对误差 E_r,用 $\varepsilon_r^*=\dfrac{\varepsilon}{|x^*|}$ 代替相对误差限 ε_r。

根据定义 1.2,近似值 $x^*=10$ 和 $y^*=10000$ 的相对误差限 ε_r^* 分别为 0.1 和 0.0005,由此可见,y^* 近似 y 的程度比 x^* 近似 x 的程度好得多。

【例 1.1】 已知 e=2.71828182…,求其近似值 $e^*=2.71828$ 的绝对误差限 ε 和相对误差限 ε_r^*。

【解】 $E=e-e^*=0.00000182\cdots$,故 $|E|=0.00000182\cdots<0.000002=2\times10^{-6}=\varepsilon$,于是 $\frac{\varepsilon}{|e^*|}=\frac{0.000002}{2.71828}\approx0.704\times10^{-6}<0.71\times10^{-6}=\varepsilon_r^*$。

显然,也可将绝对误差限 ε 取为 3×10^{-6} 或 1.9×10^{-6} 或其他,相对误差限 ε_r^* 亦可取为 0.8×10^{-6} 或 10^{-6} 或其他,即绝对误差限 ε 和相对误差限 ε_r^* 都是不唯一的,这是由于一个数的上界不唯一所致。

定义 1.3 设 x^* 是准确值 x 的一个近似值,把它写成规格化形式

$$x^*=\pm0.a_1a_2\cdots a_na_{n+1}\cdots a_m\times10^k \tag{1.1}$$

其中,$a_i(i=1,2,\cdots,m)$ 为 0~9 中的某个数字,且 $a_1\neq0$。若 x^* 的绝对误差 E 满足

$$|E|=|x-x^*|\leqslant\frac{1}{2}\times10^{k-n}$$

则称 x^* 有 n 位有效数字 $a_1,a_2,\cdots,a_n$。

由定义 1.3 可知,如果 x^* 的误差限是其某一数位的半个单位,则从 x^* 左边第一个非零数字起,到这一位数字止,都是该数的有效数字。例如 π=3.14159265…,其近似值 3.14 和 3.1416 分别有 3 位和 5 位有效数字,而 3.14365 也只是 π 的有 3 位有效数字的近似值。一般地,如果认为计算结果各数位可靠,将它四舍五入到某一位,由于四舍五入的原因,舍入后的值与计算结果之差必不超过该数位的半个单位。设从左边第一个非零数字起,到这一位数字止,共有 n 位数字,则这 n 位数字皆为有效数字。因此习惯上说将计算结果保留 n 位有效数字。例如在计算机上算得方程 $x^3-x-1=0$ 的一个正根为 1.32472,则保留 4 位有效数字的结果为 1.325,保留 5 位有效数字的结果为 1.3247。

相对误差与有效数字位数的关系十分密切,有定理 1.1。

误差的定理证明

定理 1.1 设 x^* 是准确值 x 的某个近似值,其规格化形式为式(1.1)。

(1) 若 x^* 具有 n 位有效数字,则 x^* 的相对误差 E_r^* 满足

$$|E_r^*|\leqslant\frac{1}{2}\times10^{-n+1}$$

(2) 若 x^* 的相对误差 E_r^* 满足

$$|E_r^*|\leqslant\frac{1}{2}\times10^{-n}$$

则 x^* 至少具有 n 位有效数字。

【证】 将 x^* 适当放大和缩小,$10^{k-1}=0.1\times10^k\leqslant|x^*|\leqslant10^k$,于是有:

(1) 若 x^* 具有 n 位有效数字,则

$$\frac{|x-x^*|}{|x^*|}\leqslant\frac{\frac{1}{2}\times10^{k-n}}{10^{k-1}}=\frac{1}{2}\times10^{-n+1}$$

即 $|E_r^*|\leqslant\frac{1}{2}\times10^{-n+1}$。

(2) 若 $|E_r^*|=\frac{|x-x^*|}{|x^*|}\leqslant\frac{1}{2}\times10^{-n}$，则

$$|x-x^*|\leqslant\frac{1}{2}\times10^{-n}\times|x^*|\leqslant\frac{1}{2}\times10^{-n}\times10^{k}=\frac{1}{2}\times10^{k-n}$$

于是 x^* 至少具有 n 位有效数字。

该定理表明，近似值的有效数字位数越多，则其相对误差限越小；反之，相对误差限越小，则其有效数字位数越多。

改进定理结论

【思考】 对 x^* 放大和缩小过程中如果考虑使用 a_1，可如何改进定理的结论？

以下如无特别说明，对写出的具有有限位数字的数，从其左边第一个非零数字到最后一位数字，都认为是有效数字。

1.3　数值方法的稳定性与算法设计原则

算法设计技术

对于一个数值方法，如果原始数据或某一步有舍入误差，但在执行的过程中这些误差能得到控制(即误差不会放大或不影响结果的精度要求)，则称该数值方法是稳定的，否则便称为不稳定的。稳定的数值方法可以保证由原始数据的小误差引起的计算结果的误差也很小。

【例 1.2】 计算积分

$$I_n=\frac{1}{e}\int_0^1 x^n e^x\,dx,\quad n=0,1,2,\cdots,9$$

【解】 $I_n=\frac{1}{e}\int_0^1 x^n e^x\,dx=\frac{1}{e}\left(x^n e^x\Big|_0^1-\int_0^1 nx^{n-1}e^x\,dx\right)=1-n\cdot\frac{1}{e}\int_0^1 x^{n-1}e^x\,dx$ 即

$$I_n=1-nI_{n-1}\tag{1.2}$$

(1) 先计算 I_0，然后使用递推式(1.2)依次计算 $I_1,I_2,\cdots,I_9$。

设计算值 I_n^* 的误差为 $E(I_n^*)(n=0,1,2,\cdots,9)$。易证，若 $|E(I_0^*)|=\delta$，则

$$|E(I_1^*)|=\delta,|E(I_2^*)|=2!\delta,\cdots,|E(I_9^*)|=9!\delta$$

由此可见，若计算 I_0 时产生了误差，则用该方法计算 I_9 时将误差放大了 $9!=362880$ 倍，因此该数值方法不可取。

(2) 先计算 I_9，然后用由式(1.2)得到的递推公式 $I_{n-1}=\frac{1-I_n}{n}$ 计算 $I_8,I_7,\cdots,I_0$。

显然，如果在计算 I_9 时产生误差 $|E(I_9^*)|=\eta$，则用该方法计算 I_0 时的误差为 $|E(I_0^*)|=\frac{\eta}{9!}$。

由此可知，使用该方法计算时不会放大舍入误差，所以该数值方法是稳定的。

为了求得满意的数值解，在选用数值方法和设计算法时，都应注意以下 4 条原则。

1. 防止大数“吃掉”小数

在数值运算中参加运算的数有时数量级相差很大,而计算机位数有限,如不注意运算次序就可能出现大数“吃掉”小数的现象,影响计算结果的可靠性。

算法设计原则

【例 1.3】 在 5 位十进制计算机上,计算

$$A=52492+\sum_{i=1}^{1000}\delta_i,\quad 0.1\leqslant\delta_i\leqslant 0.9$$

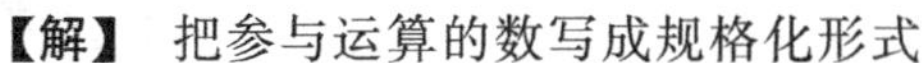

【解】 把参与运算的数写成规格化形式

$$A=0.52492\times 10^5+\sum_{i=1}^{1000}\delta_i$$

在计算机内计算时要对阶,设 $\delta_i=0.a_1^{(i)}a_2^{(i)}\cdots a_{n_i}^{(i)}$,则对阶时

$$\delta_i=0.00000a_1^{(i)}a_2^{(i)}\cdots a_{n_i}^{(i)}\times 10^5$$

在 5 位的计算机中表示为机器零,因此

$$A=0.52492\times 10^5+0.00000a_1^{(1)}\cdots a_{n1}^{(1)}\times 10^5+\cdots+0.00000a_1^{(1000)}\cdots a_{n1000}^{(1000)}\times 10^5$$

$\triangleq 0.52492\times 10^5$(符号 $\triangleq$ 表示机器中相等)

$=52492$

结果显然不可靠,这是由于运算中大数 52492“吃掉”了小数 $\delta_i(i=1,2,\cdots,1000)$造成的。如果在连加中将小数放在前面,即先加小数,然后由小到大逐次相加,则能对和的精度进行适当改善。在例 1.3 中,将计算次序改为

$$\sum_{i=1}^{1000}\delta_i+52492$$

由于

$$0.1\times 10^3\leqslant\sum_{i=1}^{1000}\delta_i\leqslant 0.9\times 10^3$$

故

$$0.001\times 10^5+0.52492\times 10^5\leqslant A\leqslant 0.009\times 10^5+0.52492\times 10^5$$

即

$$52592\leqslant A\leqslant 53392$$

计算结果的精度有了较大的改善。

2. 避免两个相近数相减

在计算中两个相近数相减,有效数字的位数会严重损失。因此,如果在算法分析中发现有可能出现这类运算,最好的办法是改变计算公式。例如$\sqrt{x+1}-\sqrt{x}\ (x>>1)$可改成 $1/(\sqrt{x+1}+\sqrt{x})$来计算。

3. 避免大数作为乘数和小数作为除数

当用一个绝对值很大的数乘一个有误差的数时,积的误差就会比被乘数的误差大很

多倍;类似地,在进行除法运算时,如果除数的绝对值太小,则商的误差就会比被除数的误差大很多倍。因此,在算法设计中,要尽可能避免出现这类运算。

4. 减少运算次数,避免误差积累

一般说来,运算次数越多,中间过程的舍入误差积累越大。因此,同样一个计算问题,如果能减少运算次数,不仅可以提高计算速度,还能减少舍入误差的积累。

【例 1.4】 计算 x^{255}。

【解】 (1) 如果直接计算 x^{255},需进行 254 次乘法运算;

(2) 若用公式 $x^{255}=x\cdot x^2\cdot x^4\cdot x^8\cdot x^{16}\cdot x^{32}\cdot x^{64}\cdot x^{128}$计算,只须进行 14 次乘法运算。

小结

实验与习题 1

1.1 下载 MATLAB 的适当版本,准备好 MATLAB 的编译环境。

1.2 熟悉 MATLAB 语言的在线编译环境:https://octave-online.net。

1.3 将下列各数

$$326.785, 7.000009, 0.0001326580, 0.6000300$$

皆四舍五入为具有 5 位有效数字的数。

1.4 指出由四舍五入得到的下列各数分别有几位有效数字。

$$7.8673, 8.0916, 0.06213, 0.0007800$$

1.5 设准确值为 $x=3.78695$,$y=10$,它们的近似值 $x_1^*=3.7869$,$x_2^*=3.7870$,$y_1^*=9.9999$,$y_2^*=10.1$,$y_3^*=10.0001$,它们分别具有几位有效数字?

1.6 设 $x^*=0.0056731$ 是 x 的具有 5 位有效数字的近似值,试计算其绝对误差限和相对误差限。

1.7 设 $x=1990\pm10$,$y=1.99\pm0.001$,$z=0.000199\pm0.000001$,试问这 3 个近似值 $x^*=1990$,$y^*=1.99$ 和 $z^*=0.000199$ 哪一个精确度高?为什么?

第2章

MATLAB 语言基础

2.1 MATLAB 窗口

窗口结构

MATLAB 的版本不断更新，图 2-1 展示的是 MATLAB R2016a 的窗口界面，从中了解 MATLAB 操作界面的构成。

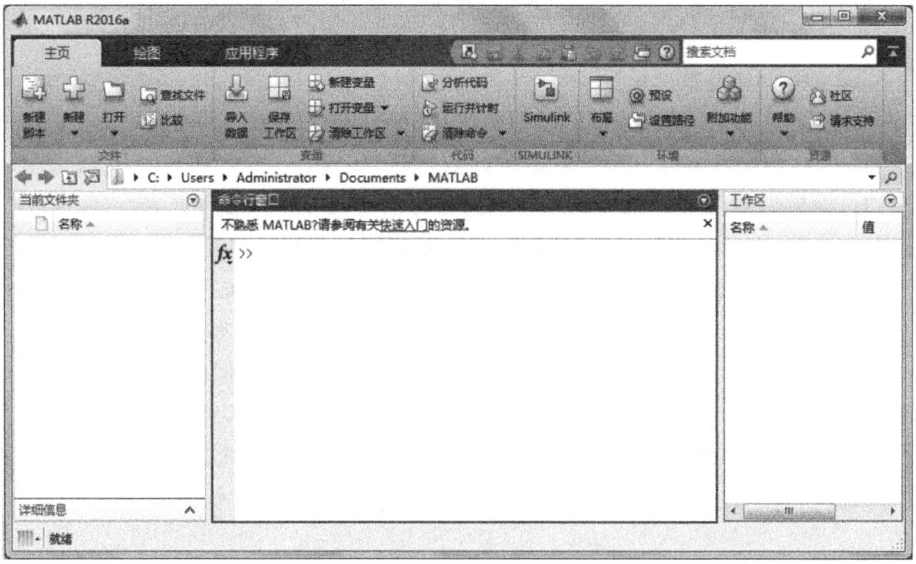

图 2-1 MATLAB R2016a 的窗口界面

1. 命令行窗口

命令行窗口用于输入命令并显示命令的执行结果。其中，“＞＞”为命令提示符。

【例 2.1】

```
>>a=[1 2 3];
>>b=[4 5 6];
>>c=a+b
```

得到运算结果为

```
c=
    5    7    9
```

在 MATLAB 中变量默认为矩阵类型。

当 MATLAB 命令窗口中有很多次运算记录或者显示红色的错误，想将其删除时，可以直接输入 clc 命令，即将整个命令窗口清空。更多的 MATLAB 命令可以查阅表 2-1。

表 2-1 MATLAB 常用命令

命 令	功 能	命 令	功 能
who	显示内存变量	whos	显示内存变量的详细信息
clear	清除工作空间中的变量	clc	清除命令窗口显示的内容
help	获得帮助信息	demo	获得 demo 演示帮助信息
figure	打开新图形窗口	clf	清除图形窗口
type	显示 M 文件的内容	which	显示文件所在文件夹
cd	设置当前工作文件夹	md	创建文件夹
dir	显示目录清单	edit	打开 M 文件编辑器
exit	退出 MATLAB	quit	退出 MATLAB

2. 当前文件夹窗口

在进行程序设计时，如果不特别指明存放数据和文件的路径，MATLAB 默认把数据和文件存放在当前文件夹中，为使用方便最好把用户文件夹设置为当前文件夹。有两种方式设置当前文件夹。

(1) 在当前文件夹工具栏或当前文件夹窗口中选择某文件夹为当前文件夹。

(2) 使用 cd 命令。

在命令行窗口输入 cd e:\matlabexers 命令并执行后就将 e:\matlabexers 文件夹设置为当前文件夹，建立文件时会自动存入当前文件夹中。如果 MATLAB 需要和多个文件夹交换信息，则可以把这些文件夹设置为 MATLAB 的搜索路径中。使用 path 命令可以添加搜索路径，例如命令

```
>>path(path,'e:mat')
```

将 e:\mat 文件夹添加到搜索路径中。

根据 MATLAB 的搜索路径，程序文件的搜索顺序是首先在当前文件夹中搜索，然后再在文件搜索路径中的文件夹中搜索。所以，如果在当前文件夹和搜索路径文件夹下建立了一个同名的 M 文件，那么在命令行窗口输入文件名时，执行的是当前文件夹下的 M 文件。同样，如果用户建立的文件既没有保存在当前文件夹下，也没有保存在文件搜索路径中，那么 MATLAB 就找不到这个文件，系统会给出错误提示信息。

3. 工作区(Workspace)窗口

工作区中可以看到各内存变量,双击某个变量后可以打开变量编辑器窗口,方便修改变量的值,选中数据 b 可以单击 plot(b),得到函数图像,下拉菜单中还有更多选择,如图 2-2和图 2-3 所示。

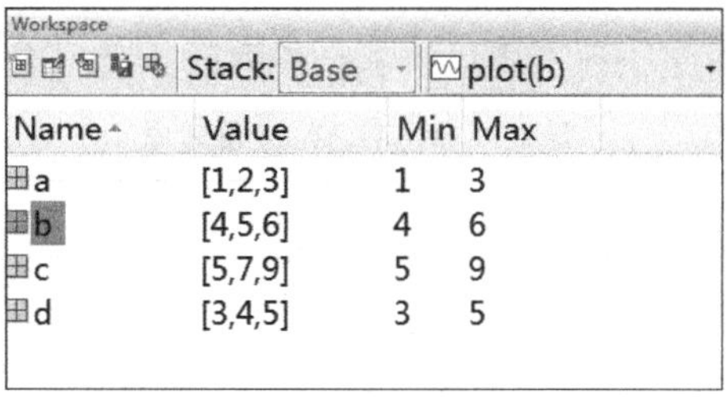

Workspace

Stack: Base plot(b)

Name	Value	Min	Max
a	[1,2,3]	1	3
b	[4,5,6]	4	6
c	[5,7,9]	5	9
d	[3,4,5]	3	5

图 2-2 MATLAB 工作区

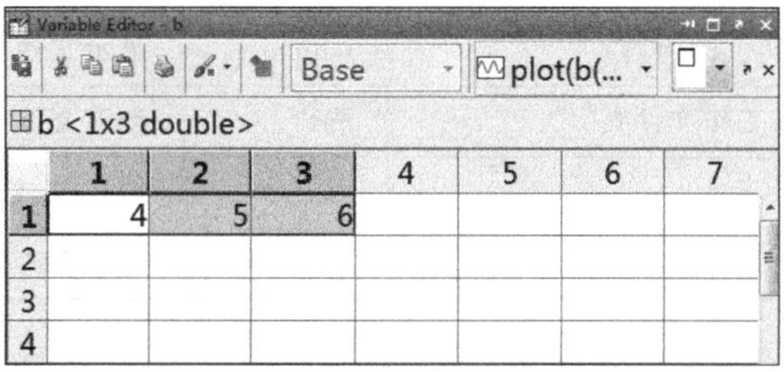

Variable Editor - b

Base plot(b(...

b <1x3 double>

	1	2	3	4	5	6	7
1	4	5	6				
2							
3							
4							

图 2-3 编辑内存变量

2.2 变量

1. 变量及其赋值

在 MATLAB 中,变量名是以字母开头,后接字母、数字或下画线的字符序列,不超过 63 个字符,变量名区分字母的大小写,标准函数名以及命令名必须用小写字母。

赋值语句有两种形式。

(1) 变量=表达式。

(2) 表达式。

【例 2.2】 赋值表达式。

```
>>x=2+3
x=
    5
>>x*2
ans=
    10
```

当表达式前面没有变量名时,默认的赋值变量名为 ans,为预定义变量。

2. 预定义变量

预定义变量

预定义变量是在 MATLAB 工作空间中驻留,由系统本身定义的变量。例如,Pi 代表圆周率,NaN 代表非数,i 和 j 代表虚数单位,inf 或 Inf 代表无穷大等。MATLAB 可以直接面向复数进行运算。

【例 2.3】 预定义变量举例。

```
>>x=1+2i
x=
  1.0000+2.0000i
>>y=2+3j
y=
  2.0000+3.0000i
>>c=x*y
c=
 -4.0000+7.0000i
>>1/0
ans=
Inf
>>0/0
ans=
  NaN
>>cos(pi)
ans=
    -1
>>pi/4
ans=
    0.7854
```

3. 变量的管理

内存变量的删除与修改可以在工作区窗口进行。使用 who 或 whos 命令可以查看内存变量。

【例 2.4】 查看内存变量。

```
>>who
Your variables are
ans b c d
>>whos
Name        Size        Bytes  Class   Attributes
a           3x3         72     double
ans         1x1         8      double
b           1x5         40     double
```

内存变量文件用于保存 MATLAB 工作区变量的文件,其扩展名为 mat,也称为 MAT 文件,save 命令用于创建内存变量文件。load 命令用于装入内存变量文件。使用方式如下:

```
>>save mydata a x
>>load mydata
```

2.3 矩阵的基本操作

创建矩阵

1. 创建矩阵

1) 直接输入

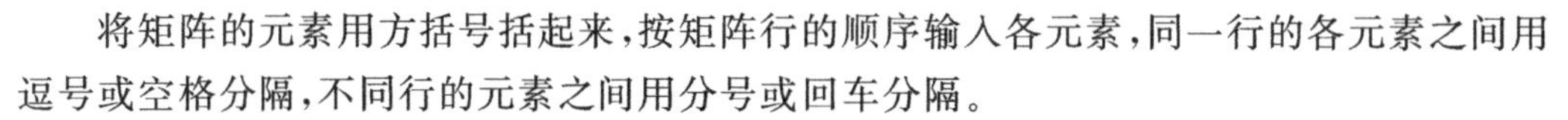

将矩阵的元素用方括号括起来,按矩阵行的顺序输入各元素,同一行的各元素之间用逗号或空格分隔,不同行的元素之间用分号或回车分隔。

2) 利用已建好的矩阵连接为更大的矩阵

一个大矩阵可以由已经建立好的小矩阵拼接而成。水平方向连接用 horzcat(a,b)或[a,b]或[a b];垂直方向连接用 vertcat(a,b)或[a;b]。c=[a a;b b]就是由 a 矩阵和 b 矩阵拼接成一个更大的矩阵。

创建矩阵操作

说明:程序代码中的矩阵符号仍采用正白体,数学中的矩阵符号才采用黑斜体。

【例 2.5】 利用已知矩阵创建更大的矩阵。

```
>>a=[1 2 3;4 5 6;7 8 9]
a=
     1     2     3
     4     5     6
     7     8     9
>>b=11:16
b=
    11    12    13    14    15    16
>>c=[a a;b ;b]
c=
     1     2     3     1     2     3
     4     5     6     4     5     6
     7     8     9     7     8     9
    11    12    13    14    15    16
    11    12    13    14    15    16
```

3) 冒号操作符

冒号表达式的一般格式为

```
e1:e2:e3
```

其中,e1 为初始值,e2 为步长,e3 为终止值,省略步长 e2,则步长为 1。生成一个从 e1 到 e3,以步长 e2 自增的行向量。

【例 2.6】 冒号表达式。

```
>>x=1:5
x=
     1     2     3     4     5
>>y=1:2:10
y=
     1     3     5     7     9
```

4) 利用 linspace 产生行向量

产生行向量时也可以使用线性等分函数 linspace,其一般形式为

```
linspace(a,b,n)
```

其中,a 为第一个元素,b 为最后一个元素,n 为元素个数。当省略 n 时,自动产生 100 个元素。这样产生的向量的元素成等差数列。

【例 2.7】 linspace 函数。

```
>>z=linspace(1,9,5)
z=
     1     3     5     7     9
```

2. 矩阵元素的引用

矩阵元素的引用

1) 通过下标来引用矩阵元素。

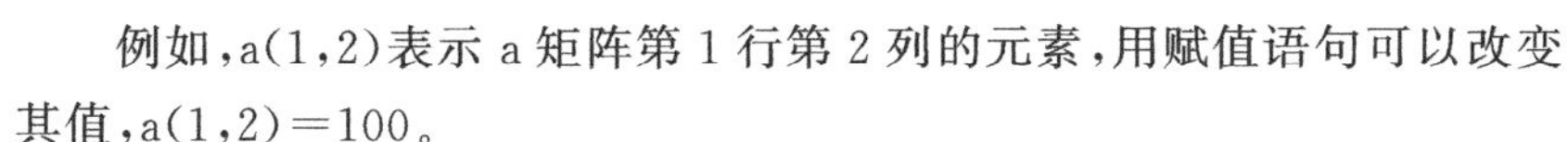

例如,a(1,2)表示 a 矩阵第 1 行第 2 列的元素,用赋值语句可以改变其值,a(1,2)=100。

注意: 如果给出的行下标或列下标大于原来矩阵的行数和列数,那么 MATLAB 将自动扩展原来的矩阵,并将扩展后没有赋值的矩阵元素置为 0。

【例 2.8】 扩展矩阵。

```
>>a=[1 2 3;4 5 6;7 8 9]
a=
     1     2     3
     4     5     6
     7     8     9
>>a(4,5)=100
a=
     1     2     3     0     0
     4     5     6     0     0
     7     8     9     0     0
     0     0     0     0   100
```

2) 通过序号来引用

在 MATLAB 中,矩阵元素按列存储,即首先存储矩阵的第 1 列元素,然后存储第 2 列元素……一直到矩阵的最后一列元素。矩阵元素的序号就是矩阵元素在内存中的排列顺

序。序号与下标是一一对应的,以 m×n 矩阵 a 为例,矩阵元素 a(i,j)的序号为(j−1)×m+i。当 a 为例 2.8 中的 4×5 矩阵时,第 5 个元素的值为 2。

```
>>a(5)
ans=
     2
```

3) 利用冒号表达式获得子矩阵

子矩阵是指由矩阵中的一部分元素构成的矩阵。例如,矩阵的某 1 行、某 2 行、某几行到某几列的元素构成的矩阵,包括以下几种方式。

a(i,:)表示 a 矩阵第 i 行的全部元素。

a(:,j) 表示 a 矩阵第 j 列的全部元素。

a(i:d,k:m) 表示 a 矩阵第 i~d 行内且在第 k~m 列中的所有元素。

a(i:i+d,:) 表示 a 矩阵第 i~i+d 行的全部元素。

end 运算符:表示某一维的末尾元素下标。a(end,:)表示最后一行。

【例 2.9】 表示矩阵的某部分。

```
>>a=[1 2 3 4;5 6 7 8;9 10 11 12]
a=
     1     2     3     4
     5     6     7     8
     9    10    11    12
>>a(2,:)
ans=
     5     6     7     8
>>a(:,2:3)
ans=
     2     3
     6     7
    10    11
>>a(end,:)
ans=
     9    10    11    12
```

3. 利用空矩阵删除矩阵元素

空矩阵是指没有任何元素的矩阵。x=[],x 就是一个空矩阵。a(:,2:3)=[]表示把 a 矩阵的第 2 列到第 3 列删除。

【例 2.10】 利用空矩阵删除矩阵的元素。

```
>>a=[1 2 3 4;5 6 7 8;9 10 11 12]
a=
     1     2     3     4
     5     6     7     8
```

```
    9    10    11    12
>>a(:,2:3)=[]
a=
    1    4
    5    8
    9   12
```

4. 改变矩阵的形状

(1) 单撇号'或 transpose 函数可实现矩阵的转置,即行列互换。

(2) 冒号:可将矩阵变为一维列向量。

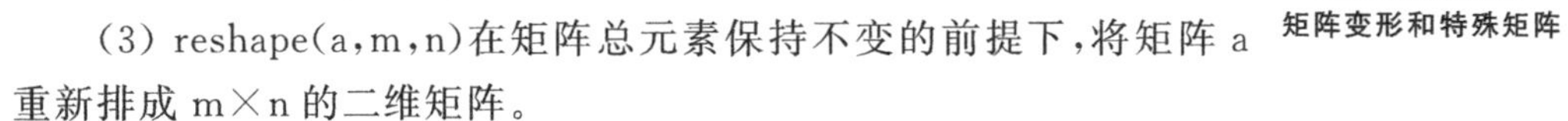

矩阵变形和特殊矩阵

(3) reshape(a,m,n)在矩阵总元素保持不变的前提下,将矩阵 a 重新排成 m×n 的二维矩阵。

注意:reshape 函数只是改变原矩阵的行数和列数,并不改变原矩阵元素个数及其存储顺序。

【例 2.11】 改变矩阵形状。

```
>>x=1:9
x=
    1    2    3    4    5    6    7    8    9
>>a=reshape(x,3,3)
a=
    1    4    7
    2    5    8
    3    6    9
```

【例 2.12】 将矩阵变为列向量。

a(:)可将矩阵 a 的每一列元素堆叠起来,成为一个列向量。

```
>>c=[1 2; 3 4]
c=
    1    2
    3    4
>>d=c(:)
d=
    1
    3
    2
    4
```

5. 利用函数创建特殊矩阵

创建矩阵的函数包括 eye、ones、zeros、rand、randn、diag、magic、meshgrid 和 ndgrid 等。

eye 产生一个单位矩阵;ones 产生一个全一的矩阵;zeros 产生一个全零的矩阵;rand

产生一个随机阵,数值介于 0～1;randn 产生一个随机矩阵,数据呈标准正态分布。diag 产生一个以一个向量为主对角线的对角矩阵。magic 产生一个魔方阵。各函数的参数如果只有一个就是产生一个方阵,如果给两个参数(m,n)则产生一个 m 行 n 列的矩阵。[x,y]=meshgrid(1:10,1:10)可生成 3D 图形所需要的多维数据。

【例 2.13】 产生特殊矩阵。

```
>>a=eye(3)
a=
     1     0     0
     0     1     0
     0     0     1
>>b=ones(2,4)
b=
     1     1     1     1
     1     1     1     1
>>c=zeros(2,2)
c=
     0     0
     0     0
>>d=magic(3)
d=
     8     1     6
     3     5     7
     4     9     2
>>e=rand(2,5)
e=
    0.1576    0.9572    0.8003    0.4218    0.7922
    0.9706    0.4854    0.1419    0.9157    0.9595
>>fix(40+61*rand(2,3))
ans=
    80    91    81
    42    96    86
>>f=randn(2,4)
f=
    0.6715    0.7172    0.4889    0.7269
   -1.2075    1.6302    1.0347   -0.3034
>>g=diag([1 2 3])
g=
     1     0     0
     0     2     0
     0     0     3
```

2.4　MATLAB 的基本运算

矩阵运算

1. 算术运算

1）基本算术运算

基本算术运算符包括＋（加）、－（减）、*（乘）、/（右除）、\（左除）、^（乘方）。MATLAB 的算术运算对象默认是矩阵类型。单个数据的算术运算只是矩阵运算的一种特例。

加减运算时，若两矩阵同型，则运算时两矩阵的相应元素相加减。若两矩阵不同型，则 MATLAB 将给出错误信息。一个标量也可以和矩阵进行加减运算，这时把标量和矩阵的每一个元素进行加减运算。

乘除运算时，矩阵 $\boldsymbol{A}$ 和 $\boldsymbol{B}$ 进行乘法运算，要求 $\boldsymbol{A}$ 矩阵的列数与 $\boldsymbol{B}$ 矩阵的行数相等，此时则称 $\boldsymbol{A}$、$\boldsymbol{B}$ 矩阵是可乘的，或称 $\boldsymbol{A}$ 和 $\boldsymbol{B}$ 两矩阵维数和大小相容。一个 n 行 m 列的矩阵 $\boldsymbol{A}$ 可以乘以一个 m 行 p 列的矩阵 $\boldsymbol{B}$，得到的结果是一个 n 行 p 列的矩阵 $\boldsymbol{C}$，其中的第 i 行第 j 列位置上的数等于 $\boldsymbol{A}$ 矩阵第 i 行上的 m 个数与 $\boldsymbol{B}$ 矩阵第 j 列上的 m 个数对应相乘后所有 m 个乘积的和，即有

$$c_{ij}=\sum_{k=1}^{m}a_{ik}b_{kj}=a_{i1}b_{1j}+a_{i2}b_{2j}+\cdots+a_{im}b_{mj}$$

【例 2.14】　矩阵乘法。

```
>>s=[1 2 3;2 3 4]
s=
     1     2     3
     2     3     4
>>t=[1 2;3 4;5 6]
t=
     1     2
     3     4
     5     6
>>w=s * t
w=
    22    28
    31    40
>>q=t * s
q=
     5     8    11
    11    18    25
    17    28    39
```

如果两者的维数或大小不相容，则将给出错误信息，提示用户两个矩阵是不可乘的。

【例 2.15】　矩阵相乘的错误。

```
>>x=[1 3;5 2]
```

```
x=
     1     3
     5     2
>>y=[1 4]
y=
     1     4
>>z=x * y
??? Error using==>mtimesInner matrix dimensions mustagree.
```

在 MATLAB 中,有两种矩阵除法运算:右除(/)和左除(\)。如果 a 矩阵是非奇异方阵,则 b/a 等效于 b * inv(a),a\b 等效于 inv(a) * b。inv(a)表示 a 的逆阵。

【例 2.16】 矩阵除法。

```
>>a=[1 2;3 5];
>>b=[2 3;4 1];
>>c=b/a
c=
   -1     1
  -17     7
>>c=b * inv(a)
c=
   -1.00000     1.00000
  -17.00000     7.00000
>>d=a\b
d=
   -2.0000  -13.0000
    2.0000    8.0000
>>d=inv(a) * b
d=
   -2.0000  -13.0000
    2.0000    8.0000
```

乘方运算时,一个矩阵的乘方运算可以表示成 a^x,要求 a 为方阵,x 为标量。

2) 点运算

点运算符包括.*、./、.\和.^。两矩阵进行点运算是指它们的对应元素进行相关运算,要求两矩阵同型。

【例 2.17】 点运算。

```
>>e=[1 2 3]
e=
   1   2   3
>>f=[4 5 6]
f=
   4   5   6
>>d=e. * f
d=
```

```
    4   10   18
>>g=d.^3
g=
     64   1000   5832
>>g=e.^3
g=
    1    8   27
>>e^3
error: for x^A, A must be a square matrix. Use .^ for elementwise power.
```

2. 关系运算

关系运算符共有 6 个,包括<(小于)、<=(小于或等于)、>(大于)、>=(大于或等于)、==(等于)、~=(不等于)。

当两个比较量是标量时,直接比较两数的大小。若关系成立,关系表达式的值为 1,否则关系表达式的值为 0。

当参与比较的量是两个同型的矩阵时,比较时对两矩阵相同位置的元素按标量关系运算规则逐个进行,最终的关系运算的结果是一个与原矩阵同型的矩阵,它的元素由 0 或 1 组成。

当参与比较的一个是标量,而另一个是矩阵时,则把标量与矩阵的每一个元素按标量关系运算规则逐个比较,最终的关系运算的结果是一个与原矩阵同型的矩阵,它的元素由 0 或 1 组成。

【例 2.18】 建立 2 行 4 列的矩阵,判断哪些元素是偶数。

```
>>a=[23 46 65 78;21 34 56 99]
a=
    23    46    65    78
    21    34    56    99
>>b=rem(a,2)==0    %rem(a,2)得到 a 除以 2 的余数
b=
     0     1     0     1
     0     1     1     0
```

b 中元素值为 1 的对应 a 矩阵中的元素即为偶数。

3. 逻辑运算

逻辑运算符包括 &(逻辑与)、|(逻辑或)和~(逻辑非)。

设 a、b 为参与逻辑运算的两个标量,那么运算规则如下。

a&b: a、b 全为非 0 时,运算结果为 1,否则为 0。

a|b: a、b 中只要有一个为非 0 时,运算结果为 1。

~a: 当 a 为 0 时,运算结果为 1;当 a 为非 0 时,运算结果为 0。

若参与逻辑运算的是两个同型矩阵,那么将对矩阵相同位置上的元素按标量规则逐个进行运算,最终运算结果是一个与原矩阵同型的矩阵,其元素由 1 或 0 组成。

若参与逻辑运算的两个运算对象一个是标量,另一个是矩阵,那么将在标量与矩阵中的每个元素之间按标量规则逐个进行运算,最终运算结果是一个与矩阵同型的矩阵,其元素由 1 或 0 组成。

【例 2.19】 逻辑运算举例。

```
>>3< 4 & 7>5
ans=
    1
>>~(1==2)
ans=
    1
>>~3|0
ans=
    0
>>a=[1 2 3 4;5 6 7 8;9 10 11 12]
a=
    1     2     3     4
    5     6     7     8
    9    10    11    12
>>a>6
a=
0     0     0     0
0     0     1     1
1     1     1     1
```

2.5 常用函数

常用函数

1. 数学函数

数学函数包括指数函数 exp(x)、对数函数 log(x)、余数函数 rem(x,n)、求最大值的函数 max、求算术平方根函数 sqrt(x)、求绝对值函数 abs(x)、复数的模及字符串的 ASCII 值等。

三角函数有以弧度为单位的函数和以角度为单位的函数,如果是以角度为单位的函数,就在函数名后面加 d,以示区别,例如 sin(pi/2)和 sind(90)分别是弧度和角度的函数用法,计算的值一样。

用于取整的函数有 fix、floor、ceil、round。round 函数是按照四舍五入的规则来取整。ceil 函数是向上取整,取大于或等于这个数的第一个整数。floor 函数是向下取整,取小于或等于这个数的第一个整数。fix 函数是固定取靠近 0 的那个整数,也就是舍去小数取整。常用数学函数的用法举例如图 2-4 所示。

【例 2.20】 求最大值函数 max 举例。

```
>>a=[1 3 9 4 7 8 5];
>>[m,d]=max(a)%  m表示最大值,d表示最大值的序号
```

```
m=
     9
d=
     3
>>k=2;
>>[m1,d1]=max(a(k:end))
m1=
     9
d1=
     2
```

其中,9 为最大值,3 为最大值的序号,即 9 在 a 这一组数中的位置。

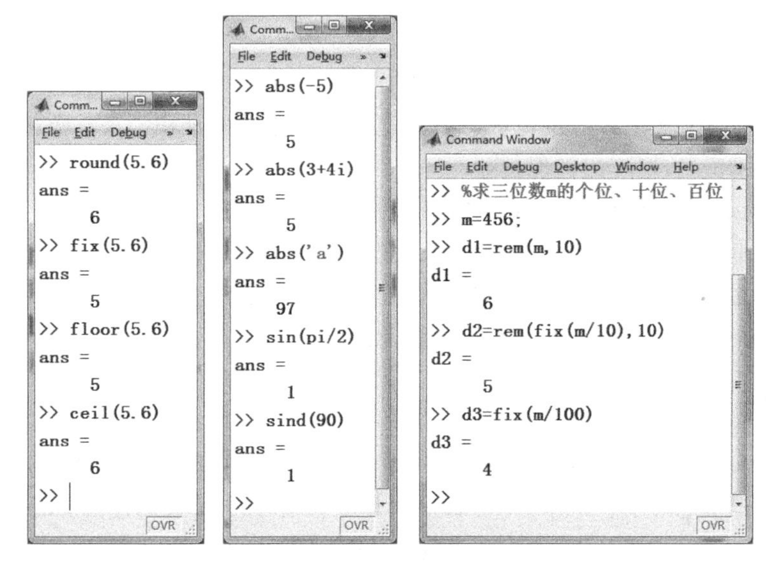

图 2-4　常用数学函数的用法

2. 矩阵运算函数

MATLAB 提供了矩阵计算的有关函数,可以求矩阵的维数、长度、行列式值、矩阵的秩、矩阵的迹、矩阵的范数和条件数等。

size(A):求矩阵的各维的大小。

length(A):求矩阵的长度,如果是多维矩阵,取各维长度的最大值。

【例 2.21】 求矩阵的维数和长度。

```
>>A=[1 2 3 4 5; 6 7 8 9 0];
>>size(A)
ans=
     2     5
>>length(A)
ans=
     5
```

```
>>length(A')
ans=
    5
```

det (A)：求方阵A所对应的行列式的值。

rank(A)：求矩阵A的秩，矩阵线性无关的行数或列数称为矩阵的秩。

trace(A)：求矩阵A的迹，矩阵的迹等于矩阵的对角线元素之和，也等于矩阵的特征值之和。

矩阵或向量的范数用来度量矩阵或向量在某种意义下的长度。

在MATLAB中，求向量范数的函数如下。

pnorm(V)或norm(V,2)：计算向量V的2范数。

pnorm(V,1)：计算向量V的1范数。

pnorm(V,inf)：计算向量V的∞范数。

矩阵A的条件数等于A的范数与A的逆矩阵的范数的乘积。条件数越接近于1，矩阵的性能越好，反之，矩阵的性能越差。

在MATLAB中，计算矩阵A的3种条件数的函数如下。

cond(A,1)：计算A的1范数下的条件数。

cond(A)或cond (A,2) ：计算A的2范数下的条件数。

cond((A,inf))：计算A的∞范数下的条件数。

3. 帮助函数

MATLAB提供了帮助命令可以查询各函数的用法，例如help命令可以列出全部的帮助主题，如图2-5所示。help elfun命令可以查阅各基本函数的用法；help elmat命令可以查阅初等矩阵和矩阵运算的相关函数，如图2-6和图2-7所示。

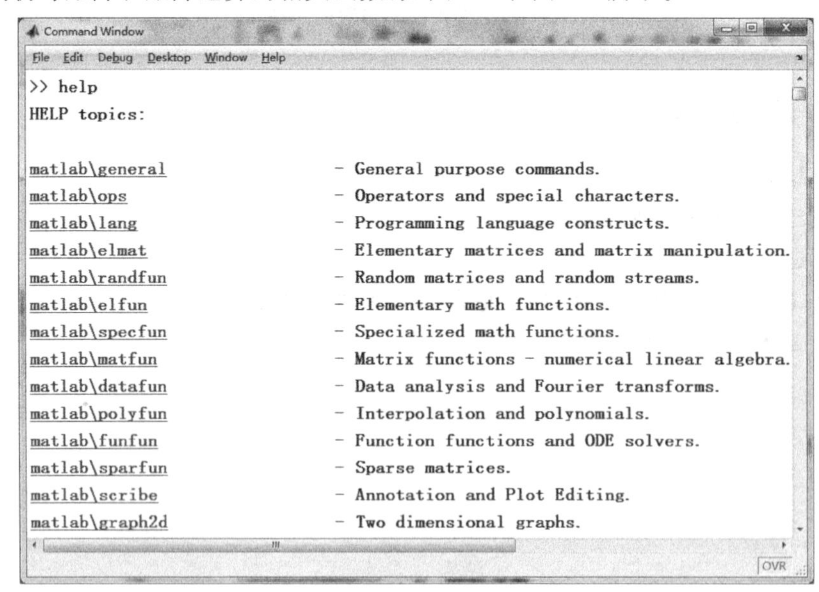

图2-5 help命令

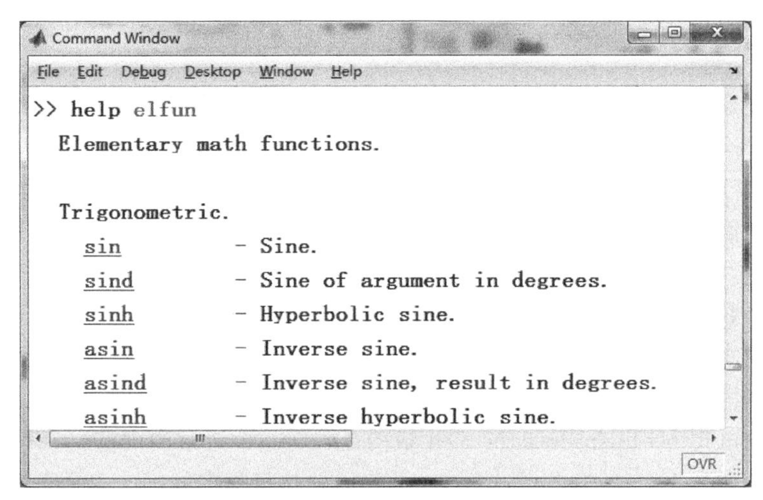

图 2-6　查阅基本函数

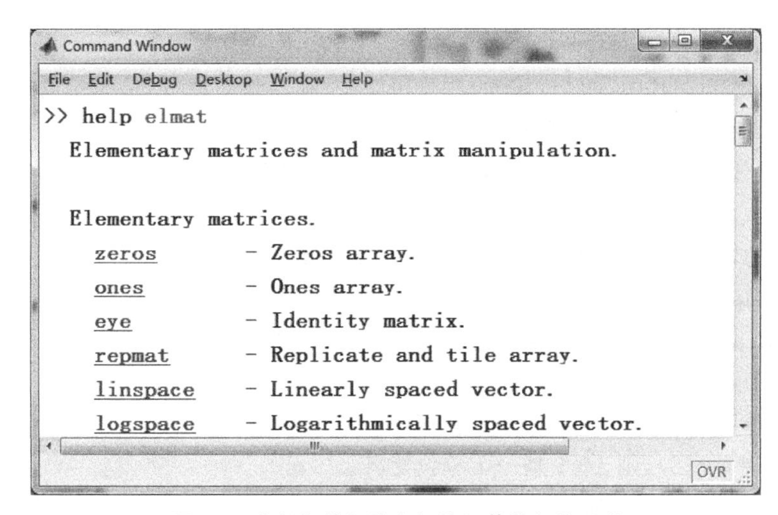

图 2-7　查阅初等矩阵和矩阵运算的相关函数

实验与习题 2

2.1　计算 fix(123/100)＋mod(246,10) * 10 的值。

2.2　在命令窗口输入下列命令后，观察得到的结果；如果没有使用 clear 命令，结果是否会受之前操作的影响？

```
>>clear
>>x=i*j
```

2.3　建立 3 阶单位矩阵。

2.4　生成 3×4 全一矩阵。

2.5 生成 4×5 随机矩阵,矩阵元素值为 40～100 的随机数。

2.6 填空题

(1) 当在命令行窗口执行命令时,如果不想立即在命令行窗口中输出结果,可以在命令后加上(　　)。

(2) MATLAB 命令行窗口中提示用户输入命令的符号是(　　)。

(3) 在当前文件夹和搜索路径中都有 f.m 文件,那么在命令行窗口输入 f 时,执行的文件是(　　)中的文件。

(4) 当参数为 90°时,与 sin(pi/2)等价的函数调用格式是(　　)。

(5) 建立矩阵时,用(　　)符号换行。

(6) 使用语句 a=1:10 生成的向量包括(　　)个元素。

(7) 使用语句 b=linspace(0,pi,5)生成的是(　　)个元素的向量。

(8) 已知 a 为 3×3 的矩阵,则 a(:,end)表示的是矩阵中的(　　)元素。

(9) 已知 a 为 3×2 矩阵,则执行 a(:)后,得到的是一列(　　)。

(10) 生成和 a 矩阵同样大小的全零矩阵的命令是(　　)。

2.7 判断题

(1) 在 MATLAB 中,两个矩阵的右除运算符/和左除运算符\是等价的。(　　)

(2) 两个矩阵进行点乘运算时,要求它们是同型的。(　　)

(3) 两个矩阵进行矩阵相乘时,要求前一个矩阵的列数和后一个矩阵的行数相同。(　　)

(4) 表达式~(2==3)与表达式~2==1 的值相等。(　　)

(5) reshape(1:6,2,3)函数执行后得到的结果是 3×2 的矩阵。(　　)

(6) 已知 a 为 3 行 5 列的矩阵,则执行 a(:,[2,4])=[]后,a 变为 3 行 3 列。(　　)

(7) 执行语句 a=[1 2 3; 4 5 6]后,a(3)的值是 3。(　　)

(8) a@bc 是 MATLAB 的合法变量名。(　　)

(9) 若 a=eye(3),则 a&1 是一个单位矩阵。(　　)

(10) 若 a=rand(3),则 b=zeros(size(a))得到的是 3 行 3 列全 0 的矩阵。(　　)

(11) length(a)的结果是矩阵 a 的每行包含元素的个数。(　　)

(12) [m,d]=max(a)中的 d 表示最大值在 a 中的序号。(　　)

(13) [m1,d1]=max(a(k:end))中的 d1 表示最大值 m1 在 a 中从第 k 个元素之后的所有数中的序号。(　　)

(14) diag 即可以求出矩阵的对角线元素,也可以产生一个对角阵。(　　)

(15) 若 a、b 同为 3 行 3 列矩阵,则 a>b 的结果也为一个 3 行 3 列矩阵,且矩阵元素非 0 即 1。(　　)

第3章

MATLAB 程序设计基础

MATLAB 程序设计既有传统高级语言的特征，又有自己独特的优点。在MATLAB 程序设计时，充分利用 MATLAB 数据结构的特点，可以使程序结构简单、编程效率高。本章介绍有关 MATLAB 程序控制结构以及程序设计的基本方法。

3.1 脚本文件和函数文件

MATLAB 在执行命令时，是一种交互的命令执行方式，在命令窗口逐条输入指令，执行时 MATLAB 逐条解释执行。这种方式虽然简单、直观，但速度慢，执行过程不保留，当某些操作需要反复进行时，更使人感到不便。另一种 M 文件的程序执行方式，是将有关命令变成程序存储在一个文件中(M 文件)，当需要运行时，直接调用运行，运行时 MATLAB 就自动依次执行该文件中的命令。

脚本文件和函数文件

M 文件可分为两大类：M 脚本文件和 M 函数文件，这两种 MATLAB 程序代码所编写的文件通常都是以 m 为扩展名，因此都统称为 M 文件。M 函数文件是 MATLAB 的主流。MATLAB 本身的一系列工具箱的内部函数就是 MATLAB 的开发者设计的一些 M 函数，提供给人们使用。

MATLAB 的脚本文件(script File)比较简单，当需要在命令窗口运行大量的命令时，直接从命令窗口输入比较麻烦，可以打开 M 文件编辑器，将这组命令存放在脚本文件中，运行时只要输入脚本文件名，MATLAB 就会自动执行该文件。打开 M 文件编辑器的方式因 MATLAB 的版本不同稍有区别，在 MATLAB R2011a 版本中，执行 File→new→script 命令，即可打开脚本文件的编辑器，执行 File→new→function 命令，即可打开函数文件的编辑器。函数文件的标志就是以 function 开头，如图 3-1 所示。

脚本文件可在命令窗口直接执行，也称为命令文件，直接输入文件名即可执行。例如，文件名为 f1.m，则在命令窗口直接输入 f1 即可执行这个脚本文件，得到运行结果，如图 3-2 所示，其变量定义在工作空间中。

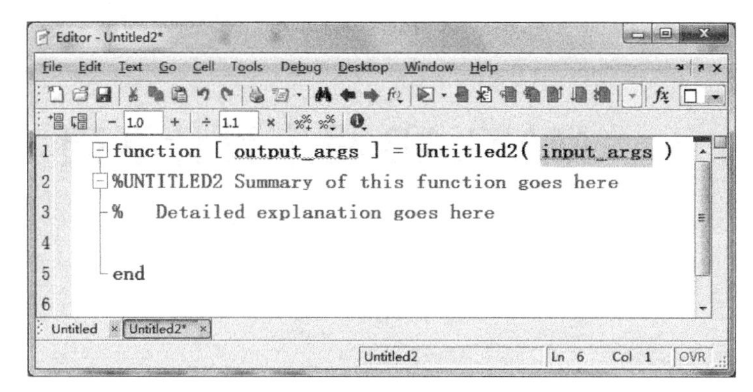

图 3-1　定义函数文件

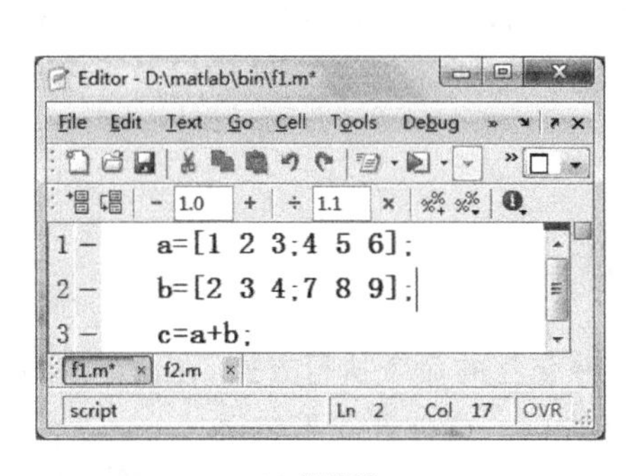

(a) 编辑器

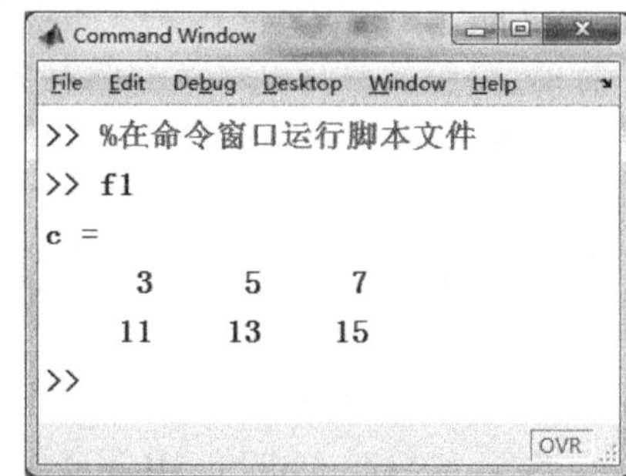

(b) 命令窗口

图 3-2　脚本文件的运行方式

函数文件是定义一个函数(function),不能在编辑器窗口直接执行,而必须以函数调用的方式来执行它。函数文件在保存时需要文件名和函数名一致。当函数文件名与函数名不相同时,MATLAB 将忽略函数名,调用时使用函数文件名。例如,函数名为 f2,那么保存的文件名也应该为 f2,在命令窗口调用函数时,使用如下的一般调用形式:

```
函数名(实际参数)
```

例如 f2(a,b),函数文件的定义和调用如图 3-3 所示。

(a) 函数文件的定义

(b) 函数文件的调用

图 3-3　函数文件的定义和调用

3.2　顺序结构程序设计

顺序结构是指按照程序中语句的排列顺序依次执行，直到程序的最后一个语句。这也是最简单的一种程序结构。一般涉及数据的输入、数据的计算或处理、数据的输出等内容。

输入和输出

1. 数据的输入

从键盘输入数据，可使用 input 函数来实现，其格式为

```
A=input(提示信息,选项);
```

其中，提示信息为字符串，用于提示用户输入什么样的数据。例如：

```
A=input('请输入 A 矩阵:');
```

如果在 input 函数调用时采用's'选项，则允许用户输入一个字符串。例如，想输入一个人的姓名，可采用命令：

```
xm=input ('What''s your name? ', 's')
```

2. 数据的输出

MATLAB 提供的命令窗口输出函数主要有 disp 函数和 fprintf 函数。

1）disp 函数将数据输出到 MATLAB 的命令窗口

disp 函数的调用格式为

```
disp(输出项)
```

其中，输出项既可以是字符串，也可以是矩阵。

用 disp 函数显示矩阵时将不显示矩阵的名字，而且其格式更紧密，且不留任何没有意义的空行。

2）用 fprintf 函数格式化输出数据到文件中

fprintf 函数显示带有相关文本的一个或多个值，允许程序员控制显示数据的方式。它在命令行窗口打印一个数据的一般格式如下：

```
fprintf(文件句柄 fid,格式 format,数据 data)
```

其中，fid 表示由 fopen 函数打开的文件句柄，如果 fid 省略，则直接输出在屏幕上；format 用于表示一个描述打印数据方式的字符串；data 代表要打印的一个或多个标量或数组。format 包括两方面的内容：一方面是打印文本内容；另一方面是打印内容中的数据格式。例如：

```
>>fprintf('the value of pi is% 6.2f\n',pi)
the value of pi is   3.14
```

打印的结果为 the value of pi is 3.14,后面带有一个换行符。转义序列%6.2f 代表在本函数中的第一个数据项将占有 6 个字符宽度,小数点后有 2 位小数。

fprintf 函数有一个重大的局限性,只能显示复数的实部。当计算结果是复数时,这个局限性将会产生错误。在这种情况下,最好用 disp 显示数据。

format 命令中格式符的含义如表 3-1 所示。

表 3-1 format 命令中格式符的含义

格式符	功　　能
%d	把值作为整数来处理
%e	用科学记数法来显示数据
%f	用于格式化浮点数,并显示这个数
%g	用科学记数格式,或浮点数格式,根据长度最短的显示
\n	换行符

3. 程序的暂停

MATLAB 中程序暂停函数的调用格式为

```
pause(延时秒数)
```

若省去延时秒数,直到用户按任意键程序继续执行,按 Ctrl+C 键强行中止程序的执行。

例如,要求输入两个同型矩阵,然后求两个矩阵的和,再将结果显示在屏幕上。定义脚本文件如图 3-4(a)所示,文件名为 f3.m。运行时,在命令窗口输入文件名 f3,出现提示信息“输入矩阵 a”,此时输入[1 2 3;4 5 6]并回车,再出现提示信息“输入矩阵 b”,此时输入[5 6 7;2 3 4],则显示运行结果,如图 3-4(b)所示。

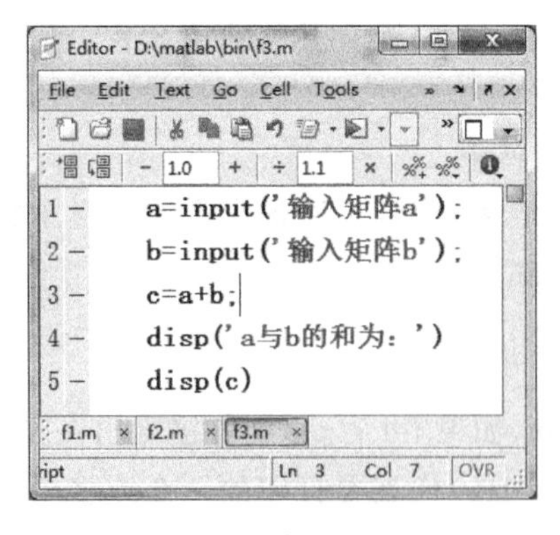

(a) 脚本文件

(b) 显示结果

图 3-4 input 函数和 disp 函数举例

3.3　选择结构程序设计

选择结构又称为分支结构，是根据给定的条件是否成立来决定程序的执行流程。MATLAB 中可以用 if 语句、switch 语句和 try 语句实现选择结构。

1. if 语句

if 语句

MATLAB 中，if 语句有 3 种格式。

1) 单分支 if 语句

格式：

```
if 条件
    语句组
    end
```

如果条件成立就执行语句组，条件通常是关系表达式或逻辑表达式，当条件结果为标量时，非 0 表示条件成立，0 表示条件不成立；当条件结果为矩阵时，如果矩阵为非空，且不包含 0 元素，条件成立，否则不成立。

例如，[1,2;0,3]表示条件时，条件不成立；[1,2;3,4]表示条件时，条件成立。

2) 双分支 if 语句

格式：

```
if 条件
    语句组 1
    else
    语句组 2
    end
```

如果条件成立则执行语句组 1，否则执行语句组 2。

3) 多分支 if 语句

格式：

```
if 条件 1
    语句组 1
    elseif 条件 2
    语句组 2
    ……
elseif 条件 m
    语句组 m
    else
    语句组 n
    end
```

【例 3.1】　编写程序完成以下分段函数，要求输入 x 的值，输出相应的 y 值。

$$y=\begin{cases}1, & x>0\\0, & x=0\\-1, & x<0\end{cases}$$

程序和运行过程见图 3-5，这里脚本文件保存为 l7sd.m。在命令窗口输入 l7sd，出现输入提示符“输入 x”，输入一个值后，即可看到运算结果。程序中的 num2str 函数的功能是将数字转换为字符串。

```
Editor - E:\matlabexers\l7sd.m
1      %符号函数
2 -    x=input('输入x');
3 -    if x>0
4 -        y=1;
5 -    elseif x==0
6 -        y=0;
7 -    else
8 -        y=-1;
9 -    end
10 -   disp(['x=',num2str(x),',y=',num2str(y)])
```

(a) 分段函数脚本文件的定义

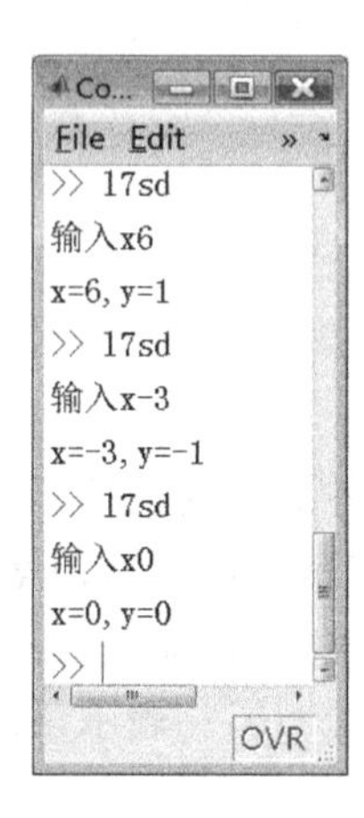

(b) 分段函数脚本文件的调用

图 3-5　分段函数脚本文件的定义和调用

【例 3.2】 编写函数，完成符号函数的功能。

首先要定义函数，计算符号函数时，需要已知 x，因此函数要有一个形式参数 x，再给函数一个名字，这里用 ff3。这样，函数首部即可确定为 function　y=ff3(x)，当 x 为形参时，它的值是调用函数时传递过来的，所以在函数中无须也不能再输入 x，即当 x 为已知时，求完函数值也不在函数内打印，而是由函数名带回到调用它的位置，详见图 3-6。

【例 3.3】 输入一个字符，若为大写字母，则输出其对应的小写字母；若为小写字母，则输出其对应的大写字母；若为数字字符则输出其对应数的平方；若为其他字符则原样输出。

```
c=input('请输入一个字符：','s');
if c>='A' && c<='Z'
    disp(lower(c))
elseif c>='a' && c<='z'
    disp(upper(c))
elseif c>='0' && c<='9'
    disp(str2double(c)^2)
else
    disp(c)
end
```

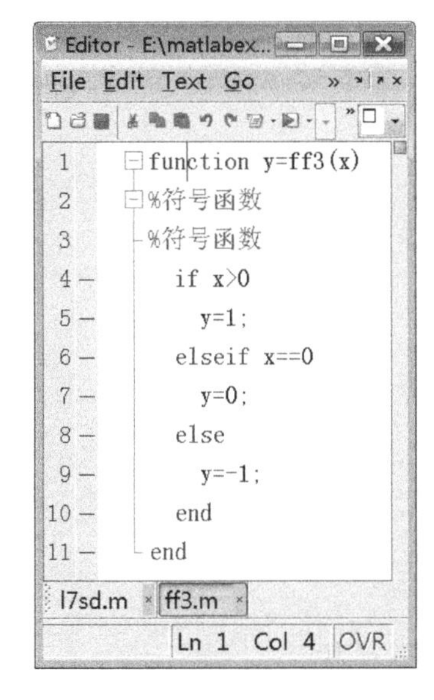

(a) 分段函数的函数文件的定义

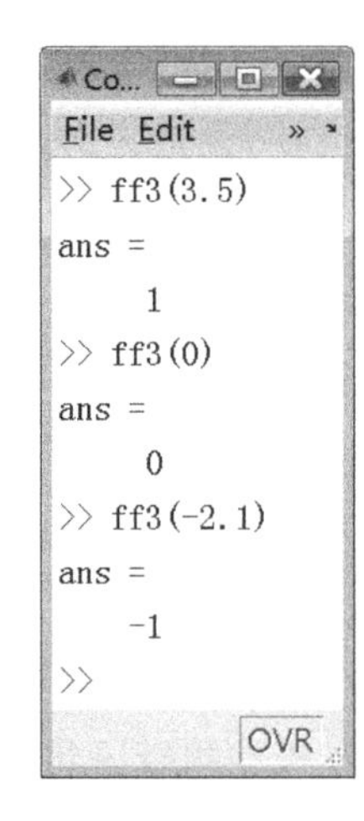

(b) 分段函数的函数文件的调用

图 3-6　分段函数的函数文件的定义和调用

2. switch 语句

switch 和 try 语句

switch 语句是根据表达式的取值不同，分别执行不同的语句，其语句格式为

```
switch 表达式
case 表达式 1
    语句组 1
case 表达式 2
    语句组 2
    ……
case 表达式 m
    语句组 m
    otherwise
    语句组 n
    end
```

【例 3.4】　输入某个学生的成绩 g(假设 $0\leqslant g\leqslant 100$)。如果 $g\geqslant 90$，输出 A；$80\leqslant g<90$，输出 B；$70\leqslant g<80$，输出 C；$60\leqslant g<70$，输出 D；$g<60$，输出 E。

建立脚本文件，取名 swi1.m，程序代码如下：

```
x=input('输入整数成绩');
switch(fix(x/10))
case {9,10}
disp('A')
case 8
```

```
disp('B')
case 7
disp('C')
case 6
disp('D')
otherwise
disp('E')
end
```

在命令窗口输入 swi1,输入 88,得到 B。

```
>>swi1
输入整数成绩 88
B
```

3. try 语句

try 语句是一种试探性执行语句,其语句格式为

```
try
    语句组 1
catch
    语句组 2
end
```

try 语句先试探执行语句组 1,如果语句组 1 在执行过程中出现错误,则将错误信息保留在 lasterr 变量中,并转去执行语句组 2。

图 3-7 的例子为使用 try 语句试探两个矩阵相乘,如果不能进行矩阵乘法,就进行点乘。执行 C=A * B 时出错,因为第一个矩阵的列数和第二个矩阵的行数不相等,不能进行矩阵乘法,转去执行 C=A. * B,即两个矩阵的对应元素相乘。结果 C 矩阵就是矩阵点乘的结果,最后输出错误信息。如果文件最后没有 lasterr 一行,则不会输出错误信息。

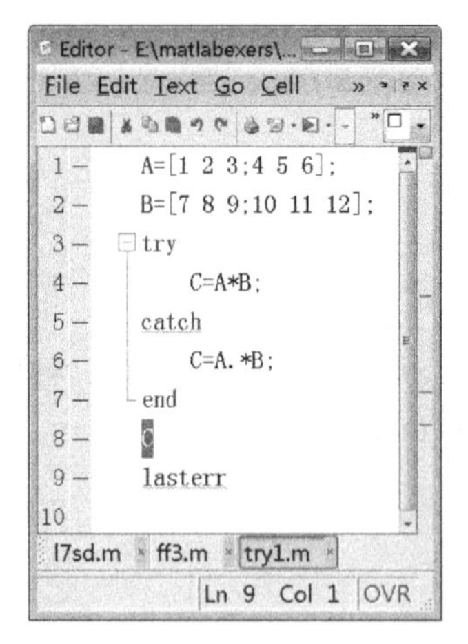

(a) try语句的定义

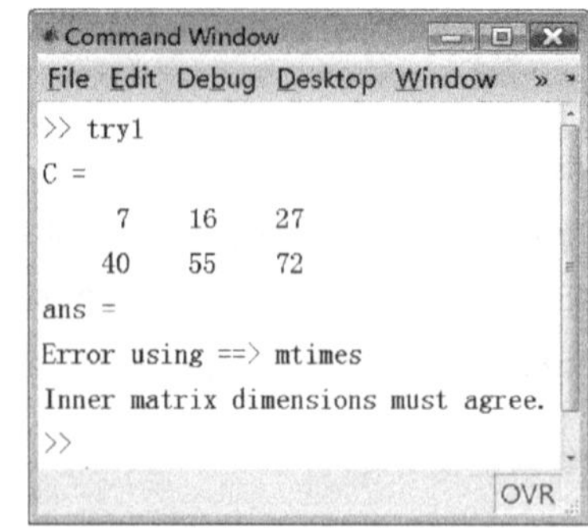

(b) try语句的执行

图 3-7 try 语句举例

3.4　循环结构程序设计

循环是指按照给定的条件，重复执行指定的语句，这是十分重要的一种程序结构。MATLAB 提供了两种实现循环的结构语句：for 语句和 while 语句。

1. for 语句

for 语句

1）简单格式

```
for 循环变量=循环初值:步长:终值
循环体语句
end
```

【例 3.5】　一个 3 位整数，其各位数字的立方和等于该数本身则称为水仙花数，求出 100～999 的全部水仙花数。

```
for m=100:999;
    m1=fix(m/100);              %求 m 的百位数字,fix 向 0 方向取整
    m2=rem(fix(m/10),10);       %求 m 的十位数字
    m3=rem(m,10);               %求 m 的个位数字
if m==m1 * m1 * m1+m2 * m2 * m2+m3 * m3 * m3
disp(m)
end
end
```

2）for 更一般的表达式

```
for 循环变量=矩阵表达式
循环体语句
end
```

执行过程是依次将矩阵的各列元素赋给循环变量，然后执行循环体语句，直至各列元素处理完毕。实际上，“初值:增量:终值”是一个仅为一行的矩阵(行向量)，因而列向量是单个数据。

【例 3.6】　矩阵作为循环变量。a 矩阵中存放的是 5 个学生 4 门课的成绩，求每个人的总成绩。

```
s=0;
a=[65, 76, 56, 78; 98, 83, 74, 85; 76, 67, 78, 79; 98, 58, 42, 73; 67, 89, 76, 87];
for k=a
    s=s+k;
end
disp(s');
```

结果为

```
275   340   300   271   319
```

即将 4 列加在一起,得到 5 个学生的 4 门课的成绩总和,输出的是 s 的转置,所以是一行结果。

while 和 break 语句

2. while 语句

while 语句的一般格式为

```
while (条件)
    循环体语句
    end
```

其执行过程:若条件成立,则执行循环体语句,执行后再判断条件是否成立,如果不成立则跳出循环。

【例 3.7】 用 while 循环求 1～100 整数的和。

```
sum=0;
    i=1;
while i<=100
sum=sum+i;
  i=i+1;
end
sum
```

运行结果

```
sum=
        5050
```

3. 循环的嵌套

如果一个循环结构的循环体又包括一个循环结构,就称为循环的嵌套,或称为多重循环结构。可以按照嵌套层数,分别叫作二重循环、三重循环等。处于内部的循环叫作内循环,处于外部的循环叫作外循环。在设计多重循环时,要特别注意内、外循环之间的关系,以及各语句放置的位置。

4. break 语句和 continue 语句

break 语句用来跳出循环体,结束整个循环。continue 语句用来结束本次循环,接着进行下一次是否执行循环的判断。该语句一般与 if 语句配合使用。

在多重循环中,break 语句只能使程序跳出包含它的最内层的那个循环。

【例 3.8】 求 [100,200]区间第一个能被 33 整除的整数。

```
for n=100:200
    if rem(n,33)~=0
        continue
```

```
    end
    n
    break
end
```

运行结果为

```
n=
132
```

【思考】 如果不用 continue 语句，只用 break 语句程序该如何修改？

实验与习题 3

3.1 输入一个 3 行 2 列的矩阵，求这个矩阵和它的转置的乘积。

3.2 输入 x，计算函数值 y，x 可以是标量，也可以是向量。

$$y=1/2e^{x/3}+x^2\sin(x)$$

3.3 输入 k 和 t，计算乘积 $z=(t-1)*(t-2)*\cdots*(t-(k-1))*(t-(k+1))*\cdots*(t-7)$。

3.4 输入一个正整数 n，求 n 以内的奇数和。

3.5 产生一个 4×4 的整数矩阵，每个元素的值介于 7～15，然后求主对角元素的和。

3.6 根据以下程序段，下列(　　)选项是错的。

```
a=[1,2,3,4;5,6,7,8];
s=0
for n=a
    s=s+n;
end
s
```

A. s(1)=10　　B. s(1,1)=10　　C. s(2,1)=6　　D. s(2)=26

3.7 以下程序段输出的结果为(　　)。

```
a=[1 2 3];
b=[2 4 6];
try
    c=a.*b;
catch
    c=a*b;
end
c
```

A. 没有结果　　B. 28　　C. [3 6 9]　　D. [2 8 18]

3.8 执行以下程序后,x 的值为( )。

```
a=[1 2 3;4 0 6; 2 1 5];
x=2;
if a
    x=1;
else
    x=0;
end
x
```

A. 2 B. 1 C. 0 D. a

3.9 执行以下程序,命令窗口中输入 9,则输出结果为( )。

```
a=input('input a');
b=sqrt(a);
disp(['a=',num2str(a),' b=',num2str(b)])
```

A. a=9 b=3 B. 3 C. 9 D. [a=9 b=3]

3.10 执行以下两句,在命令窗口输入 abc,则输出为( )。

```
a=input('input a','s');
disp(['a=',a])
```

A. abc B. a C. abc=a D. a=abc

3.11 利用秦九韶算法计算多项式 $y=p_1x^n+p_2x^{n-1}+\cdots+p_nx+p_{n+1}$ 的值。例如,计算 $3x^2+2x+1$,当 $x=2$ 时值为 17。

$$y=(\cdots((p_1x+p_2)x+p_3)x+\cdots+p_n)x+p_{n+1}$$

秦九韶算法

```
%秦九韶算法求多项式的值
n=input('输入多项式次数 n')
str=['按降幂顺序输入',num2str(n+1),'个系数'];
%num2str 函数把数值转换为字符串。
p=___(1)___(str);                    %输入
x=input('输入 x');
y=p(1);
for i=2:n+1
    y=___(2)___;
end
___(3)___(['多项式值为',num2str(y)])      %输出
```

运行过程如下:

```
输入多项式次数 n 2
n=

    2
按降幂顺序输入 3 个系数[3 2 1]
```

```
输入 x 2
多项式值为 17
```

3.12　使用 MATLAB 函数求多项式 $3x^2+2x+1$，当 $x=2$ 时的值。

polyval

```
>>a=[3 2 1];
>>polyval(a,2)
```

说明：polyval(a,2)就是求系数为 a 的多项式当 $x=2$ 时的值。

第4章

非线性方程的数值解法

4.1 引言

非线性方程引论

在实际生产和科学计算中，经常会遇到求解非线性方程

$$f(x)=0 \tag{4.1}$$

的问题，其中 $f(x)$是一元非线性函数。若 $f(x)$为 n 次多项式($n>1$)，则称式(4.1)为 n 次代数方程；若 $f(x)$是超越函数，则称式(4.1)为超越方程。由代数理论可知，5 次及 5 次以上的代数方程没有公式解，而超越方程就更加复杂，难以求解。因此，研究非线性方程的数值解法就显得非常必要。

方程 $f(x)=0$ 的根，也称为函数 $f(x)$的 0 点。根有实根和复根两种，本章只讨论实根近似值的求法。

对方程 $f(x)=0$ 求根大致可分 3 个步骤进行。

(1) 判定根的存在性。方程是否有根？如果有，会有几个根？

(2) 根的隔离。先求出有根区间，然后把它分为若干个子区间，使每个子区间内或者没有根，或者只有一个根。这样的有根子区间称为隔根区间，其上的任意一点都可以作为根的初始近似值。

(3) 根的精确化。根据根的初始近似值，按某种方法逐步精确化，直到满足精度要求为止。

本章恒设 $f(x)$连续。

4.2 根的隔离

根的隔离

根的隔离主要有 3 种方法：试值法、作图法和扫描法。

4.2.1 试值法

根据函数的性质，进行一些试算。由连续函数的性质可知，如果 $f(x)$在$[a,b]$上连续，且满足 $f(a)\cdot f(b)\leqslant 0$，则方程 $f(x)=0$ 在$[a,b]$上至少有一个实根；进一步，如果 $f(x)$在$[a,b]$上单调，则方程 $f(x)=0$ 在$[a,b]$上只有一个实根。

【例 4.1】 求方程 $2x^3+3x^2-12x-8=0$ 的隔根区间。

【解】 设 $f(x)=2x^3+3x^2-12x-8$，其定义域为 $(-\infty,+\infty)$，其导函数为

$$f'(x)=6x^2+6x-12=6(x-1)(x+2)$$

所以当 $x\in(-\infty,-2)$ 时，$f'(x)>0$，函数单调上升；当 $x\in(-2,1)$ 时，$f'(x)<0$，函数单调下降；当 $x\in(1,+\infty)$ 时，$f'(x)>0$，函数单调上升。因此在每个区间上至多只有一个根。取几个特殊的点计算函数值，$f(-4)=-40$，$f(-3)=1$，$f(-1)=5$，$f(0)=-8$，$f(2)=-4$，$f(3)=37$，所以，隔根区间可取为 $(-4,-3)$、$(-1,0)$ 和 $(2,3)$。由于 $f(x)$ 为三次多项式，至多有 3 个实根。因此这就是方程 $f(x)=0$ 所有的隔根区间。

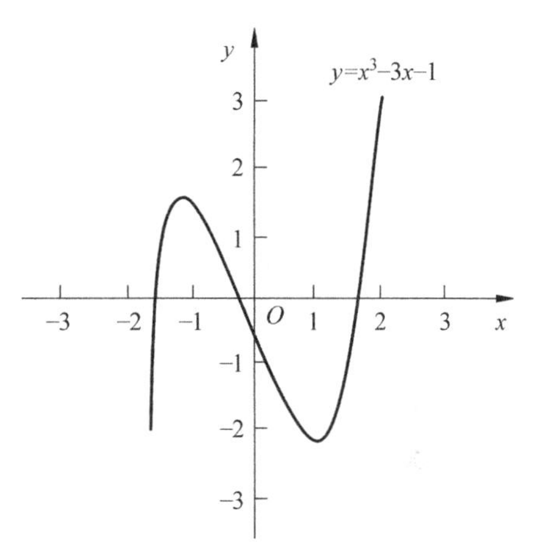

图 4-1　函数图

4.2.2　作图法

【例 4.2】 求方程 $f(x)=x^3-3x-1=0$ 的隔根区间。

【解】 $f'(x)=3x^2-3$，$f''(x)=6x$，当 $x<0$ 时，$f''(x)<0$；当 $x>0$ 时，$f''(x)>0$，画出 $f(x)$ 的草图如图 4-1 所示，从图中可大致确定隔根区间为 $(-2,-1)$、$(-1,1)$ 和 $(1,2)$。

4.2.3　扫描法

扫描法是一种在计算机上较实用的方法。简单地说，扫描法就是将有根区间等分为若干个子区间，然后从有根区间的左端点开始，一个一个小区间地检验是不是隔根区间。

扫描法算法：

(1) 输入有根区间的端点 a、b 及子区间长度 h。

(2) $a\Rightarrow x$。

(3) 若 $f(x)\cdot f(x+h)\leqslant 0$，则输出隔根区间 $[x,x+h]$。

(4) $x+h\Rightarrow x$。

(5) 若 $x<=b-h/2$，则返回(3)。

对于代数方程

$$f(x)=a_0x^n+a_1x^{n-1}+\cdots+a_{n-1}x+a_n=0\quad(a_0\neq 0)$$

设 $A=\max(|a_1|,|a_2|,\cdots,|a_n|)$，则其实根的上、下界分别为 $1+\dfrac{A}{|a_0|}$ 和 $-\left(1+\dfrac{A}{|a_0|}\right)$，由此即可确定其有根区间 $[a,b]$。

下面着重介绍对分法、迭代法、牛顿法和弦割法几种根的精确化方法。

4.3 对分法

设$[a,b]$为方程 $f(x)=0$ 的一个隔根区间，即方程 $f(x)=0$ 在$[a,b]$上有且仅有一个根，于是可用对分法求出这个根的满足一定精度要求的近似值。方法如下。

对分法

(1) 取$[a,b]$的中点，$c=(a+b)/2$，计算 $f(c)$，若 $f(c)=0$，则取 $\alpha=c$ 为所求方程的根；否则，若 $f(a)\cdot f(c)<0$，则方程的根在(a,c)内，记 $a_1=a,b_1=c$；若 $f(a)\cdot f(c)>0$，则根在(c,b)内，记 $a_1=c,b_1=b$，此时的含根区间为$[a_1,b_1]\subset[a,b]$，$[a_1,b_1]$的长度 $d_1=(b-a)/2$。

(2) 再取$[a_1,b_1]$的中点 $c_1=(a_1+b_1)/2$，计算 $f(c_1)$。若 $f(c_1)=0$，则取 $\alpha=c_1$ 作为方程的根；否则，若 $f(a_1)\cdot f(c_1)<0$，则方程的根在(a_1,c_1)内，记 $a_2=a_1,b_2=c_1$；若 $f(a_1)\cdot f(c_1)>0$，则根在(c_1,b_1)内，记 $a_2=c_1,b_2=b_1$，此时的含根区间为$[a_2,b_2]\subset[a_1,b_1]\subset[a,b]$，$[a_2,b_2]$的长度 $d_2=(b-a)/2^2$。

仿上继续进行下去……

取$[a_{n-1},b_{n-1}]$的中点 $c_{n-1}=\dfrac{a_{n-1}+b_{n-1}}{2}$，计算 $f(c_{n-1})$，若 $f(c_{n-1})=0$，则取 $\alpha=c_{n-1}$ 作为方程的根；否则若 $f(a_{n-1})\cdot f(c_{n-1})<0$，则记 $a_n=a_{n-1},b_n=c_{n-1}$；若 $f(a_{n-1})\cdot f(c_{n-1})>0$，则记 $a_n=c_{n-1},b_n=b_{n-1}$，此时的含根区间为 $[a_n,b_n]\subset[a_{n-1},b_{n-1}]\subset\cdots\subset[a_1,b_1]\subset[a,b]$，$[a_n,b_n]$的长度 $d_n=\dfrac{b-a}{2^n}$，若取 $\alpha^*=\dfrac{a_n+b_n}{2}$ 为根的近似值，则其绝对误差限为$\dfrac{b-a}{2^{n+1}}$。可以看到，当 $n\to\infty$ 时，绝对误差限$\dfrac{b-a}{2^{n+1}}\to 0$。因此，用对分法总可以找到满足精度要求的近似值，但当精度要求较高时，计算量会很大。

对分法算法：

(1) 输入隔根区间的端点 a、b 及预先给定的精度要求 eps。

(2) 进行循环。

① $(a+b)/2\Rightarrow c$；

② 若 $f(c)=0$，则结束循环；

否则若 $f(a)\cdot f(c)<0$，则 $c\Rightarrow b$；

否则 $c\Rightarrow a$；

直到 $b-a\leqslant$eps 为止。

(3) 输出 c。

4.4 迭代法

迭代法

首先把方程 $f(x)=0$ 改写成等价的形式：

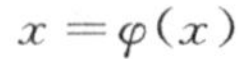

$$x=\varphi(x)$$

于是有迭代公式

$$x_{k+1}=\varphi(x_k)\quad(k=0,1,2,\cdots)\tag{4.2}$$

然后选取初始值 x_0，代入式(4.2)可得 x_1，再将 x_1 代入式(4.2)可得 x_2，依此继续下去，便可得到迭代序列$\{x_k\}$，这种求根方法称为简单迭代法，也称为迭代法。$\varphi(x)$称为迭代函数，如果迭代序列$\{x_k\}$收敛，则称迭代法收敛，否则称迭代法发散。

如果迭代收敛，即有

$$x^*=\lim_{k\to\infty}x_k\tag{4.3}$$

由于 $f(x)$连续，可知 $\varphi(x)$亦连续，利用连续函数的性质有

$$x^*=\lim_{k\to\infty}x_{k+1}=\lim_{k\to\infty}\varphi(x_k)=\varphi(\lim_{k\to\infty}x_k)=\varphi(x^*)$$

即 x^* 为方程 $x=\varphi(x)$的根，也就是方程 $f(x)=0$ 的根。由此可见，只要迭代序列收敛，其极限值 x^* 就是方程 $f(x)=0$ 的根。

【例 4.3】 求方程 $x^3-x-1=0$ 在 $x_0=1.5$ 附近的根，精度要求为 10^{-4}。

【解】 (1) 可将方程改写成等价形式

$$x=x^3-1$$

则迭代公式为

$$x_{k+1}=x_k^3-1\quad(k=0,1,2,\cdots)\tag{4.4}$$

仍取初始近似值为 $x_0=1.5$，迭代结果如表 4-1 所示。

由表 4-1 可见，式(4.4)是发散的。

(2) 如果将方程 $x^3-x-1=0$ 改写成另一种等价形式

$$x=\sqrt[3]{x+1}$$

于是有迭代公式

$$x_{k+1}=\sqrt[3]{x_k+1}\quad(k=0,1,2,\cdots)\tag{4.5}$$

将初始近似值 $x_0=1.5$ 代入式(4.4)，可得迭代序列 $x_1,x_2,\cdots$，如表 4-2 所示。

表 4-1　迭代结果

k	x_k
1	2.375
2	12.3965
3	1904.0028
4	6902441984

表 4-2　迭代序列

k	x_k
1	1.357209
2	1.330861
3	1.325884
4	1.324939
5	1.324760
6	1.324726

由表 4-2 可见式(4.5)是收敛的，$\alpha=x_6=1.324726$ 就是满足精度要求的一个近似根。对同一个方程，$\varphi(x)$可以有不同的选取方法，而有的迭代过程收敛，有的迭代过程发散。那么，当 $\varphi(x)$满足什么条件时，才能保证迭代收敛呢?

定理 4.1　设迭代函数 $\varphi(x)$满足：

(1) 当 $x\in[a,b]$时，$a\leqslant\varphi(x)\leqslant b$。

(2) 存在正数 $L<1$，对任意 $x\in(a,b)$，均有

$$|\varphi'(x)| \leqslant L$$

则 $x=\varphi(x)$ 在 $[a,b]$ 内存在唯一根 α，并且对任意初始值 $x_0 \in [a,b]$，迭代法

$$x_{k+1}=\varphi(x_k) \quad (k=0,1,2,\cdots)$$

收敛于 α，且

$$① \ |x_k-\alpha| \leqslant \frac{L}{1-L}|x_k-x_{k-1}| \tag{4.6}$$

$$② \ |x_k-\alpha| \leqslant \frac{L^k}{1-L}|x_1-x_0| \tag{4.7}$$

【证】 先证根的存在性。引进辅助函数

$$F(x)=x-\varphi(x)$$

由条件(1)知，在 $[a,b]$ 上有

$$F(a)=a-\varphi(a) \leqslant 0$$
$$F(b)=b-\varphi(b) \geqslant 0$$

当 $F(a)=0$ 或 $F(b)=0$ 时，a 或 b 就是方程的根，否则有 $F(a) \cdot F(b)<0$，因 $\varphi(x)$ 连续，所以 $F(x)$ 也连续，由连续函数性质可知，存在 $\xi \in (a,b)$，使 $F(\xi)=0$，即 $\xi=\varphi(\xi)$，于是 $\alpha=\xi$ 是方程的根。

再证根的唯一性。由

$$F'(x)=1-\varphi'(x) \geqslant 1-L>0 \quad x \in (a,b)$$

可知，$F(x)$ 在 $[a,b]$ 上严格单调上升，所以 $F(x)$ 在此区间上至多有一个根，根的唯一性得证。

最后证明迭代序列的极限就是方程的根。由 $x_{k+1}=\varphi(x_k)$，$\alpha=\varphi(\alpha)$，根据微分中值定理，必存在 ξ 介于 x_k 与 α 之间，及 $\bar{\xi}$ 介于 x_k 与 x_{k-1} 之间，使得

$$x_{k+1}-\alpha=\varphi(x_k)-\varphi(\alpha)=\varphi'(\xi)(x_k-\alpha)$$

$$x_{k+1}-x_k=\varphi(x_k)-\varphi(x_{k-1})=\varphi'(\bar{\xi})(x_k-x_{k-1})$$

由条件(2)知

$$\begin{cases} |x_{k+1}-\alpha|=|\varphi'(\xi)|\,|x_k-\alpha| \leqslant L|x_k-\alpha| \\ |x_{k+1}-x_k|=|\varphi'(\bar{\xi})|\,|x_k-x_{k-1}| \leqslant L|x_k-x_{k-1}| \end{cases} \tag{4.8}$$

于是

$$\begin{aligned} |x_k-\alpha| &= |x_k-x_{k+1}+x_{k+1}-\alpha| \leqslant |x_k-x_{k+1}|+|x_{k+1}-\alpha| \\ &\leqslant L|x_k-x_{k-1}|+L|x_k-\alpha| \end{aligned}$$

整理可得

$$|x_k-\alpha| \leqslant \frac{L}{1-L}|x_k-x_{k-1}|$$

此即式(4.6)。

再反复利用式(4.8)的第 2 式，可得

$$|x_k-x_{k-1}| \leqslant L|x_{k-1}-x_{k-2}| \leqslant L^2|x_{k-2}-x_{k-3}| \leqslant \cdots \leqslant L^{k-1}|x_1-x_0|$$

将上式代入式(2.6)后，即得

$$|x_k-\alpha|\leqslant\frac{L^k}{1-L}|x_1-x_0|$$

此即式(4.7)。

由$\lim\limits_{k\to\infty}\frac{L^k}{1-L}|x_1-x_0|=0$可知必有$\lim\limits_{k\to\infty}|x_k-\alpha|=0$，即$\lim\limits_{k\to\infty}x_k=\alpha$。迭代法收敛于方程的根得证。

从定理的结论式(4.6)可知，x_k 的误差可以由$|x_k-x_{k-1}|$来控制。因此，只要相邻两次的计算结果的差$|x_k-x_{k-1}|$达到事先给定的精度要求时，就可取 x_k 作为 α 的近似值。这种做法常称为"误差的事后估计"。

从定理的证明过程可以看出，当 L 接近于 1 时，迭代过程的收敛速度会很慢；当 L 接近于 0 时，迭代过程的收敛速度会很快。如果能对 L 的大小做出估计，对给定的精度要求，由式(4.7)可以大概估计出迭代所需的次数。

局部收敛定理

由于定理 4.1 的条件一般难于验证，而且在一个大的区间$[a,b]$上，这些条件也不一定都成立，另外迭代过程往往就在根的附近进行，只要假定 $\varphi'(x)$在 α 附近连续，且满足$|\varphi'(\alpha)|<1$，则根据连续函数的性质，一定存在 α 的某邻域S：$|x-\alpha|\leqslant\delta$，使得 $\varphi(x)$在 S 上满足定理 4.1 的条件，故在 S 中任取初始值 x_0，迭代公式

$$x_{k+1}=\varphi(x_k)$$

必将收敛于方程 $x=\varphi(x)$的根 α，这种收敛称为局部收敛。

迭代法有比较明显的几何意义。把方程 $f(x)=0$ 改写为等价形式 $x=\varphi(x)$，实质上是把方程的求根问题转化为求直线 $y=x$ 与曲线 $y=\varphi(x)$的交点 P^*，P^* 的横坐标x^*就是方程的根，如图 4-2 所示。迭代过程就是在 x 轴上取初始值x_0，过 x_0 做 y 轴的平行线交曲线 $y=\varphi(x)$于 P_0，P_0 的横坐标为 x_0，纵坐标为 $x_1=\varphi(x_0)$；再过 P_0 做 x 轴的平行线交 $y=x$ 于 Q_1，Q_1 的横坐标就是 x_1；再过 Q_1 做 y 轴的平行线交曲线 $y=\varphi(x)$于 P_1，P_1 的横坐标为 x_1，纵坐标为 $x_2=\varphi(x_1)$，仿此继续下去可得点列 $P_0(x_0,x_1)$，$P_1(x_1,x_2)$，$P_2(x_2,x_3)$，…，若点列收敛，即

$$\lim_{k\to\infty}P_k=P^*(x^*,y^*)$$

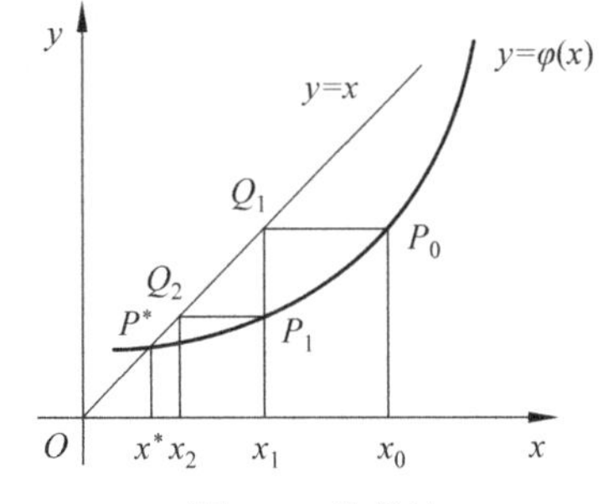

图 4-2　迭代法

迭代法的几何意义

则有

$$\lim_{k\to\infty} x_k = x^*$$

即迭代法收敛,否则迭代法发散。

迭代法算法

迭代法算法:

(1) 输入初始近似值 x_0、精度要求 eps、控制最大迭代次数 M。

(2) $1 \Rightarrow k, \varphi(x_0) \Rightarrow x_1$。

(3) 当 $k < M$ 且 $|x_1 - x_0| >$ eps 时进行循环。

$$x_1 \Rightarrow x_0,\quad k+1 \Rightarrow k,\quad \varphi(x_0) \Rightarrow x_1$$

(4) 如果 $|x_1 - x_0| \leqslant$ eps,则输出 x_1,否则输出迭代失败信息。

迭代法的加速

迭代失败可能是迭代过程发散,也可能是由于迭代收敛速度太慢,在给定的次数内达不到精度要求。

【思考】 如何提高迭代法的收敛速度?

4.5 牛顿法

牛顿法

4.5.1 牛顿法的迭代公式

牛顿法也叫切线法,是求式(4.1)的一种常用的迭代方法。如图 4-3 所示,曲线 $y=f(x)$ 与 x 轴的交点 x^* 就是式(4.1)的根。所谓切线法就是按“以直代曲”的思想,逐次用切线代替曲线本身求与 x 轴的交点,设 x_k 是式(4.1)的一个近似根,过点 $P_k(x_k, f(x_k))$ 做曲线 $y=f(x)$ 的切线,其方程为 $y - f(x_k) = f'(x_k)(x - x_k)$。

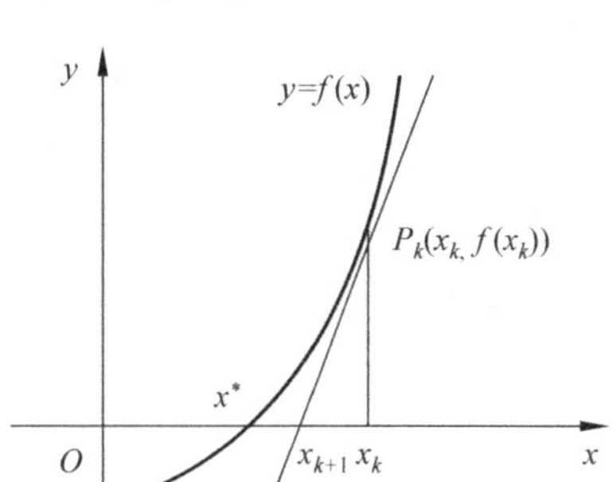

图 4-3　牛顿法

初值选取规则

则该切线与 x 轴的交点为

$$x_{k+1} = x_k - \frac{f(x_k)}{f'(x_k)} \quad (k=0,1,2,\cdots) \tag{4.9}$$

这就是牛顿迭代公式,相当于迭代函数为

$$\varphi(x) = x - \frac{f(x)}{f'(x)}$$

由定理 4.1 可得。

牛顿法初值演示

定理 4.2　若在根 α 附近 $f'(x)$不为 0，$f''(x)$存在，且

$$\left|\frac{f(x)f''(x)}{[f'(x)]^2}\right| \leqslant m < 1 \tag{4.10}$$

则式(4.9)收敛，即有$\lim\limits_{k\to\infty}x_k=\alpha$。

牛顿法的收敛性是在根的附近讨论的。因此，初始近似值的选取直接影响牛顿法的收敛性，通常取足够小的隔根区间，使 $f'(x)$和 $f''(x)$在此区间内都不变号，并在该区间内取 x_0，使之满足 $f(x_0)\cdot f''(x_0)>0$，即可保证迭代序列$\{x_k\}$ $(k=0,1,2,\cdots)$单调收敛于方程的根 α。

收敛速度

4.5.2　简单迭代法与牛顿迭代法的收敛速度

迭代过程的收敛速度就是迭代过程中迭代误差的下降速度。

定义 4.1　设由迭代公式 $x_{k+1}=\varphi(x_k)$产生的迭代序列$\{x_k\}$ $(k=0,1,2,\cdots)$收敛于方程 $x=\varphi(x)$的根 α，记 $e_k=\alpha-x_k$，若存在实数 $p\geqslant1$ 及非 0 常数 c，使得

$$\lim_{k\to\infty}\frac{e_{k+1}}{e_k^p}=c$$

则称迭代过程是 p 阶收敛的。当 $p=1$ 时，称为线性收敛；当 $p>1$ 时，称为超线性收敛；当 $p=2$ 时，称为平方收敛。显然，p 越大收敛速度越快。

1. 简单迭代法的收敛速度

由微分中值定理可知，必存在一点 ξ_k 介于 x_k 与 α 之间，使得

$$e_{k+1}=\alpha-x_{k+1}=\varphi(\alpha)-\varphi(x_k)=\varphi'(\xi_k)(\alpha-x_k)=\varphi'(\xi_k)e_k$$

于是

$$\lim_{k\to\infty}\frac{e_{k+1}}{e_k}=\lim_{k\to\infty}\varphi'(\xi_k)=\varphi'(\alpha)$$

由此可知，简单迭代法至少是线性收敛的。

2. 牛顿法的收敛速度

设 $f'(\alpha)\neq0$，因为 $f(\alpha)=0$，所以一定有 $\varphi'(\alpha)=\dfrac{f(\alpha)f''(\alpha)}{[f'(\alpha)]^2}=0$。

将 $f(x)$在 x_k 点进行 Taylor 展开，存在 ξ_k，使得

$$f(x)=f(x_k)+f'(x_k)(x-x_k)+f''(\xi_k)\frac{(x-x_k)^2}{2}$$

将 $x=\alpha$ 代入 $f(x)$，得

$$0=f(\alpha)=f(x_k)+f'(x_k)(\alpha-x_k)+f''(\xi_k)\frac{(\alpha-x_k)^2}{2}$$

于是

$$\alpha=x_k-\frac{f(x_k)}{f'(x_k)}-\frac{f''(\xi_k)}{2f'(x_k)}(\alpha-x_k)^2 \tag{4.11}$$

即

$$\alpha = x_{k+1} - \frac{f''(\xi_k)}{2f'(x_k)}(\alpha - x_k)^2$$

$$e_{k+1} = -\frac{f''(\xi_k)}{2f'(x_k)}e_k^2$$

故

$$\lim_{k\to\infty}\frac{e_{k+1}}{e_k^2} = -\lim_{k\to\infty}\frac{f''(\xi_k)}{2f'(x_k)} = -\frac{f''(\alpha)}{2f'(\alpha)}$$

由此可知,牛顿法至少是平方收敛的,可见,牛顿法比简单迭代法收敛速度要快。

【例 4.4】 用牛顿法求$\sqrt{2}$的近似值,误差要求为 10^{-5}。

【解】 将求$\sqrt{2}$转化为求方程 $f(x)=x^2-2=0$ 的根,则相应的牛顿迭代公式为

牛顿法举例

$$x_{k+1} = x_k - \frac{x_k^2-2}{2x_k} = \frac{1}{2}\left(x_k + \frac{2}{x_k}\right) \quad (k=0,1,2,\cdots) \qquad (4.12)$$

由 $f''(x)=2>0$ 知,可选取任意大于$\sqrt{2}$的数,例如 2 作为根的初始近似值,代入式(4.12),可得各次迭代结果如表 4-3 所示。

表 4-3 各次迭代结果

k	x_k
0	2
1	1.5
2	1.416667
3	1.414216
4	1.414214
5	1.414214

牛顿法算法:

(1) 输入初始近似值 x_1、精度要求 eps、控制最大迭代次数 M。

(2) $0\Rightarrow k$。

(3) 进行循环。

$x_1\Rightarrow x_0$, $k+1\Rightarrow k$, $x_0 - f(x_0)/f'(x_0)\Rightarrow x_1$

直到 $k\geqslant M$ 或 $|x_1-x_0|\leqslant$eps 为止。

(4) 如果 $|x_1-x_0|\leqslant$eps,则输出 x_1,否则输出迭代失败信息。

4.5.3 关于 *n* 重根的牛顿法

如果 α 是方程 $f(x)=0$ 的单根,则 $f'(\alpha)\neq 0$,这时使用牛顿法至少是平方收敛的。如果 α 为方程的重根,则 $f'(\alpha)=0$。引进函数

$$\psi(x) = \frac{f(x)}{f'(x)}$$

如果 α 为方程 $f(x)=0$ 的 m 重根,则 α 为方程 $f'(x)=0$ 的 $m-1$ 重根,即 $f(x)$的重根 α 是方程 $\psi(x)=0$ 的单根。于是可以对 $\psi(x)$使用牛顿法,迭代公式为

$$x_{k+1} = x_k - \frac{\psi(x_k)}{\psi'(x_k)} \quad (k=0,1,2,\cdots)$$

此时迭代法仍至少是平方收敛的。

4.6　弦割法

牛顿法的收敛速度快，但在计算时涉及函数 $f(x)$ 的导数信息，使用起来不太方便。特别是当 $f(x)$ 的表达式较复杂时，尤其困难。因此，仍按照“以直代曲”的思想，用一条曲线的割线而不是切线来代替曲线时，就产生了另一种迭代法——弦割法。

弦割法和演示

如图 4-4 所示，设曲线 $y=f(x)$ 与 x 轴的交点为 x^*，设 x_{k-1} 和 x_k 是方程 $f(x)=0$ 的两个近似根，用连接曲线上两点 $p_1(x_{k-1},f(x_{k-1}))$ 和 $p_2(x_k,f(x_k))$ 的弦，代替曲线本身求与 x 轴的交点 x_{k+1}，并将其作为下一步的近似值，这就是弦割法。

由点斜式可得这条弦的方程为

$$y=f(x_k)+\frac{f(x_k)-f(x_{k-1})}{x_k-x_{k-1}}(x-x_k)$$

令 $y=0$ 可求得这条弦与 x 轴的交点

$$x_{k+1}=x_k-\frac{f(x_k)}{f(x_k)-f(x_{k-1})}(x_k-x_{k-1}) \tag{4.13}$$

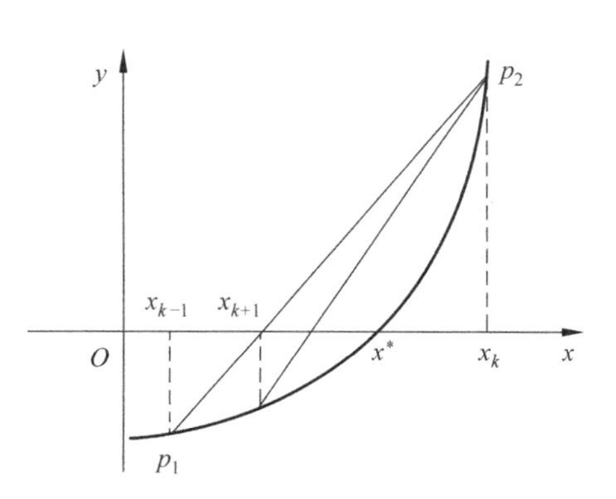

图 4-4　弦割法

这就是弦割法的迭代公式。该方法与前面介绍的方法的不同之处在于，它在进行每一步计算时都需要前两步的计算结果，自然初值也需要有两个，这种方法称为多步迭代法。相应地，计算时只需要前一步的计算结果的迭代法称为单步迭代法。

有时为简化计算，在进行迭代时固定一个端点，例如用 $(x_0,f(x_0))$ 代替式(4.13)中的 $(x_{k-1},f(x_{k-1}))$，便得到单点弦割法迭代公式

$$x_{k+1}=x_k-\frac{f(x_k)}{f(x_k)-f(x_0)}(x_k-x_0)$$

而称式(4.13)为双点弦割法迭代公式。相应的方法分别称为单点弦割法和双点弦割法。双点弦割法的收敛速度是超线性的，而单点弦割法只具有线性收敛速度。

双点弦割法算法：

(1) 输入初始近似值 x_0 和 x_1、精度要求 eps、控制最大迭代次数 M。

(2) $x_1-\dfrac{f(x_1)}{f(x_1)-f(x_0)}(x_1-x_0)\Rightarrow x_2$，$1\Rightarrow k$。

(3) 当 $k<M$ 且 $|x_1-x_2|>$eps 时进行循环。

$$x_1\Rightarrow x_0,\quad x_2\Rightarrow x_1,\quad k+1\Rightarrow k,\quad x_1-\frac{f(x_1)}{f(x_1)-f(x_0)}(x_1-x_0)\Rightarrow x_2$$

(4) 如果 $|x_1-x_2|\leqslant$eps，则输出 x_2，否则输出迭代失败信息。

4.7 使用 MATLAB 函数解方程

fsolve 和 solve 函数

1. 使用 fsolve 函数求某初值点附近的根

在 MATLAB 的最优化工具箱中提供了非线性方程组的求解函数 fsolve，其调用格式如下：

```
x=fsolve (filename,x0,option)
```

其中，x 为返回的近似解；filename 是待求根方程左端的函数表达式；x0 是初值；option 用于设置优化工具箱的优化参数，可以调用 optimset 函数来完成。例如，display 参数设置为 off 时不显示中间结果。

1）直接使用函数表达式

```
>>fsolve('x-sin(x)-0.5',1,optimset('display','off'))
ans=
1.4973
>>fsolve('x-exp(-x)',1,optimset('display','off'))
ans=
0.5671
>>fsolve('x^3-x^2-2*x-3',2,optimset('display','off'))
ans=
2.3744
```

2）定义匿名函数

匿名函数的定义形式：

fzero 函数

```
函数句柄变量=@(匿名函数输入参数) 匿名函数表达式
命令窗口中输入
>>fsolve(@(x) x-sin(x)-0.5,1,optimset('display','off'))
ans=  1.4973
>>fsolve(@(x) x-exp(-x),1)
ans=  0.56714
>>fsolve(@(x) x^3-x^2-2*x-3,2)
ans=  2.3744
```

2. 使用 roots 函数求代数方程的所有根

roots 函数

roots 函数的一般形式为

```
roots(a)
```

其中，a 为多项式降幂排列的系数。

方程为 $x^4-5x^2+x+2=0$，a 为多项式系数降幂排列，注意 x^3 的系数为 0，不能漏写。

```
>>a=[1 0 -5 1 2];
>>roots(a)
ans=
  -2.2470
   2.0000
   0.8019
  -0.5550
```

解决问题

【思考】 面对不同方程时,如何选择算法?

实验与习题 4

小结

4.1　用对分法求出方程 $x^3-2x^2-4x-7=0$ 在[3,4]的根,精度要求为 10^{-5}。

使用函数文件完成,运行方式为在命令窗口输入 duifen(3,4),即可得到结果 3.6320。

程序填空:

对分法

```
%已知隔根区间,用对分法求方程的根的函数
function y1=duifen(a,b)
while b-a>1e-5
   c=___(1)___;
if fx(c)==0
break
   elseif___(2)___
      b=c;
else
___(3)___;
end


end
y1=c;
function y=fx(x)
y=x^3-2*x^2-4*x-7;
```

4.2　求出方程 $x^3-2x^2-4x-7=0$ 的所有根。

```
>>b=___(1)___;
>>___(2)___
ans=
___(3)___
  -0.8160+1.1232i
  -0.8160-1.1232i
```

可以看出,roots 可以求出虚根。

4.3　求方程 $x^4-5x^2+x+2=0$ 的实根的上界和下界,扫描法实现根的隔离,并用

对分法求出所有的实根,精度要求为 10^{-5}。

提示:实根的上界和下界可以输入,用扫描法实现根的隔离,然后再对隔根区间使用对分法。

```
%使用对分法求全部的实根
function rr=smdf()
    a1=-6;  b1=6;  h=0.1;  x1=a1;  i=0;
while x1<b1
      if__(1)___
          i=i+1;
          rr(i)=__(2)___;
end
      x1=__(3)___;
end
%定义对分的函数
function y1=df(a,b)
while b-a>1e-5
    c=__(4)___;
if f(c)==0
break
    elseif__(5)___
        b=c;
else
__(6)___;
end
end
  y1=c;
%定义函数 f(x)。
function y=f(x)
y=x^4-5*x^2+x+2 ;
```

运行结果:在命令窗口输入,即可得到 4 个根。

```
>>smdf()
ans=
   -2.2470   -0.5550     0.8019     2.0000
```

4.4 用牛顿法求 a 的立方根,精度要求为 10^{-5}。

牛顿法

```
%相当于求 x^3-a=0 方程的根
a=input('求 a 的立方根,请输入 a');
x=a;i=0;m=100;
x1=x-(x^3-a)/(3*x^2);
while__(1)___& i<m
    x=__(2)___;
    i=i+1;
```

```
    x1= (3) ;
end
if abs(x1-x)<=1e-5
    disp(['迭代',num2str(i),'次,根为:',num2str(x1)])
 (4)
    disp('迭代发散')
end
```

4.5　编写牛顿法求以下方程根的程序,精度要求为 10^{-5}。

(1) $x^3-x^2-2x-3=0$ 在 2 附近的根。

(2) $x-\sin x=0.5$ 在 1 附近的根。

(3) $x-e^{-x}=0$ 在 1 附近的根。

计算结果分别为(1) 2.374424　　(2) 1.497300　　(3) 0.5671

4.6　填空。

(1) 求方程 $2x-\sin(3x)=0.8$,在 1 附近的根,则在命令窗口输入>> ＿①＿,可以得到方程的近似根为＿②＿。

(2) 求方程 $4x^4-3x^3-11x+2=0$ 的所有根,设方程的系数用 a 表示,则在命令窗口给 a 赋值的命令为

```
>>a= ③
```

然后使用＿④＿命令,可以得到方程的所有根为＿⑤＿。

4.7　求方程 $x^4-5x^2+x+2=0$ 的实根的上界和下界。

4.8　方程 $x^3-x^2-1=0$ 在 $x_0=1.5$ 附近有根,把它写成下面 4 种不同的等价形式。

(1) $x=\sqrt[3]{x^2+1}$。

(2) $x=\sqrt{x^3-1}$。

(3) $x=\dfrac{1}{x^2-x}$。

(4) $x=\dfrac{1}{\sqrt{x-1}}$。

试判别相应的各迭代公式在 $x_0=1.5$ 附近的收敛性。

4.9　用弦割法解下列方程,精度要求为 10^{-4}。

(1) $x^3-3x^2-2x+8=0$,取初值 $x_0=-2$,$x_1=-1.5$。

(2) $x^3-2x-5=0$,取初值 $x_0=2$,$x_1=3$。

4.10　求方程 $f(x)=x^4-4x^2+4=0$ 的二重根$\sqrt{2}$,精度要求为 10^{-5}。

4.11　证明计算$\sqrt[3]{a}$的牛顿迭代公式为 $x_{n+1}=\dfrac{1}{3}\left(2x_n+\dfrac{a}{x_n^2}\right)$,并用此迭代公式计算$\sqrt[3]{386.68}$,精度要求为 10^{-4}。

第5章 线性方程组的数值解法

本章主要讨论线性方程组的数值解法，包括直接法和迭代法。

n 阶线性方程组

$$\begin{cases} a_{11}x_1 + a_{12}x_2 + \cdots + a_{1n}x_n = b_1 \\ a_{21}x_1 + a_{22}x_2 + \cdots + a_{2n}x_n = b_2 \\ \quad\vdots \\ a_{n1}x_1 + a_{n2}x_2 + \cdots + a_{nn}x_n = b_n \end{cases} \tag{5.1}$$

的矩阵形式为

$$\boldsymbol{A}\boldsymbol{x} = \boldsymbol{b} \tag{5.2}$$

其中

$$\boldsymbol{A} = \begin{bmatrix} a_{11} & a_{12} & \cdots & a_{1n} \\ a_{21} & a_{22} & \cdots & a_{2n} \\ \vdots & \vdots & & \vdots \\ a_{n1} & a_{n2} & \cdots & a_{nn} \end{bmatrix},\quad \boldsymbol{x} = \begin{bmatrix} x_1 \\ x_2 \\ \vdots \\ x_n \end{bmatrix},\quad \boldsymbol{b} = \begin{bmatrix} b_1 \\ b_2 \\ \vdots \\ b_n \end{bmatrix}$$

分别称为式(5.2)的系数矩阵、解向量和右端向量。若 $\boldsymbol{A}$ 可逆，则式(5.2)存在唯一解。本章恒设该条件成立。

在第1章中曾经提到，Cramer 法则只适用于方程组的阶数 n 很小的情况。因此，研究解线性方程组的数值方法就显得很重要了。线性方程组的数值解法大致可分为两类。

(1) 直接法。假设计算过程中没有舍入误差，经过有限步算术运算就可求得方程组精确解的方法，称为直接法。但在实际计算中舍入误差是不可避免的，因此这种方法求得的也是近似解。直接法是解低阶稠密矩阵方程组的有效方法。

(2) 迭代法。从解向量的某一组初始近似值出发，按照一个迭代公式逐步逼近精确解的方法，称为迭代法。它具有存储量小、算法简单等优点，但存在收敛性及收敛速度问题。迭代法是解大型稀疏矩阵方程组的重要方法，也常用于提高已知近似解的精度。

线性方程组的简单形式

5.1　高斯消去法

5.1.1　三角形方程组的解法

系数矩阵为上三角阵或下三角阵的线性方程组称为三角形方程组，即

$$\begin{cases} u_{11}x_1 + u_{12}x_2 + \cdots + u_{1n}x_n = b_1 \\ \qquad\quad u_{22}x_2 + \cdots + u_{2n}x_n = b_2 \\ \qquad\qquad\qquad \vdots \\ \qquad\qquad\qquad u_{nn}x_n = b_n \end{cases} \tag{5.3}$$

其矩阵形式为

$$\boldsymbol{Ux} = \boldsymbol{b} \quad (\text{当 } i > j \text{ 时 } u_{ij} = 0)$$

或

$$\begin{cases} l_{11}x_1 = b_1 \\ l_{21}x_1 + l_{22}x_2 = b_2 \\ \qquad \vdots \\ l_{n1}x_1 + l_{n2}x_2 + \cdots + l_{nn}x_n = b_n \end{cases} \tag{5.4}$$

其矩阵形式为

$$\boldsymbol{Lx} = \boldsymbol{b} \quad (\text{当 } i < j \text{ 时 } l_{ij} = 0)$$

三角形方程组易于求解。以上三角形方程组(5.3)为例，其有且仅有一组解的充要条件是 $u_{ii} \neq 0 (i = 1, 2, \cdots, n)$。从最后一个方程开始，逐次向上回代可得

$$\begin{cases} x_n = b_n / u_{nn} \\ x_{n-1} = (b_{n-1} - u_{n-1,n}x_n)/u_{n-1,n-1} \\ \qquad \vdots \\ x_1 = (b_1 - u_{12}x_2 - u_{13}x_3 - \cdots - u_{1n}x_n)/u_{11} \end{cases} \tag{5.5}$$

这个过程称为回代过程。规定当 $m > n$ 时 $\sum_{m}^{n} f(\cdot) = 0$（$f(\cdot)$ 代表任意表达式，没有具体式子），则式(5.5)可归结为

$$x_i = (b_i - \sum_{k=i+1}^{n} u_{ik}x_k)/u_{ii} \quad (i = n, n-1, \cdots, 1) \tag{5.6}$$

对于式(5.4)，类似地有

$$x_i = \left(b_i - \sum_{k=1}^{i-1} l_{ik}x_k\right)/l_{ii} \quad (i = 1, 2, \cdots, n)$$

5.1.2　高斯消去法

高斯消去法手算

高斯消去法的基本思想：对于一般的线性方程组，将其消元为同解的上三角形方程组，然后回代，即可得到原方程组的解。先看一个简单的例子，用以说明高斯消去法的计算过程。

【例 5.1】 解方程组

$$\begin{cases} x_1 + x_2 + x_3 = 6 & ① \\ 2x_1 + 4x_2 - x_3 = 7 & ② \\ 2x_1 - 2x_2 + x_3 = 1 & ③ \end{cases}$$

解消元：

第一步：计算①×(−2)+②、①×(−2)+③，得

$$\begin{cases} x_1 + x_2 + x_3 = 6 & ① \\ \quad 2x_2 - 3x_3 = -5 & ④ \\ \quad -4x_2 - x_3 = -11 & ⑤ \end{cases}$$

第二步：计算④×2+⑤，得到与原方程组同解的三角形方程组

$$\begin{cases} x_1 + x_2 + x_3 = 6 & ① \\ \quad 2x_2 - 3x_3 = -5 & ④ \\ \quad\quad -7x_3 = -21 & ⑥ \end{cases}$$

回代：

由⑥得 $x_3 = 3$。

将 x_3 的值代入④得 $x_2 = 2$。

将 x_2、x_3 的值代入①得 $x_1 = 1$。

即原方程组的解为

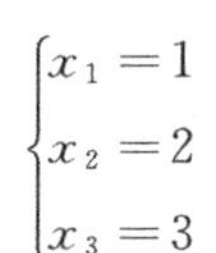

$$\begin{cases} x_1 = 1 \\ x_2 = 2 \\ x_3 = 3 \end{cases}$$

对于一般的 n 阶线性方程组 $\boldsymbol{Ax} = \boldsymbol{b}$，即

$$\begin{cases} a_{11}x_1 + a_{12}x_2 + \cdots + a_{1n}x_n = b_1 \\ a_{21}x_1 + a_{22}x_2 + \cdots + a_{2n}x_n = b_2 \\ \quad\quad\quad \vdots \\ a_{n1}x_1 + a_{n2}x_2 + \cdots + a_{nn}x_n = b_n \end{cases}$$

首先进行消元：

第一步(第一次消元)：

设 $a_{11} \neq 0$，令

$$l_{i1} = a_{i1}/a_{11} \quad (i = 2, 3, \cdots, n)$$

用$(-l_{i1})$乘式(5.1)的第一个方程并加到第 i 个方程上$(i = 2, 3, \cdots, n)$，得到同解方程组

$$\begin{bmatrix} a_{11} & a_{12} & \cdots & a_{1n} \\ 0 & a_{22}^{(1)} & \cdots & a_{2n}^{(1)} \\ \vdots & \vdots & & \vdots \\ 0 & a_{n2}^{(1)} & \cdots & a_{nn}^{(1)} \end{bmatrix} \begin{bmatrix} x_1 \\ x_2 \\ \vdots \\ x_n \end{bmatrix} = \begin{bmatrix} b_1 \\ b_2^{(1)} \\ \vdots \\ b_n^{(1)} \end{bmatrix} \tag{5.7}$$

记为 $\boldsymbol{A}^{(1)}\boldsymbol{x}=\boldsymbol{b}^{(1)}$，其中

$$a_{ij}^{(1)}=a_{ij}-l_{i1}a_{1j}\quad(i,j=2,3,\cdots,n)$$

$$b_i^{(1)}=b_i-l_{i1}b_1\quad(i=2,3,\cdots,n)$$

第二步(第二次消元)：

设 $a_{22}^{(1)}\neq0$，令

$$l_{i2}=a_{i2}^{(1)}/a_{22}^{(1)}\quad(i=3,4,\cdots,n)$$

用$(-l_{i2})$乘式(5.7)的第二个方程加到第 i 个方程上$(i=3,4,\cdots,n)$，得到同解方程组

$$\begin{bmatrix}a_{11}&a_{12}&a_{13}&\cdots&a_{1n}\\0&a_{22}^{(1)}&a_{23}^{(1)}&\cdots&a_{2n}^{(1)}\\0&0&a_{33}^{(2)}&\cdots&a_{3n}^{(2)}\\\vdots&\vdots&\vdots&&\vdots\\0&0&a_{n3}^{(2)}&\cdots&a_{nn}^{(2)}\end{bmatrix}\begin{bmatrix}x_1\\x_2\\x_3\\\vdots\\x_n\end{bmatrix}=\begin{bmatrix}b_1\\b_2^{(1)}\\b_3^{(2)}\\\vdots\\b_n^{(2)}\end{bmatrix}$$

记为 $\boldsymbol{A}^{(2)}\boldsymbol{x}=\boldsymbol{b}^{(2)}$，其中

$$a_{ij}^{(2)}=a_{ij}^{(1)}-l_{i2}a_{2j}^{(1)}\quad(i,j=3,4,\cdots,n)$$

$$b_i^{(2)}=b_i^{(1)}-l_{i2}b_2^{(1)}\quad(i=3,4,\cdots,n)$$

一般地，经过 $k-1$ 次消元后，得到方程组(5.1)的同解方程组为

$$\begin{bmatrix}a_{11}&a_{12}&\cdots&a_{1k}&a_{1,k+1}&\cdots&a_{1n}\\&a_{22}^{(1)}&\cdots&a_{2k}^{(1)}&a_{2,k+1}^{(1)}&\cdots&a_{2n}^{(1)}\\&&\ddots&\vdots&\vdots&&\vdots\\&&&a_{kk}^{(k-1)}&a_{k,k+1}^{(k-1)}&\cdots&a_{kn}^{(k-1)}\\&&&a_{k+1,k}^{(k-1)}&a_{k+1,k+1}^{(k-1)}&\cdots&a_{k+1,n}^{(k-1)}\\&&&\vdots&\vdots&&\vdots\\0&&&a_{nk}^{(k-1)}&a_{n,k+1}^{(k-1)}&\cdots&a_{nn}^{(k-1)}\end{bmatrix}\begin{bmatrix}x_1\\x_2\\\vdots\\x_k\\x_{k+1}\\\vdots\\x_n\end{bmatrix}=\begin{bmatrix}b_1\\b_2^{(1)}\\\vdots\\b_k^{(k-1)}\\b_{k+1}^{(k-1)}\\\vdots\\b_n^{(k-1)}\end{bmatrix}\tag{5.8}$$

第 k 步(第 k 次消元)：

设 $a_{kk}^{(k-1)}\neq0$(称 $a_{kk}^{(k-1)}$ 为主元素)，令

$$l_{ik}=a_{ik}^{(k-1)}/a_{kk}^{(k-1)}\quad(i=k+1,k+2,\cdots,n)\tag{5.9}$$

用$(-l_{ik})$乘式(5.8)的第 k 个方程并加到第 i 个方程上$(i=k+1,k+2,\cdots,n)$，得到同解方程组为

$$\begin{bmatrix}a_{11}&a_{12}&\cdots&a_{1k}&a_{1,k+1}&\cdots&a_{1n}\\&a_{22}^{(1)}&\cdots&a_{2k}^{(1)}&a_{2,k+1}^{(1)}&\cdots&a_{2n}^{(1)}\\&&\ddots&\vdots&\vdots&&\vdots\\&&&a_{kk}^{(k-1)}&a_{k,k+1}^{(k-1)}&\cdots&a_{kn}^{(k-1)}\\&&&&a_{k+1,k+1}^{(k)}&\cdots&a_{k+1,n}^{(k)}\\&&&&\vdots&&\vdots\\0&&&&a_{n,k+1}^{(k)}&\cdots&a_{nn}^{(k)}\end{bmatrix}\begin{bmatrix}x_1\\x_2\\\vdots\\x_k\\x_{k+1}\\\vdots\\x_n\end{bmatrix}=\begin{bmatrix}b_1\\b_2^{(1)}\\\vdots\\b_k^{(k-1)}\\b_{k+1}^{(k)}\\\vdots\\b_n^{(k)}\end{bmatrix}$$

记为 $\boldsymbol{A}^{(k)}\boldsymbol{x}=\boldsymbol{b}^{(k)}$，其中

$$a_{ij}^{(k)}=a_{ij}^{(k-1)}-l_{ik}a_{kj}^{(k-1)}\quad(i,j=k+1,k+2,\cdots,n)\tag{5.10}$$

$$b_i^{(k)}=b_i^{(k-1)}-l_{ik}b_k^{(k-1)}\quad(i=k+1,k+2,\cdots,n)\tag{5.11}$$

如此继续下去,完成 $n-1$ 次消元后,方程组(5.1)即化成同解的上三角形方程组

$$\begin{bmatrix}a_{11} & a_{12} & \cdots & a_{1n}\\ & a_{22}^{(1)} & \cdots & a_{2n}^{(1)}\\ & & \ddots & \vdots\\ & & & a_{nn}^{(n-1)}\end{bmatrix}\begin{bmatrix}x_1\\x_2\\\vdots\\x_n\end{bmatrix}=\begin{bmatrix}b_1\\b_2^{(1)}\\\vdots\\b_n^{(n-1)}\end{bmatrix}$$

于是就可以进行回代,求出原方程组(5.1)的解

$$x_i=\left(b_i^{(i-1)}-\sum_{k=i+1}^{n}a_{ik}^{(i-1)}x_k\right)/a_{ii}^{(i-1)}\quad(i=n,n-1,\cdots,1)\tag{5.12}$$

记 $a_{ij}^{(0)}=a_{ij}(i,j=1,2,\cdots,n)$。易见,在上述消元过程中,每次都是顺序地选取主对角线上的元素 $a_{kk}^{(k-1)}$ 作为主元素,所以高斯消去法又称为顺序高斯消去法。

定理 5.1 线性方程组 $\boldsymbol{Ax}=\boldsymbol{b}$ 能用高斯消去法求解的充要条件是系数矩阵 $\boldsymbol{A}$ 的各阶顺序主子式 $\boldsymbol{D}_k\neq0(k=1,2,\cdots,n)$,即

$$\boldsymbol{D}_1=a_{11}\neq0$$

$$\boldsymbol{D}_k=\begin{vmatrix}a_{11} & \cdots & a_{1k}\\ \vdots & & \vdots\\ a_{k1} & \cdots & a_{kk}\end{vmatrix}\neq0\quad(k=2,3,\cdots,n)$$

证明从略。

在计算机上实现时,常把方程组的系数矩阵及右端向量存放在一个 n 行、$n+1$ 列的二维数组中。考虑到在消元过程中,算出 $a_{ij}^{(k)}$ 后,$a_{ij}^{(k-1)}$ 就没有保留的必要了,所以可让 $a_{ij}^{(k)}$ 仍占用 $a_{ij}^{(k-1)}$ 所在单元。另外,消元为 0 的元素就不必计算了。

高斯消去法算法:

(1) 消元过程:

当 $k=1,2,3,\cdots,n-1$ 时,对 $i=k+1,k+2,\cdots,n$,做

① $l=a_{ik}/a_{kk}$。

② 对 $j=k+1,k+2,\cdots,n+1$,做 $a_{ij}-la_{kj}\Rightarrow a_{ij}$。

(2) 回代过程:

对 $k=n,n-1,\cdots,1$,做 $\left(a_{k,n+1}-\sum_{j=k+1}^{n}a_{kj}x_j\right)/a_{kk}\Rightarrow x_k$。

由于计算机完成一次乘(除)法花费的时间远远多于做一次加(减)法的时间,而且按照统计规律,在一个算法中,乘除法与加减法的运算次数大体相当,所以通常用所做乘除法的次数来衡量算法的运算量。

由式(5.9)~式(5.11)可知,在第 k 次消元中,做了 $(n-k)^2+2(n-k)$ 次乘除法运算,于是 $n-1$ 次消元所做乘除法的次数为

$$\sum_{k=1}^{n-1}[(n-k)^2+2(n-k)]=\frac{n^3}{3}+\frac{n^2}{2}-\frac{5n}{6}$$

而由式(5.12)可知,回代过程所做乘除法的次数为

$$\sum_{k=1}^{n}(n-k+1)=\frac{n^2}{2}+\frac{n}{2}$$

故高斯消去法的运算量为

$$\frac{n^3}{3}+\frac{n^2}{2}-\frac{5n}{6}+\frac{n^2}{2}+\frac{n}{2}=\frac{n^3}{3}+n^2-\frac{n}{3}\approx\frac{n^3}{3}$$

5.1.3　主元素消去法

在高斯消去法消元过程中，若出现主元素 $a_{kk}^{(k-1)}$ 等于 0 的情况，消去法将无法进行；若主元素 $a_{kk}^{(k-1)}$ 不等于 0，但其绝对值很小，则由第 1 章的讨论可知，用它作为除数将会导致计算结果有很大误差，甚至于完全失真。

【例 5.2】 解线性方程组。

$$\begin{array}{l}①\\②\end{array}\qquad\begin{cases}0.00001x_1+x_2=1.00001\\2x_1+x_2=3\end{cases}$$

【解】 准确解是 $(1,1)^{\mathrm{T}}$。现设所用计算机为四位浮点数计算机。

(1) 方程组输入计算机后成为

$$\begin{bmatrix}0.1000\times10^{-4} & 0.1000\times10^{1}\\0.2000\times10^{1} & 0.1000\times10^{1}\end{bmatrix}\begin{bmatrix}x_1\\x_2\end{bmatrix}=\begin{bmatrix}0.1000\times10^{1}\\0.3000\times10^{1}\end{bmatrix}$$

用高斯消去法对其消元后得

$$\begin{bmatrix}0.1000\times10^{-4} & 0.1000\times10^{1}\\0 & -0.2000\times10^{6}\end{bmatrix}\begin{bmatrix}x_1\\x_2\end{bmatrix}=\begin{bmatrix}0.1000\times10^{1}\\-0.2000\times10^{6}\end{bmatrix}$$

回代得 $x_2=1,x_1=0$，即为$(0,1)^{\mathrm{T}}$，解严重失真。

(2) 若先交换方程组的两个方程①、②的顺序，成为

$$\begin{bmatrix}0.2000\times10^{1} & 0.1000\times10^{1}\\0.1000\times10^{-4} & 0.1000\times10^{1}\end{bmatrix}\begin{bmatrix}x_1\\x_2\end{bmatrix}=\begin{bmatrix}0.3000\times10^{1}\\0.1000\times10^{1}\end{bmatrix}$$

用高斯消去法对其消元后得

$$\begin{bmatrix}0.2000\times10^{1} & 0.1000\times10^{1}\\0 & 0.1000\times10^{1}\end{bmatrix}\begin{bmatrix}x_1\\x_2\end{bmatrix}=\begin{bmatrix}0.3000\times10^{1}\\0.1000\times10^{1}\end{bmatrix}$$

回代得 $x_2=1,x_1=1$，即为$(1,1)^{\mathrm{T}}$，得到了准确解。

为何(1)、(2)两种解法计算结果相差如此之大？原因就在于解法(1)进行消元时用了绝对值较小的主元素 $a_{11}=0.00001$ 作为除数，因此带来了较大的误差；而解法(2)交换方程顺序后，用绝对值较大的主元素作为除数，便具有了较好的数值稳定性。

主元素消去法的基本思想是在逐次消元时总是选绝对值最大的元素作为主元素，常用的主元素消去法有列主元素消去法和全主元素消去法。列主元素消去法简称列主元法，就是在第 k 次消元之前在 $a_{ik}^{(k-1)}(i=k,k+1,\cdots,n)$ 中选出绝对值最大的元素，经行交换，将它置于 $a_{kk}^{(k-1)}$ 处再进行消元。全主元素消去法简称全主元法，就是在第 k 次消元之前在 $a_{ij}^{(k-1)}(i,j=k,k+1,\cdots,n)$ 中选出绝对值最大的元素，经行交换、列交换，将它置于 $a_{kk}^{(k-1)}$ 处，再进行消元。

可以证明，只要系数矩阵非奇异，列主元法在计算过程中的舍入误差是基本能控制的，且其选主元的工作量相对较小，所以列主元法最常用。现举一例，用以说明列主元高

斯消去法的计算过程。

【例 5.3】 用列主元高斯消去法解线性方程组。

$$\begin{cases} x_1 - x_2 + x_3 = -4 \\ 3x_1 - 4x_2 + 5x_3 = -12 \\ x_1 + x_2 + 2x_3 = 11 \end{cases}$$

【解】 消元过程列表如表 5-1 所示。

表 5-1 消元过程列表

序号	x_1	x_2	x_3	右端项	说明
(1)	1	−1	1	−4	
(2)	3	−4	5	−12	在第一列上选主元 3
(3)	1	1	2	11	
(4)	3	−4	5	−12	(1)↔(2)
(5)	1	−1	1	−4	计算 $l_{21}=1/3=0.33333$
(6)	1	1	2	11	$l_{31}=1/3=0.33333$
(7)	3	−4	5	−12	(4)×($-l_{21}$)+(5)
(8)	0	0.33332	−0.66665	0.000040	(4) ×($-l_{31}$)+(6)
(9)	0	2.33332	0.33335	14.99996	在第二列的子列上选主元 2.33332
(10)	3	−4	5	−12	
(11)	0	2.33332	0.33335	14.99996	(8)↔(9)
(12)	0	0.33332	−0.66665	0.00004	计算 $l_{32}=0.33332/2.33332=0.14285$
(13)	3	−4	5	−12	
(14)	0	2.33332	0.33335	14.999960	(11)×($-l_{32}$)+(12)
(15)	0	0	−0.71427	−2.14270	

回代得 $\begin{cases} x_1 = -0.99972 \\ x_2 = 6.00002 \\ x_3 = 2.99985 \end{cases}$，精确解是 $\begin{cases} x_1 = -1 \\ x_2 = 6 \\ x_3 = 3 \end{cases}$。

列主元高斯消去法算法：

(1) 消元过程：

对于 $k=1,2,\cdots,n-1$，做

① 选主元(即确定 r，使得 $|a_{rk}| = \max\limits_{k\leqslant i\leqslant n} |a_{ik}|$)。

$k \Rightarrow r$。对 $i=k+1,k+2,\cdots,n$，若 $|a_{rk}| < |a_{ik}|$，则 $i \Rightarrow r$。

② 若 $a_{rk}=0$(说明系数矩阵奇异)，则输出奇异信息，然后结束。

③ 若 $r \neq k$，则交换增广矩阵的第 k 行和第 r 行，即对 $j=k,k+1,\cdots,n+1$，做 $a_{kj} \Leftrightarrow a_{rj}$。

④ 对 $i=k+1,k+2,\cdots,n$，计算 $l=a_{ik}/a_{kk}$。

对 $j=k+1,k+2,\cdots,n+1$，做 $a_{ij}-la_{kj} \Rightarrow a_{ij}$。

(2) 回代过程：

对于 $k=n,n-1,\cdots,1$，做 $\left(a_{k,n+1}-\sum_{j=k+1}^{n}a_{kj}x_j\right)/a_{kk}\Rightarrow x_k$。

列主元高斯消去法在高斯消去法的基础上增加了选主元及行交换的操作，而运算次数并无改变，故其运算量仍约为 $\frac{n^3}{3}$。

直接法在计算过程中不可避免地存在舍入误差，所以应对所求解进行偏差校验，即将 $x_1,x_2,\cdots,x_n$ 代回原方程组。

$E_i=\left|b_i-\sum_{j=1}^{n}a_{ij}x_j\right|(i=1,2,\cdots,n)$ 称为第 i 个方程的偏差，$E=\max\limits_{1\leqslant i\leqslant n}E_i$ 称为方程的最大偏差，用以校验解的可靠性。

5.1.4　用列主元高斯消去法求行列式值

列主元高斯消去法实际上就是对矩阵进行了两种初等变换：一种是对换两行的位置；另一种是将某行元素乘以同一数后加到另一行对应元素上。前者使行列式值变号，后者不改变行列式值。系数矩阵经消元后成为一上三角阵，而三角阵的行列式的值等于其主对角线元素之积，故可用列主元高斯消去法求行列式的值。下面通过一个例子来说明其求解过程。

【例 5.4】　求 $|A|=\begin{vmatrix}1 & -1 & 1\\ 3 & -4 & 5\\ 1 & 1 & 2\end{vmatrix}$ 的值。

【解】

$$\begin{bmatrix}1 & -1 & 1\\ 3 & -4 & 5\\ 1 & 1 & 2\end{bmatrix}\xrightarrow[①\leftrightarrow②]{\text{选主元}}\begin{bmatrix}3 & -4 & 5\\ 1 & -1 & 1\\ 1 & 1 & 2\end{bmatrix}$$

$$\xrightarrow[③-①\times 0.33333]{②-①\times 0.33333}\begin{bmatrix}3 & -4 & 5\\ 0 & 0.33332 & -0.66665\\ 0 & 2.33332 & 0.33335\end{bmatrix}$$

$$\xrightarrow[②\leftrightarrow③]{\text{选主元}}\begin{bmatrix}3 & -4 & 5\\ 0 & 2.33332 & 0.33335\\ 0 & 0.33332 & -0.66665\end{bmatrix}$$

$$\xrightarrow{③-②\times 0.14285}\begin{bmatrix}3 & -4 & 5\\ 0 & 2.33332 & 0.33335\\ 0 & 0 & -0.71427\end{bmatrix}$$

于是 $|A|=(-1)^2\times(3)\times(2.33332)\times(-0.71427)\approx-4.99986$（进行了两次行交换，故乘以 $(-1)^2$）。

易见，在用列主元高斯消去法消元过程中就可把系数矩阵行列式的值同时求出来。程序中在进入消元之前，将系数矩阵行列式值的初值 d 赋为 1；在消元过程中，每进行一次行交换，便将 $-d$ 赋给 d；消元结束后，将 d 与主对角线元素 $a_{ii}(i=1,2,\cdots,n)$ 累乘即可得到系数矩阵行列式的值。

5.2 高斯-若尔当消去法

5.2.1 高斯-若尔当消去法简介

高斯-若尔当消去法是高斯消去法的一种变形。高斯消去法将对角线下方的元素消元为 0,若同时将对角线上方的元素也消元为 0,且将对角元皆化为 1,即将方程组(5.1)化成如下对角形方程组：

$$\begin{bmatrix} 1 & & & \\ & 1 & & \\ & & \ddots & \\ & & & 1 \end{bmatrix}\begin{bmatrix} x_1 \\ x_2 \\ \vdots \\ x_n \end{bmatrix}=\begin{bmatrix} c_1 \\ c_2 \\ \vdots \\ c_n \end{bmatrix}$$

高斯-若尔当消去法

则无须回代就可得到方程组(5.1)的解：

$$\begin{bmatrix} x_1 \\ x_2 \\ \vdots \\ x_n \end{bmatrix}=\begin{bmatrix} c_1 \\ c_2 \\ \vdots \\ c_n \end{bmatrix}$$

这种消去法称为高斯-若尔当消去法,也称为无回代的高斯消去法。

在实际计算中,常采用列主元高斯-若尔当消去法。下面用一个例子来说明该方法的计算过程。

【例 5.5】 用列主元高斯-若尔当消去法解线性方程组

$$\begin{cases} x_1 - x_2 + x_3 = -4 \\ 3x_1 - 4x_2 + 5x_3 = -12 \\ x_1 + x_2 + 2x_3 = 11 \end{cases}$$

【解】

$$\begin{bmatrix} 1 & -1 & 1 & -4 \\ 3 & -4 & 5 & -12 \\ 1 & 1 & 2 & 11 \end{bmatrix} \xrightarrow[\text{①↔②}]{\text{选主元 3}} \begin{bmatrix} 3 & -4 & 5 & -12 \\ 1 & -1 & 1 & -4 \\ 1 & 1 & 2 & 11 \end{bmatrix}$$

$$\xrightarrow{\text{将主元 3 化为 1}} \begin{bmatrix} 1 & -1.33333 & 1.66667 & -4 \\ 1 & -1 & 1 & -4 \\ 1 & 1 & 2 & 11 \end{bmatrix}$$

$$\xrightarrow[\text{③}-\text{①}]{\text{②}-\text{①}} \begin{bmatrix} 1 & -1.33333 & 1.66667 & -4 \\ 0 & 0.33333 & -0.66667 & 0 \\ 0 & 2.33333 & 0.33333 & 15 \end{bmatrix}$$

$$\xrightarrow[\text{②↔③}]{\text{选主元 2.33333}} \begin{bmatrix} 1 & -1.33333 & 1.66667 & -4 \\ 0 & 2.33333 & 0.33333 & 15 \\ 0 & 0.33333 & -0.66667 & 0 \end{bmatrix}$$

$$\xrightarrow{\text{将主元 2.33333 化为 1}}\begin{bmatrix}1 & -1.33333 & 1.66667 & -4\\0 & 1 & 0.14286 & 6.42858\\0 & 0.33333 & -0.66667 & 0\end{bmatrix}$$

$$\xrightarrow[\text{③}-0.33333\times\text{②}]{\text{①}+1.33333\times\text{②}}\begin{bmatrix}1 & 0 & 1.85715 & 4.57142\\0 & 1 & 0.14286 & 6.42858\\0 & 0 & 0.71429 & -2.14284\end{bmatrix}$$

$$\xrightarrow{\text{将主元 0.71429 化为 1}}\begin{bmatrix}1 & 0 & 1.85715 & 4.57142\\0 & 1 & 0.14286 & 6.42858\\0 & 0 & 1 & 3.00000\end{bmatrix}$$

$$\xrightarrow[\text{②}-0.14286\times\text{③}]{\text{①}-1.85715\times\text{③}}\begin{bmatrix}1 & 0 & 0 & -1.00003\\0 & 1 & 0 & 6.00000\\0 & 0 & 1 & 3.00000\end{bmatrix}$$

于是解为$\begin{cases}x_1=-1.00003\\x_2=6.00000\\x_3=3.00000\end{cases}$$\left(\text{精确解是}\begin{cases}x_1=-1\\x_2=6\\x_3=3\end{cases}\right)$。

列主元高斯-若尔当消去法算法(存储情况与高斯消去法类似)：

对 $k=1,2,\cdots,n$：

(1) 按列选主元，即确定 r 使 $|a_{rk}|=\max\limits_{k\leqslant i\leqslant n}|a_{ik}|$。

(2) 若 $a_{rk}=0$(说明系数矩阵奇异)，则输出奇异信息，然后结束。

(3) 若 $r\neq k$，则交换增广矩阵的第 k 行和第 r 行，即

对 $j=k,k+1,\cdots,n+1$，做 $a_{kj}\Leftrightarrow a_{rj}$。

(4) 将主元 a_{kk} 化为 1。

对 $j=k+1,k+2,\cdots,n+1$，做 $a_{kj}/a_{kk}\Rightarrow a_{kj}$。

(5) 消元。

当 $i=1,2,\cdots,n$ 时，若 $i\neq k$，则对 $j=k+1,k+2,\cdots,n+1$，做 $a_{ij}-a_{ik}a_{kj}\Rightarrow a_{ij}$。

算法完成后，增广矩阵的第 $n+1$ 列即为原方程组的解。

可以看出，高斯-若尔当消去法的消元过程比高斯消去法略复杂，但省去了回代过程。它的运算量约为$\frac{n^3}{2}$，大于高斯消去法。因此，用其求解线性方程组不见得最好，不过用它求逆矩阵却有方便之处。

5.2.2 逆矩阵的计算

用列主元高斯-若尔当消去法求矩阵的逆实际上就是线性代数中学过的初等变换方法求逆的一种规范化算法。下面通过一个例子来说明其计算过程。

【例 5.6】 求 $\boldsymbol{A}=\begin{bmatrix}1 & -1 & 0\\2 & 2 & 3\\-1 & 2 & 1\end{bmatrix}$的逆矩阵。

【解】
$$\begin{bmatrix} 1 & -1 & 0 & 1 & 0 & 0 \\ 2 & 2 & 3 & 0 & 1 & 0 \\ -1 & 2 & 1 & 0 & 0 & 1 \end{bmatrix} \xrightarrow[\text{①}\leftrightarrow\text{②}]{\text{选主元 2}} \begin{bmatrix} 2 & 2 & 3 & 0 & 1 & 0 \\ 1 & -1 & 0 & 1 & 0 & 0 \\ -1 & 2 & 1 & 0 & 0 & 1 \end{bmatrix}$$

$$\xrightarrow{\text{①}/2} \begin{bmatrix} 1 & 1 & 1.5 & 0 & 0.5 & 0 \\ 1 & -1 & 0 & 1 & 0 & 0 \\ -1 & 2 & 1 & 0 & 0 & 1 \end{bmatrix}$$

$$\xrightarrow[\text{③}+\text{①}]{\text{②}-\text{①}} \begin{bmatrix} 1 & 1 & 1.5 & 0 & 0.5 & 0 \\ 0 & -2 & -1.5 & 1 & -0.5 & 0 \\ 0 & 3 & 2.5 & 0 & 0.5 & 1 \end{bmatrix}$$

$$\xrightarrow[\text{②}\leftrightarrow\text{③}]{\text{选主元 3}} \begin{bmatrix} 1 & 1 & 1.5 & 0 & 0.5 & 0 \\ 0 & 3 & 2.5 & 0 & 0.5 & 1 \\ 0 & -2 & -1.5 & 1 & -0.5 & 0 \end{bmatrix}$$

$$\xrightarrow{\text{②}/3} \begin{bmatrix} 1 & 1 & 1.5 & 0 & 0.5 & 0 \\ 0 & 1 & 0.83333 & 0 & 0.16667 & 0.33333 \\ 0 & -2 & -1.5 & 1 & -0.5 & 0 \end{bmatrix}$$

$$\xrightarrow[\text{③}+2\times\text{②}]{\text{①}-\text{②}} \begin{bmatrix} 1 & 0 & 0.66667 & 0 & 0.33333 & -0.33333 \\ 0 & 1 & 0.83333 & 0 & 0.16667 & 0.33333 \\ 0 & 0 & 0.16666 & 1 & -0.16666 & 0.66666 \end{bmatrix}$$

$$\xrightarrow{\text{③}/0.16666} \begin{bmatrix} 1 & 0 & 0.66667 & 0 & 0.33333 & -0.33333 \\ 0 & 1 & 0.83333 & 0 & 0.16667 & 0.33333 \\ 0 & 0 & 1 & 6.00024 & -1 & 4.00012 \end{bmatrix}$$

$$\xrightarrow[\text{②}-0.83333\times\text{③}]{\text{①}-0.66667\times\text{③}} \begin{bmatrix} 1 & 0 & 0 & -4.00018 & 1 & -3.00009 \\ 0 & 1 & 0 & -5.00018 & 1 & -3.00009 \\ 0 & 0 & 1 & 6.00024 & -1 & 4.00012 \end{bmatrix}$$

故 $\mathbf{A}^{-1}=\begin{bmatrix} -4.00018 & 1 & -3.00009 \\ -5.00018 & 1 & -3.00009 \\ 6.00024 & -1 & 4.00012 \end{bmatrix}$。

用列主元高斯-若尔当消去法求逆矩阵算法：

用一个 $n\times 2n$ 的二维数组进行存储，前 n 列赋值为原方阵，后 n 列赋值为 n 阶单位矩阵。

当 $k=1,2,\cdots,n$ 时，进行如下操作。

(1) 按列选主元，即确定 r 使 $|a_{rk}|=\max\limits_{k\leqslant i\leqslant n}|a_{ik}|$。

若 $a_{rk}=0$(说明系数矩阵奇异)，则输出奇异信息，然后结束。

(2) 若 $r\neq k$，则交换增广矩阵的第 k 行和第 r 行，即

对 $j=k,k+1,\cdots,2n$，做 $a_{kj}\Leftrightarrow a_{rj}$。

(3) 将主元 a_{kk} 化为 1。

对 $j=k+1,k+2,\cdots,2n$，做 $a_{kj}/a_{kk}\Rightarrow a_{kj}$。

(4) 消元。

当 $i=1,2,\cdots,n$ 时，若 $i\neq k$，则对 $j=k+1,k+2,\cdots,2n$，做 $a_{ij}-a_{ik}a_{kj}\Rightarrow a_{ij}$。

算法完成后,增广矩阵的后 n 列即为所求逆矩阵。

LU 分解

5.3 矩阵的 LU 分解

5.3.1 高斯消去法与矩阵的 LU 分解

高斯消去法的消元过程也可以用矩阵乘法实现。设 $l_{ik}(k=1,2,\cdots,n;i=k+1,k+2,\cdots,n)$的定义同 5.1.2 节。令

$$\boldsymbol{L}_1=\begin{bmatrix}1 & & & & & \\ -l_{21} & 1 & & & & \\ -l_{31} & 0 & 1 & & & \\ \vdots & \vdots & \vdots & \ddots & & \\ -l_{n-1,1} & 0 & 0 & \cdots & 1 & \\ -l_{n1} & 0 & 0 & \cdots & 0 & 1\end{bmatrix}$$

则消元的第一步相当于用 $\boldsymbol{L}_1$ 左乘 $\boldsymbol{A}$,即

$$\boldsymbol{A}^{(1)}=\boldsymbol{L}_1\boldsymbol{A},\quad \boldsymbol{b}^{(1)}=\boldsymbol{L}_1\boldsymbol{b}$$

令

$$\boldsymbol{L}_2=\begin{bmatrix}1 & & & & & \\ 0 & 1 & & & & \\ 0 & -l_{32} & 1 & & & \\ \vdots & \vdots & \vdots & \ddots & & \\ 0 & -l_{n-1,2} & 0 & \cdots & 1 & \\ 0 & -l_{n2} & 0 & \cdots & 0 & 1\end{bmatrix}$$

则消元的第二步相当于用 $\boldsymbol{L}_2$ 左乘 $\boldsymbol{A}^{(1)}$,即

$$\boldsymbol{A}^{(2)}=\boldsymbol{L}_2\boldsymbol{A}^{(1)}=\boldsymbol{L}_2\boldsymbol{L}_1\boldsymbol{A},\quad \boldsymbol{b}^{(2)}=\boldsymbol{L}_2\boldsymbol{b}^{(1)}=\boldsymbol{L}_2\boldsymbol{L}_1\boldsymbol{b}$$

一般地,令

$$\boldsymbol{L}_k=\begin{bmatrix}1 & & & & & \\ \vdots & \ddots & & & & \\ 0 & \cdots & 1 & & & \\ 0 & \cdots & -l_{k+1,k} & 1 & & \\ \vdots & & \vdots & \vdots & \ddots & \\ 0 & \cdots & -l_{nk} & 0 & \cdots & 1\end{bmatrix}$$

则消元的第 k 步相当于用 $\boldsymbol{L}_k$ 左乘 $\boldsymbol{A}^{(k-1)}$,即

$$\boldsymbol{A}^{(k)}=\boldsymbol{L}_k\boldsymbol{A}^{(k-1)}=\boldsymbol{L}_k\boldsymbol{L}_{k-1}\cdots\boldsymbol{L}_1\boldsymbol{A},\quad \boldsymbol{b}^{(k)}=\boldsymbol{L}_k\boldsymbol{b}^{(k-1)}=\boldsymbol{L}_k\boldsymbol{L}_{k-1}\cdots\boldsymbol{L}_1\boldsymbol{b}$$

依此下去,令

$$\boldsymbol{L}_{n-1}=\begin{bmatrix}1 & & & & \\ \vdots & \ddots & & & \\ 0 & \cdots & 1 & & \\ 0 & \cdots & 0 & 1 & \\ 0 & \cdots & 0 & -l_{n,n-1} & 1\end{bmatrix}$$

则消元的第 $n-1$ 步相当于用 $\boldsymbol{L}_{n-1}$ 左乘 $\boldsymbol{A}^{(n-2)}$，即

$$\boldsymbol{A}^{(n-1)}=\boldsymbol{L}_{n-1}\boldsymbol{A}^{(n-2)}=\boldsymbol{L}_{n-1}\boldsymbol{L}_{n-2}\cdots\boldsymbol{L}_1\boldsymbol{A},\quad \boldsymbol{b}^{(n-1)}=\boldsymbol{L}_{n-1}\boldsymbol{b}^{(n-2)}=\boldsymbol{L}_{n-1}\boldsymbol{L}_{n-2}\cdots\boldsymbol{L}_1\boldsymbol{b}$$

记 $\boldsymbol{U}=\boldsymbol{A}^{(n-1)}$，可知 $\boldsymbol{U}$ 是一个上三角阵，且有

$$\boldsymbol{L}_{n-1}\boldsymbol{L}_{n-2}\cdots\boldsymbol{L}_2\boldsymbol{L}_1\boldsymbol{A}=\boldsymbol{U}$$

易证 $\boldsymbol{L}_k(k=1,2,\cdots,n-1)$ 皆可逆，且

$$\boldsymbol{L}_k^{-1}=\begin{bmatrix}1 & & & & & \\ \vdots & \ddots & & & & \\ 0 & \cdots & 1 & & & \\ 0 & \cdots & l_{k+1,k} & 1 & & \\ \vdots & & \vdots & \vdots & \ddots & \\ 0 & \cdots & l_{nk} & 0 & \cdots & 1\end{bmatrix}$$

故

$$\boldsymbol{A}=\boldsymbol{L}_1^{-1}\boldsymbol{L}_2^{-1}\cdots\boldsymbol{L}_{n-1}^{-1}\boldsymbol{U}$$

记 $\boldsymbol{L}=\boldsymbol{L}_1^{-1}\boldsymbol{L}_2^{-1}\cdots\boldsymbol{L}_{n-1}^{-1}$，则有

$$\boldsymbol{A}=\boldsymbol{L}\boldsymbol{U}\tag{5.13}$$

称为矩阵 $\boldsymbol{A}$ 的 $\boldsymbol{LU}$ 分解。其中

$$\boldsymbol{L}=\begin{bmatrix}1 & & & & & \\ l_{21} & 1 & & & & \\ l_{31} & l_{32} & 1 & & & \\ \vdots & \vdots & \vdots & \ddots & & \\ l_{n-1,1} & l_{n-1,2} & l_{n-1,3} & \cdots & 1 & \\ l_{n1} & l_{n2} & l_{n3} & \cdots & l_{n,n-1} & 1\end{bmatrix}\tag{5.14}$$

是一个单位下三角阵。

由以上推导过程及定理 5.1 可得定理 5.2。

定理 5.2 设 n 阶矩阵 $\boldsymbol{A}$ 的各阶顺序主子式均不为 0，则 $\boldsymbol{A}$ 的 $\boldsymbol{LU}$ 分解式(5.13)存在且唯一。

5.3.2 直接 LU 分解

当矩阵 $\boldsymbol{A}$ 的各阶顺序主子式均不为 0 时，$\boldsymbol{A}$ 的 $\boldsymbol{LU}$ 分解可以由高斯消去法的消元过程导出，也可以根据矩阵乘法公式直接得到。设 $\boldsymbol{A}=\boldsymbol{LU}$，其中 $\boldsymbol{L}$ 为式(5.14)中定义

$$\boldsymbol{U}=\begin{bmatrix}u_{11} & u_{12} & \cdots & u_{1,n-1} & u_{1n} \\ & u_{22} & \cdots & u_{2,n-1} & u_{2n} \\ & & \ddots & \vdots & \vdots \\ & & & u_{n-1,n-1} & u_{n-1,n} \\ & & & & u_{nn}\end{bmatrix}$$

于是由矩阵乘法公式有

$$a_{1j}=u_{1j}\quad (j=1,2,\cdots,n)$$

$$a_{i1}=l_{i1}u_{11}\quad(i=2,3,\cdots,n)$$

由此可推出

$$u_{1j}=a_{1j}\quad(j=1,2,\cdots,n)$$

$$l_{i1}=a_{i1}/u_{11}\quad(i=2,3,\cdots,n)$$

这样便定出了 $\boldsymbol{U}$ 的第一行元素和 $\boldsymbol{L}$ 的第一列元素。

设已定出 $\boldsymbol{U}$ 的前 $k-1$ 行和 $\boldsymbol{L}$ 的前 $k-1$ 列。由矩阵乘法公式有

$$a_{kj}=\sum_{r=1}^{n}l_{kr}u_{rj}$$

当 $r>k$ 时，$l_{kr}=0$，且 $l_{kk}=1$，于是

$$a_{kj}=\sum_{r=1}^{k-1}l_{kr}u_{rj}+u_{kj}$$

故有

$$u_{kj}=a_{kj}-\sum_{r=1}^{k-1}l_{kr}u_{rj}\quad(j=k,k+1,\cdots,n)$$

由此可算出 $\boldsymbol{U}$ 的第 k 行。

同理可推出 $\boldsymbol{L}$ 的第 k 列的计算公式：

$$l_{ik}=\left(a_{ik}-\sum_{r=1}^{k-1}l_{ir}u_{rk}\right)/u_{kk}\quad(i=k+1,k+2,\cdots,n)$$

因此，按照 $\boldsymbol{U}$ 的第一行、$\boldsymbol{L}$ 的第一列、$\boldsymbol{U}$ 的第二行、$\boldsymbol{L}$ 的第二列……$\boldsymbol{U}$ 的第 $n-1$ 行、$\boldsymbol{L}$ 的第 $n-1$ 列、$\boldsymbol{U}$ 的第 n 行的顺序即可算出 $\boldsymbol{L}$ 和 $\boldsymbol{U}$。于是线性方程组 $\boldsymbol{Ax}=\boldsymbol{b}$ 即为

$$\boldsymbol{LUx}=\boldsymbol{b}$$

令 $\boldsymbol{Ux}=\boldsymbol{y}$，则有

$$\boldsymbol{Ly}=\boldsymbol{b}$$

这是一个下三角形方程组，其解为

$$y_i=b_i-\sum_{j=1}^{i-1}l_{ij}y_j\quad(i=1,2,\cdots,n)$$

然后再求解上三角形方程组

$$\boldsymbol{Ux}=\boldsymbol{y}$$

即可得到原方程组的解

$$x_i=\left(y_i-\sum_{j=i+1}^{n}u_{ij}x_j\right)/u_{ii}\quad(i=n,n-1,\cdots,1)$$

这种利用矩阵 $\boldsymbol{A}$ 的 $\boldsymbol{LU}$ 分解来求解线性方程组 $\boldsymbol{Ax}=\boldsymbol{b}$ 的方法称为 $\boldsymbol{LU}$ 分解法。

【例 5.7】 用 $\boldsymbol{LU}$ 分解法求解线性方程组

$$\begin{bmatrix}5&7&9&10\\6&8&10&9\\7&10&8&7\\5&7&6&5\end{bmatrix}\begin{bmatrix}x_1\\x_2\\x_3\\x_4\end{bmatrix}=\begin{bmatrix}31\\33\\32\\23\end{bmatrix}$$

【解】 (1) 对系数矩阵 $\boldsymbol{A}$ 进行 $\boldsymbol{LU}$ 分解。

先求 $\boldsymbol{U}$ 的第一行、$\boldsymbol{L}$ 的第一列。由

$$u_{1j}=a_{1j}\quad (j=1,2,3,4)$$

可得

$$u_{11}=5,\quad u_{12}=7,\quad u_{13}=9,\quad u_{14}=10$$

由

$$l_{i1}=a_{i1}/u_{11}\quad (i=2,3,4)$$

可得

$$l_{21}=a_{21}/u_{11}=6/5=1.2$$
$$l_{31}=a_{31}/u_{11}=7/5=1.4$$
$$l_{41}=a_{41}/u_{11}=5/5=1$$

再求 $\boldsymbol{U}$ 的第二行、$\boldsymbol{L}$ 的第二列。由

$$u_{2j}=a_{2j}-\sum_{r=1}^{2-1}l_{2r}u_{rj}=a_{2j}-l_{21}u_{1j}\quad (j=2,3,4)$$

可得

$$u_{22}=a_{22}-l_{21}u_{12}=8-1.2\times 7=-0.4$$
$$u_{23}=a_{23}-l_{21}u_{13}=10-1.2\times 9=-0.8$$
$$u_{24}=a_{24}-l_{21}u_{14}=9-1.2\times 10=-3$$

由

$$l_{i2}=\left(a_{i2}-\sum_{r=1}^{2-1}l_{ir}u_{r2}\right)/u_{22}=(a_{i2}-l_{i1}u_{12})/u_{22}\quad (i=3,4)$$

可得

$$l_{32}=(a_{32}-l_{31}u_{12})/u_{22}=(10-1.4\times 7)/(-0.4)=-0.5$$
$$l_{42}=(a_{42}-l_{41}u_{12})/u_{22}=(7-1\times 7)/(-0.4)=0$$

然后求 $\boldsymbol{U}$ 的第三行、$\boldsymbol{L}$ 的第三列。由

$$u_{3j}=a_{3j}-\sum_{r=1}^{3-1}l_{3r}u_{rj}=a_{3j}-l_{31}u_{1j}-l_{32}u_{2j}\quad (j=3,4)$$

可得

$$u_{33}=a_{33}-l_{31}u_{13}-l_{32}u_{23}=8-1.4\times 9-(-0.5)\times(-0.8)=-5$$
$$u_{34}=a_{34}-l_{31}u_{14}-l_{32}u_{24}=7-1.4\times 10-(-0.5)\times(-3)=-8.5$$

由

$$l_{i3}=\left(a_{i3}-\sum_{r=1}^{3-1}l_{ir}u_{r3}\right)/u_{33}=(a_{i3}-l_{i1}u_{13}-l_{i2}u_{23})/u_{33}\quad (i=4)$$

可得

$$l_{43}=(a_{43}-l_{41}u_{13}-l_{42}u_{23})/u_{33}=(6-1\times 9-0\times(-0.8))/(-5)=0.6$$

最后求 $\boldsymbol{U}$ 的第四行。由

$$u_{4j}=a_{4j}-\sum_{r=1}^{4-1}l_{4r}u_{rj}=a_{4j}-l_{41}u_{1j}-l_{42}u_{2j}-l_{43}u_{3j}\quad (j=4)$$

可得

$$u_{44}=a_{44}-l_{41}u_{14}-l_{42}u_{24}-l_{43}u_{34}=5-1\times 10-0\times(-3)-0.6\times(-8.5)=0.1$$

于是有

$$L=\begin{bmatrix}1 & & & \\ 1.2 & 1 & & \\ 1.4 & -0.5 & 1 & \\ 1 & 0 & 0.6 & 1\end{bmatrix}$$

$$U=\begin{bmatrix}5 & 7 & 9 & 10 \\ & -0.4 & -0.8 & -3 \\ & & -5 & -8.5 \\ & & & 0.1\end{bmatrix}$$

(2) 求解 $\boldsymbol{Ly}=\boldsymbol{b}$，即

$$\begin{bmatrix}1 & & & \\ 1.2 & 1 & & \\ 1.4 & -0.5 & 1 & \\ 1 & 0 & 0.6 & 1\end{bmatrix}\begin{bmatrix}y_1\\ y_2\\ y_3\\ y_4\end{bmatrix}=\begin{bmatrix}31\\ 33\\ 32\\ 23\end{bmatrix}$$

可得

$$\boldsymbol{y}=[31,-4.2,-13.5,0.1]^{\mathrm{T}}$$

(3) 求解 $\boldsymbol{Ux}=\boldsymbol{y}$，即

$$\begin{bmatrix}5 & 7 & 9 & 10 \\ & -0.4 & -0.8 & -3 \\ & & -5 & -8.5 \\ & & & 0.1\end{bmatrix}\begin{bmatrix}x_1\\ x_2\\ x_3\\ x_4\end{bmatrix}=\begin{bmatrix}31\\ -4.2\\ -13.5\\ 0.1\end{bmatrix}$$

可得原方程组的解为

$$\boldsymbol{x}=[1,1,1,1]^{\mathrm{T}}$$

LU 分解法算法：

(1) 矩阵分解 $\boldsymbol{A}=\boldsymbol{LU}$。

当 $k=1,2,3,\cdots,n$ 时，进行如下操作。

① 对 $j=k,k+1,\cdots,n$，做 $a_{kj}-\sum_{r=1}^{k-1}l_{kr}u_{rj}\Rightarrow u_{kj}$。

② 对 $i=k+1,k+2,\cdots,n$，做 $\left(a_{ik}-\sum_{r=1}^{k-1}l_{ir}u_{rk}\right)/u_{kk}\Rightarrow l_{ik}$。

(2) 解 $\boldsymbol{Ly}=\boldsymbol{b}$。

对 $i=1,2,\cdots,n$，做 $b_i-\sum_{k=1}^{i-1}l_{ik}y_k\Rightarrow y_i$。

(3) 解 $\boldsymbol{Ux}=\boldsymbol{y}$。

对 $i=n,n-1,\cdots,1$，做 $\left(y_i-\sum_{k=i+1}^{n}u_{ik}x_k\right)/u_{ii}\Rightarrow x_i$。

若需节省存储单元，也可将 $\boldsymbol{L}$ 存于原系数矩阵下三角中(对角元 1 不存)，将 $\boldsymbol{U}$ 存于原系数矩阵上三角中。

矩阵的直接三角分解有多种方式，**LU** 只是其中一种，**LU** 分解也称杜利特尔分解；若规定 **U** 为单位上三角阵，**L** 为下三角阵，称为克劳特分解；若 **A** 为对称正定阵，存在对角元为正数的下三角阵，使得 $\boldsymbol{A}=\boldsymbol{L}\boldsymbol{L}^{\mathrm{T}}$ 称为楚列斯基分解。

追赶法

5.4 追赶法

三对角形方程组在很多问题中都会遇到，如三次样条插值、常微分方程的边值问题等都归结为求解系数矩阵为对角占优的三对角形方程组：

$$\begin{bmatrix} b_1 & c_1 & & & & \\ a_2 & b_2 & c_2 & & & \\ & a_3 & b_3 & c_3 & & \\ & & \ddots & \ddots & \ddots & \\ & & & a_{n-1} & b_{n-1} & c_{n-1} \\ & & & & a_n & b_n \end{bmatrix} \begin{bmatrix} x_1 \\ x_2 \\ x_3 \\ \vdots \\ x_{n-1} \\ x_n \end{bmatrix} = \begin{bmatrix} d_1 \\ d_2 \\ d_3 \\ \vdots \\ d_{n-1} \\ d_n \end{bmatrix} \tag{5.15}$$

其系数矩阵除主对角线和相邻的两条次对角线外，其他元素均为 0，且满足如下对角占优条件。

(1) $|b_1|>|c_1|>0, |b_n|>|a_n|>0$。

(2) $|b_i|\geqslant|a_i|+|c_i|, a_ic_i\neq 0(i=2,3,\cdots,n-1)$。

现在介绍一种专用于求解满足上述条件的三对角形方程组的方法——追赶法。

首先进行消元。

第一步(第一次消元)：

将式(5.15)的第一个方程除以 b_1，则得同解方程组

$$\begin{bmatrix} 1 & \frac{c_1}{b_1} & & & & \\ a_2 & b_2 & c_2 & & & \\ & a_3 & b_3 & c_3 & & \\ & & \ddots & \ddots & \ddots & \\ & & & a_{n-1} & b_{n-1} & c_{n-1} \\ & & & & a_n & b_n \end{bmatrix} \begin{bmatrix} x_1 \\ x_2 \\ x_3 \\ \vdots \\ x_{n-1} \\ x_n \end{bmatrix} = \begin{bmatrix} \frac{d_1}{b_1} \\ d_2 \\ d_3 \\ \vdots \\ d_{n-1} \\ d_n \end{bmatrix} \tag{5.16}$$

令 $q_1=\frac{c_1}{b_1}, p_1=\frac{d_1}{b_1}$，于是式(5.16)即为

$$\begin{bmatrix} 1 & q_1 & & & & \\ a_2 & b_2 & c_2 & & & \\ & a_3 & b_3 & c_3 & & \\ & & \ddots & \ddots & \ddots & \\ & & & a_{n-1} & b_{n-1} & c_{n-1} \\ & & & & a_n & b_n \end{bmatrix} \begin{bmatrix} x_1 \\ x_2 \\ x_3 \\ \vdots \\ x_{n-1} \\ x_n \end{bmatrix} = \begin{bmatrix} p_1 \\ d_2 \\ d_3 \\ \vdots \\ d_{n-1} \\ d_n \end{bmatrix} \tag{5.17}$$

将式(5.17)中的第一个方程乘以 $-a_2$ 加到第二个方程上，得

$$\begin{bmatrix} 1 & q_1 & & & & \\ 0 & b_2-a_2q_1 & c_2 & & & \\ & a_3 & b_3 & c_3 & & \\ & & \ddots & \ddots & \ddots & \\ & & & a_{n-1} & b_{n-1} & c_{n-1} \\ & & & & a_n & b_n \end{bmatrix} \begin{bmatrix} x_1 \\ x_2 \\ x_3 \\ \vdots \\ x_{n-1} \\ x_n \end{bmatrix} = \begin{bmatrix} p_1 \\ d_2-a_2p_1 \\ d_3 \\ \vdots \\ d_{n-1} \\ d_n \end{bmatrix} \tag{5.18}$$

第二步(第二次消元)：

将式(5.18)的第二个方程除以 $b_2-a_2q_1$，得

$$\begin{bmatrix} 1 & q_1 & & & & \\ 0 & 1 & \dfrac{c_2}{b_2-a_2q_1} & & & \\ & a_3 & b_3 & c_3 & & \\ & & \ddots & \ddots & \ddots & \\ & & & a_{n-1} & b_{n-1} & c_{n-1} \\ & & & & a_n & b_n \end{bmatrix} \begin{bmatrix} x_1 \\ x_2 \\ x_3 \\ \vdots \\ x_{n-1} \\ x_n \end{bmatrix} = \begin{bmatrix} p_1 \\ \dfrac{d_2-a_2p_1}{b_2-a_2q_1} \\ d_3 \\ \vdots \\ d_{n-1} \\ d_n \end{bmatrix} \tag{5.19}$$

令 $q_2=\dfrac{c_2}{b_2-a_2q_1}$，$p_2=\dfrac{d_2-a_2p_1}{b_2-a_2q_1}$，则式(5.19)即为

$$\begin{bmatrix} 1 & q_1 & & & & \\ 0 & 1 & q_2 & & & \\ & a_3 & b_3 & c_3 & & \\ & & \ddots & \ddots & \ddots & \\ & & & a_{n-1} & b_{n-1} & c_{n-1} \\ & & & & a_n & b_n \end{bmatrix} \begin{bmatrix} x_1 \\ x_2 \\ x_3 \\ \vdots \\ x_{n-1} \\ x_n \end{bmatrix} = \begin{bmatrix} p_1 \\ p_2 \\ d_3 \\ \vdots \\ d_{n-1} \\ d_n \end{bmatrix} \tag{5.20}$$

将式(5.20)中的第二个方程乘以 $-a_3$ 加到第三个方程上，得

$$\begin{bmatrix} 1 & q_1 & & & & \\ 0 & 1 & q_2 & & & \\ & 0 & b_3-a_3q_2 & c_3 & & \\ & & \ddots & \ddots & \ddots & \\ & & & a_{n-1} & b_{n-1} & c_{n-1} \\ & & & & a_n & b_n \end{bmatrix} \begin{bmatrix} x_1 \\ x_2 \\ x_3 \\ \vdots \\ x_{n-1} \\ x_n \end{bmatrix} = \begin{bmatrix} p_1 \\ p_2 \\ d_3-a_3p_2 \\ \vdots \\ d_{n-1} \\ d_n \end{bmatrix}$$

如此继续下去，完成 $n-1$ 次消元后，方程组(5.15)即化为同解方程组

$$\begin{bmatrix} 1 & q_1 & & & & \\ 0 & 1 & q_2 & & & \\ & 0 & 1 & q_3 & & \\ & & \ddots & \ddots & \ddots & \\ & & & 0 & 1 & q_{n-1} \\ & & & & 0 & b_n-a_nq_{n-1} \end{bmatrix} \begin{bmatrix} x_1 \\ x_2 \\ x_3 \\ \vdots \\ x_{n-1} \\ x_n \end{bmatrix} = \begin{bmatrix} p_1 \\ p_2 \\ p_3 \\ \vdots \\ p_{n-1} \\ d_n-a_np_{n-1} \end{bmatrix} \tag{5.21}$$

将式(5.21)的第 n 个方程除以 $b_n-a_nq_{n-1}$,得

$$\begin{bmatrix} 1 & q_1 & & & & \\ & 1 & q_2 & & & \\ & & 1 & q_3 & & \\ & & & \ddots & \ddots & \\ & & & & 1 & q_{n-1} \\ & & & & & 1 \end{bmatrix} \begin{bmatrix} x_1 \\ x_2 \\ x_3 \\ \vdots \\ x_{n-1} \\ x_n \end{bmatrix} = \begin{bmatrix} p_1 \\ p_2 \\ p_3 \\ \vdots \\ p_{n-1} \\ \dfrac{d_n-a_np_{n-1}}{b_n-a_nq_{n-1}} \end{bmatrix} \tag{5.22}$$

令 $p_n=\dfrac{d_n-a_np_{n-1}}{b_n-a_nq_{n-1}}$,则式(5.22)即为

$$\begin{bmatrix} 1 & q_1 & & & & \\ & 1 & q_2 & & & \\ & & 1 & q_3 & & \\ & & & \ddots & \ddots & \\ & & & & 1 & q_{n-1} \\ & & & & & 1 \end{bmatrix} \begin{bmatrix} x_1 \\ x_2 \\ x_3 \\ \vdots \\ x_{n-1} \\ x_n \end{bmatrix} = \begin{bmatrix} p_1 \\ p_2 \\ p_3 \\ \vdots \\ p_{n-1} \\ p_n \end{bmatrix}$$

这是一个上三角形方程组,对它进行回代,即可求得原方程组(5.15)的解

$$\begin{aligned} &x_n=p_n \\ &x_i=p_i-q_ix_{i+1} \quad (i=n-1,n-2,\cdots,1) \end{aligned}$$

上述消元过程,称之为"追";回代过程,称之为"赶"。这便是"追赶法"名称的由来。

编程时,系数矩阵可用 3 个一维数组存储。考虑到在消元过程中,算出 q_i、p_i 后,c_i、d_i 就没有保留的必要了,所以可让 q_i、p_i 分别占用 c_i、d_i 所在单元。

追赶法算法:

(1) $c_1/b_1 \Rightarrow c_1, d_1/b_1 \Rightarrow d_1$。

(2) 对 $k=2,3,\cdots,n-1$,做 $b_k-a_kc_{k-1} \Rightarrow t, c_k/t \Rightarrow c_k, (d_k-a_kd_{k-1})/t \Rightarrow d_k$。

(3) $(d_n-a_nd_{n-1})/(b_n-a_nc_{n-1}) \Rightarrow d_n$。

(4) $d_n \Rightarrow x_n$。

对 $k=n-1,n-2,\cdots,1$,做 $d_k-c_kx_{k+1} \Rightarrow x_k$。

5.5 迭代法

线性方程组的直接解法,用于阶数不高的线性方程组效果较好,而对于阶数较高,特别系数矩阵是稀疏矩阵的线性方程组,则使用迭代法更有利。另外,迭代法也常用来提高已知近似解的精度。

在讨论迭代法的收敛性时,常涉及向量和矩阵的"大小"问题,因此首先介绍 n 维向量和 n 阶矩阵的范数。

5.5.1　向量范数和矩阵范数

1. 向量范数

定义 5.1　若对 $\mathbf{R}^n$ 上任一向量 $\boldsymbol{x}$，皆对应一个非负实数 $\|\boldsymbol{x}\|$，且满足如下条件。

(1) 正定性：$\|\boldsymbol{x}\|\geqslant 0$，等号当且仅当 $\boldsymbol{x}=\boldsymbol{0}$ 时成立。

(2) 齐次性：对任意实数 α，都有 $\|\alpha\boldsymbol{x}\|=|\alpha|\cdot\|\boldsymbol{x}\|$。

(3) 三角不等式：$\forall \boldsymbol{x},\boldsymbol{y}\in\mathbf{R}^n$，有 $\|\boldsymbol{x}+\boldsymbol{y}\|\leqslant\|\boldsymbol{x}\|+\|\boldsymbol{y}\|$，则称 $\|\boldsymbol{x}\|$ 是 $\mathbf{R}^n$ 上的一个向量范数(上述 3 个条件称为范数公理)。

容易看出，实数的绝对值、复数的模、三维向量的模等都满足范数公理，n 维向量的范数概念是它们的自然推广。

设 $\boldsymbol{x}=(x_1,x_2,\cdots,x_n)^{\mathrm{T}}$，常用的向量范数有 3 种。

(1) 1-范数：$\|\boldsymbol{x}\|_1=\sum\limits_{i=1}^{n}|x_i|$。

(2) 2-范数：$\|\boldsymbol{x}\|_2=\left(\sum\limits_{i=1}^{n}x_i^2\right)^{\frac{1}{2}}$。

(3) ∞-范数：$\|\boldsymbol{x}\|_\infty=\max\limits_{1\leqslant i\leqslant n}|x_i|$。

【例 5.8】　设 $x=(3,-12,0,-4)^{\mathrm{T}}$，求 $\|\boldsymbol{x}\|_1$、$\|\boldsymbol{x}\|_2$、$\|\boldsymbol{x}\|_\infty$。

【解】　$\|\boldsymbol{x}\|_1=|3|+|-12|+|0|+|-4|=19$

$\|\boldsymbol{x}\|_2=\sqrt{3^2+(-12)^2+0^2+(-4)^2}=13$

$\|\boldsymbol{x}\|_\infty=\max(|3|,|-12|,|0|,|-4|)=12$

定义 5.2　设 $\{\boldsymbol{x}^{(k)}\}$ 为 $\mathbf{R}^n$ 中一向量序列，$\boldsymbol{x}\in\mathbf{R}^n$，$\boldsymbol{x}^{(k)}=(x_1^{(k)},x_2^{(k)},\cdots,x_n^{(k)})^{\mathrm{T}}(k=1,2,\cdots)$，$\boldsymbol{x}=(x_1,x_2,\cdots,x_n)^{\mathrm{T}}$，如果 $\lim\limits_{k\to\infty}x_i^{(k)}=x_i(i=1,2,\cdots,n)$，则称 $\boldsymbol{x}^{(k)}$ 收敛于向量 $\boldsymbol{x}$，记为 $\lim\limits_{k\to\infty}\boldsymbol{x}^{(k)}=\boldsymbol{x}$。

定理 5.3　$\mathbf{R}^n$ 上的任意两种向量范数是等价的，即若 $\|\boldsymbol{x}\|_s$ 和 $\|\boldsymbol{x}\|_t$ 是 $\mathbf{R}^n$ 上的任意两种向量范数，则存在常数 $c_1>0,c_2>0$，使得对任意 $\boldsymbol{x}\in\mathbf{R}^n$，皆有

$$c_1\|\boldsymbol{x}\|_s\leqslant\|\boldsymbol{x}\|_t\leqslant c_2\|\boldsymbol{x}\|_s$$

证明从略。

定理 5.4　设 $\{\boldsymbol{x}^{(k)}\}$ 为 $\mathbf{R}^n$ 中一向量序列，$\boldsymbol{x}\in\mathbf{R}^n$，则 $\lim\limits_{k\to\infty}\boldsymbol{x}^{(k)}=\boldsymbol{x}$ 的充要条件是

$$\lim_{k\to\infty}\|\boldsymbol{x}^{(k)}-\boldsymbol{x}\|=0$$

其中，$\|\boldsymbol{x}\|$ 为任一种向量范数。

显然，$\lim\limits_{k\to\infty}\|\boldsymbol{x}^{(k)}-\boldsymbol{x}\|_\infty=0\Leftrightarrow\lim\limits_{k\to\infty}\boldsymbol{x}^{(k)}=\boldsymbol{x}$，由定理 5.3 可知

$$\lim_{k\to\infty}\|\boldsymbol{x}^{(k)}-\boldsymbol{x}\|=0\Leftrightarrow\lim_{k\to\infty}\|\boldsymbol{x}^{(k)}-\boldsymbol{x}\|_\infty=0$$

其中，$\|\boldsymbol{x}\|$ 为任一种向量范数。于是有

$$\lim_{k\to\infty}\|\boldsymbol{x}^{(k)}-\boldsymbol{x}\|=0\Leftrightarrow\lim_{k\to\infty}\boldsymbol{x}^{(k)}=\boldsymbol{x}$$

定理得证。

由定理 5.3 和定理 5.4 易见，讨论向量序列的收敛性时，可不指明使用的是何种范数；

证明时,也只需就某一种范数进行即可。

2. 矩阵范数

定义 5.3 若对 $\mathbf{R}^{n\times n}$ 上任一矩阵 $\boldsymbol{A}$,皆对应一个非负实数 $\|\boldsymbol{A}\|$,且满足如下条件。

(1) 正定性:$\|\boldsymbol{A}\|\geqslant 0$,等号当且仅当 $\boldsymbol{A}=\boldsymbol{0}$ 时成立。

(2) 齐次性:对任意实数 α,都有 $\|\alpha\boldsymbol{A}\|=|\alpha|\cdot\|\boldsymbol{A}\|$。

(3) 三角不等式:$\forall \boldsymbol{A},\boldsymbol{B}\in\mathbf{R}^{n\times n}$,都有 $\|\boldsymbol{A}+\boldsymbol{B}\|\leqslant\|\boldsymbol{A}\|+\|B\|$。

(4) 相容性:$\forall \boldsymbol{A},\boldsymbol{B}\in\mathbf{R}^{n\times n}$,都有 $\|\boldsymbol{AB}\|\leqslant\|\boldsymbol{A}\|\cdot\|B\|$,则称 $\|\boldsymbol{A}\|$ 是 $\mathbf{R}^{n\times n}$ 上的一个矩阵范数。

定义 5.4 如果 $\mathbf{R}^n$ 上的一种向量范数 $\|\boldsymbol{x}\|$ 和 $\mathbf{R}^{n\times n}$ 上的一种矩阵范数 $\|\boldsymbol{A}\|$ 满足

$$\|\boldsymbol{Ax}\|\leqslant\|\boldsymbol{A}\|\cdot\|\boldsymbol{x}\|,\quad \forall \boldsymbol{A}\in\mathbf{R}^{n\times n},\quad \forall \boldsymbol{x}\in\mathbf{R}^n$$

则称 $\|\boldsymbol{A}\|$ 是与向量范数 $\|\boldsymbol{x}\|$ 相容的矩阵范数。

定义 5.5 设 $\boldsymbol{A}\in\mathbf{R}^{n\times n}$,$\boldsymbol{x}\in\mathbf{R}^n$,给出一种向量范数 $\|\boldsymbol{x}\|_t$(如 $t=1$ 或 2 或 ∞ 等),则相应地定义了一个矩阵的非负函数

$$\|\boldsymbol{A}\|_t=\max_{x\neq 0}\frac{\|\boldsymbol{Ax}\|_t}{\|\boldsymbol{x}\|_t}=\max_{\|x\|=1}\|\boldsymbol{Ax}\|_t$$

可以验证,$\|\boldsymbol{A}\|_t$ 是 $\mathbf{R}^{n\times n}$ 上的一个矩阵范数,称为由向量范数导出的矩阵范数,也称为算子范数。

定理 5.5 设 $\boldsymbol{A}\in\mathbf{R}^{n\times n}$,$\boldsymbol{x}\in\mathbf{R}^n$,则

(1) 与 $\|\boldsymbol{x}\|_\infty$ 相容的矩阵算子范数 $\|\boldsymbol{A}\|_\infty=\max\limits_{1\leqslant i\leqslant n}\sum\limits_{j=1}^{n}|a_{ij}|$,称为矩阵 $\boldsymbol{A}$ 的行范数。

(2) 与 $\|\boldsymbol{x}\|_1$ 相容的矩阵算子范数 $\|\boldsymbol{A}\|_1=\max\limits_{1\leqslant j\leqslant n}\sum\limits_{i=1}^{n}|a_{ij}|$,称为矩阵 $\boldsymbol{A}$ 的列范数。

(3) 与 $\|\boldsymbol{x}\|_2$ 相容的矩阵算子范数 $\|\boldsymbol{A}\|_2=\sqrt{\lambda_1}$ (λ_1 是 $\boldsymbol{A}^{\mathrm{T}}\boldsymbol{A}$ 的最大特征值),称为矩阵 $\boldsymbol{A}$ 的 2 范数或谱范数或欧几里得范数。

证明从略。

【例 5.9】 设 $\boldsymbol{A}=\begin{bmatrix}1 & 1\\ -2 & 2\end{bmatrix}$,计算 $\boldsymbol{A}$ 的各种算子范数。

【解】 $\|\boldsymbol{A}\|_\infty=\max(|1|+|1|,|-2|+|2|)=4$

$\|\boldsymbol{A}\|_1=\max(|1|+|-2|,|1|+|2|)=3$

$$\boldsymbol{A}^{\mathrm{T}}\boldsymbol{A}=\begin{bmatrix}1 & -2\\ 1 & 2\end{bmatrix}\begin{bmatrix}1 & 1\\ -2 & 2\end{bmatrix}=\begin{bmatrix}5 & -3\\ -3 & 5\end{bmatrix}$$

于是由其特征方程

$$|\lambda\boldsymbol{E}-\boldsymbol{A}^{\mathrm{T}}\boldsymbol{A}|=\begin{vmatrix}\lambda-5 & 3\\ 3 & \lambda-5\end{vmatrix}=(\lambda-5)^2-3^2=0$$

可求得特征根 $\lambda_1=8$,$\lambda_2=2$,故 $\|\boldsymbol{A}\|_2=\sqrt{\lambda_1}=2\sqrt{2}$。

定义 5.6 设 $\{\boldsymbol{A}^{(k)}\}$ 为 $\mathbf{R}^{n\times n}$ 中一矩阵序列,$\boldsymbol{A}\in\mathbf{R}^{n\times n}$,如果 $\lim\limits_{k\to\infty}a_{ij}^{(k)}=a_{ij}\ (i,j=1,2,\cdots,n)$,则称 $\boldsymbol{A}^{(k)}$ 收敛于矩阵 $\boldsymbol{A}$,记为 $\lim\limits_{k\to\infty}\boldsymbol{A}^{(k)}=\boldsymbol{A}$。

定理 5.6　$\mathbf{R}^{n\times n}$ 上任意两种矩阵范数是等价的，即若 $\|\boldsymbol{A}\|_s$ 和 $\|\boldsymbol{A}\|_t$ 是 $\mathbf{R}^{n\times n}$ 上的任意两种矩阵范数，则存在常数 $c_1>0, c_2>0$，使得对任意 $\boldsymbol{A}\in\mathbf{R}^{n\times n}$，皆有

$$c_1\|\boldsymbol{A}\|_s \leqslant \|\boldsymbol{A}\|_t \leqslant c_2\|\boldsymbol{A}\|_s$$

证明从略。

定理 5.7　设 $\{\boldsymbol{A}^{(k)}\}$ 为 $\mathbf{R}^{n\times n}$ 中一矩阵序列，$\boldsymbol{A}\in\mathbf{R}^{n\times n}$，则 $\lim\limits_{k\to\infty}\boldsymbol{A}^{(k)}=\boldsymbol{A}$ 的充要条件是

$$\lim_{k\to\infty}\|\boldsymbol{A}^{(k)}-\boldsymbol{A}\|=0$$

其中，$\|\boldsymbol{A}\|$ 为任一种矩阵范数。

【证】　显然，$\lim\limits_{k\to\infty}\|\boldsymbol{A}^{(k)}-\boldsymbol{A}\|_\infty=0\Leftrightarrow\lim\limits_{k\to\infty}\boldsymbol{A}^{(k)}=\boldsymbol{A}$，而由定理 5.6 可知

$$\lim_{k\to\infty}\|\boldsymbol{A}^{(k)}-\boldsymbol{A}\|=0\Leftrightarrow\lim_{k\to\infty}\|\boldsymbol{A}^{(k)}-\boldsymbol{A}\|_\infty=0$$

其中，$\|\boldsymbol{A}\|$ 为任一种矩阵范数。于是有

$$\lim_{k\to\infty}\|\boldsymbol{A}^{(k)}-\boldsymbol{A}\|=0\Leftrightarrow\lim_{k\to\infty}\boldsymbol{A}^{(k)}=\boldsymbol{A}$$

定理得证。

由定理 5.6 和定理 5.7 易见，讨论矩阵序列的收敛性时，可不指明使用的是何种范数；证明时，也只需就某一种范数进行即可。

3. 谱半径

定义 5.7　设 $\boldsymbol{A}\in\mathbf{R}^{n\times n}$，其特征值为 $\lambda_i(i=1,2,\cdots,n)$，则称

$$\rho(\boldsymbol{A})=\max_{1\leqslant i\leqslant n}|\lambda_i|$$

为 $\boldsymbol{A}$ 的谱半径。

定理 5.8　设 $\boldsymbol{A}\in\mathbf{R}^{n\times n}$，则

$$\rho(\boldsymbol{A})\leqslant\|\boldsymbol{A}\|$$

其中，$\|\boldsymbol{A}\|$ 为 $\boldsymbol{A}$ 的任一种算子范数。

【证】　设 λ 是 $\boldsymbol{A}$ 的任一特征值，$\boldsymbol{x}$ 为相应的特征向量，则

$$\boldsymbol{A}\boldsymbol{x}=\lambda\boldsymbol{x}$$

于是

$$|\lambda|\cdot\|\boldsymbol{x}\|=\|\lambda\boldsymbol{x}\|=\|\boldsymbol{A}\boldsymbol{x}\|\leqslant\|\boldsymbol{A}\|\cdot\|\boldsymbol{x}\|$$

$\boldsymbol{x}\neq\boldsymbol{0}$，所以 $\|\boldsymbol{x}\|>0$，故有

$$|\lambda|\leqslant\|\boldsymbol{A}\|$$

由此可得

$$\rho(\boldsymbol{A})\leqslant\|\boldsymbol{A}\|$$

定理 5.9　设 $\boldsymbol{A}\in\mathbf{R}^{n\times n}$，则 $\lim\limits_{k\to\infty}\boldsymbol{A}^k=0$ 的充要条件是 $\rho(\boldsymbol{A})<1$。

证明从略。

5.5.2　迭代法的一般形式

对于系数矩阵非奇异的 n 阶线性方程组

$$\boldsymbol{A}\boldsymbol{x}=\boldsymbol{b}$$

构造其同解方程组

$$\boldsymbol{x}=\boldsymbol{C}\boldsymbol{x}+\boldsymbol{f} \tag{5.23}$$

其中,$\boldsymbol{C}\in\mathbf{R}^{n\times n}$,$\boldsymbol{f}\in\mathbf{R}^{n}$。于是得到迭代公式

$$\boldsymbol{x}^{(k+1)}=\boldsymbol{C}\boldsymbol{x}^{(k)}+\boldsymbol{f}\quad(k=0,1,2,\cdots) \tag{5.24}$$

任取初始向量 $\boldsymbol{x}^{(0)}\in\mathbf{R}^{n}$,代入式(5.24)可得

$$\boldsymbol{x}^{(1)}=\boldsymbol{C}\boldsymbol{x}^{(0)}+\boldsymbol{f}$$

再将 $\boldsymbol{x}^{(1)}$ 代入式(5.24)可得

$$\boldsymbol{x}^{(2)}=\boldsymbol{C}\boldsymbol{x}^{(1)}+\boldsymbol{f}$$

以此类推,得到一个迭代向量序列$\{\boldsymbol{x}^{(k)}\}(k=0,1,2,\cdots)$,若

$$\lim_{k\to\infty}\boldsymbol{x}^{(k)}=\boldsymbol{x}^{*}$$

则由式(5.24)可得

$$\boldsymbol{x}^{*}=\lim_{k\to\infty}\boldsymbol{x}^{(k+1)}=\boldsymbol{C}\lim_{k\to\infty}\boldsymbol{x}^{(k)}+\boldsymbol{f}=\boldsymbol{C}\boldsymbol{x}^{*}+\boldsymbol{f}$$

即 $\boldsymbol{x}^{*}$ 是方程组(5.23)的解,也就是方程组(5.2)的解,此时称迭代式(5.24)收敛;若当 $k\to\infty$时,$\boldsymbol{x}^{(k)}$ 的极限不存在,则称迭代式(5.24)发散。矩阵 $\boldsymbol{C}$ 称为迭代矩阵。

由以上讨论可见,迭代法的关键如下。

(1) 如何构造迭代式(5.24)。不同的迭代公式对应不同的迭代法。

(2) 迭代法产生的迭代向量序列$\{\boldsymbol{x}^{(k)}\}(k=0,1,2,\cdots)$的收敛条件是什么。

5.5.3 雅可比迭代法

雅可比迭代法

雅可比(Jacobi)迭代法也称为简单迭代法。下面通过一个例子来说明雅可比迭代法的基本思想。

【例 5.10】 解线性方程组

$$\begin{cases}10x_1-2x_2-x_3=3\\-2x_1+10x_2-x_3=15\\-x_1-2x_2+5x_3=10\end{cases}$$

精度要求为 10^{-3}。

【解】 从 3 个方程中分别解出 x_1、x_2、x_3,可得原方程组的同解方程组

$$\begin{cases}x_1=\qquad\quad 0.2x_2+0.1x_3+0.3\\x_2=0.2x_1\qquad\quad+0.1x_3+1.5\\x_3=0.2x_1+0.4x_2\qquad\quad+2\end{cases}$$

由此可得雅可比迭代公式

$$\begin{cases}x_1^{(k+1)}=\qquad\quad 0.2x_2^{(k)}+0.1x_3^{(k)}+0.3\\x_2^{(k+1)}=0.2x_1^{(k)}\qquad\quad+0.1x_3^{(k)}+1.5\\x_3^{(k+1)}=0.2x_1^{(k)}+0.4x_2^{(k)}\qquad\quad+2\end{cases} \tag{5.25}$$

任取一初始向量 $\boldsymbol{x}^{(0)}=(0,0,0)^{\mathrm{T}}$,依次代入式(5.25),得到迭代序列$\{\boldsymbol{x}^{(k)}\}(k=0,1,2,\cdots)$,如表 5-2 所示。

与非线性方程的迭代法类似,可用相邻两次迭代向量差的范数来估计近似解的误差。

$\|\boldsymbol{x}^{(9)}-\boldsymbol{x}^{(8)}\|_{\infty}=\max\limits_{1\leqslant i\leqslant 3}|x_i^{(9)}-x_i^{(8)}|=0.0006\leqslant 10^{-3}$，故取 $\boldsymbol{x}^*=\boldsymbol{x}^{(9)}=(0.9998,1.9998,2.9998)^{\mathrm{T}}$ 为原方程组的满足精度要求的近似解(精确解是$(1,2,3)^{\mathrm{T}}$)。

表 5-2　迭代序列(一)

k	$x_1^{(k)}$	$x_2^{(k)}$	$x_3^{(k)}$
0	0	0	0
1	0.3000	1.5000	2.0000
2	0.8000	1.7600	2.6600
3	0.9180	1.9260	2.8640
4	0.9716	1.9700	2.9540
5	0.9894	1.9897	2.9823
6	0.9963	1.9961	2.9938
7	0.9986	1.9986	2.9977
8	0.9995	1.9995	2.9992
9	0.9998	1.9998	2.9998

一般地，对 n 阶线性方程组 $\boldsymbol{A}\boldsymbol{x}=\boldsymbol{b}$，即

$$\begin{bmatrix} a_{11} & a_{12} & \cdots & a_{1n} \\ a_{21} & a_{22} & \cdots & a_{2n} \\ \vdots & \vdots & & \vdots \\ a_{n1} & a_{n2} & \cdots & a_{nn} \end{bmatrix}\begin{bmatrix} x_1 \\ x_2 \\ \vdots \\ x_n \end{bmatrix}=\begin{bmatrix} b_1 \\ b_2 \\ \vdots \\ b_n \end{bmatrix} \tag{5.26}$$

设 $a_{ii}\neq 0$，从式(5.26)的第 i 个方程中解出 $x_i(i=1,2,\cdots,n)$，得等价的方程组

$$\begin{bmatrix} x_1 \\ x_2 \\ \vdots \\ x_n \end{bmatrix}=\begin{bmatrix} 0 & -a_{12}/a_{11} & \cdots & -a_{1n}/a_{11} \\ -a_{21}/a_{22} & 0 & \cdots & -a_{2n}/a_{22} \\ \vdots & \vdots & & \vdots \\ -a_{n1}/a_{nn} & -a_{n2}/a_{nn} & \cdots & 0 \end{bmatrix}\begin{bmatrix} x_1 \\ x_2 \\ \vdots \\ x_n \end{bmatrix}+\begin{bmatrix} b_1/a_{11} \\ b_2/a_{22} \\ \vdots \\ b_n/a_{nn} \end{bmatrix} \tag{5.27}$$

令

$$\boldsymbol{D}=\begin{bmatrix} a_{11} & & & & \\ & a_{22} & & & \\ & & \ddots & & \\ & & & a_{n-1,n-1} & \\ & & & & a_{nn} \end{bmatrix}$$

$$\boldsymbol{L}=\begin{bmatrix} 0 & & & & \\ -a_{21} & 0 & & & \\ \vdots & \vdots & \ddots & & \\ -a_{n-1,1} & -a_{n-1,2} & \cdots & 0 & \\ -a_{n1} & -a_{n2} & \cdots & -a_{n,n-1} & 0 \end{bmatrix}$$

$$\boldsymbol{U}=\begin{bmatrix} 0 & -a_{12} & \cdots & -a_{1,n-1} & -a_{1n} \\ & 0 & \cdots & -a_{2,n-1} & -a_{2n} \\ & & \ddots & \vdots & \vdots \\ & & & 0 & -a_{n-1,n} \\ & & & & 0 \end{bmatrix}$$

则式(5.27)即为

$$\boldsymbol{x}=\boldsymbol{D}^{-1}(\boldsymbol{L}+\boldsymbol{U})\boldsymbol{x}+\boldsymbol{D}^{-1}\boldsymbol{b}$$

记 $\boldsymbol{C}_{\mathrm{J}}=\boldsymbol{D}^{-1}(\boldsymbol{L}+\boldsymbol{U})$，$\boldsymbol{f}_{\mathrm{J}}=\boldsymbol{D}^{-1}\boldsymbol{b}$，于是有

$$\boldsymbol{x}=\boldsymbol{C}_{\mathrm{J}}\boldsymbol{x}+\boldsymbol{f}_{\mathrm{J}}$$

由此建立起迭代公式

$$\boldsymbol{x}^{(k+1)}=\boldsymbol{C}_{\mathrm{J}}\boldsymbol{x}^{(k)}+\boldsymbol{f}_{\mathrm{J}}\quad(k=0,1,2,\cdots)\tag{5.28}$$

即

$$x_i^{(k+1)}=\Big(b_i-\sum_{\substack{j=1\\j\neq i}}^{n}a_{ij}x_j^{(k)}\Big)/a_{ii}\quad(i=1,2,\cdots,n;k=0,1,2,\cdots)\tag{5.29}$$

这就是雅可比迭代公式。

设精度要求为 ε，在实际计算过程中，若有 k 使 $\|\boldsymbol{x}^{(k+1)}-\boldsymbol{x}^{(k)}\|\leqslant\varepsilon$（$\|\boldsymbol{x}\|$ 为某种向量范数，一般取为 ∞-范数，即 $\|\boldsymbol{x}^{(k+1)}-\boldsymbol{x}^{(k)}\|_{\infty}=\max\limits_{1\leqslant i\leqslant n}|x_i^{(k+1)}-x_i^{(k)}|\leqslant\varepsilon$）则停止迭代，取 $\boldsymbol{x}^{(k+1)}$ 为方程组(5.26)的近似解。

雅可比迭代法算法：

(1) 输入系数矩阵 $\boldsymbol{A}$，右端向量 $\boldsymbol{b}$，精度要求 eps，控制最大迭代次数 m 及迭代初值 $\boldsymbol{y}=(y_1,y_2,\cdots,y_n)^{\mathrm{T}}$。

(2) mark=1。

对 $i=1,2,\cdots,n$，若 $a_{ii}=0$，则 mark=0。

(3) 若 mark=0，则输出奇异信息；

否则① $k=0$

② 对 $i=1,2,\cdots,n$

做 $y_i\Rightarrow x_i$

③ $k=k+1$

④ 对 $i=1,2,\cdots,n$

做 $\Big(b_i-\sum\limits_{\substack{j=1\\j\neq i}}^{n}a_{ij}x_j\Big)/a_{ii}\Rightarrow y_i$

⑤ 若 $\max\limits_{1\leqslant i\leqslant n}|y_i-x_i|>$ eps 且 $k<m$，则返回②；

⑥ 若 $\max\limits_{1\leqslant i\leqslant n}|y_i-x_i|\leqslant$ eps，则输出 $(y_1,y_2,\cdots,y_n)$ 和 k；

否则输出失败信息。

说明：m 用于控制最大迭代次数。迭代 m 次后仍未达到精度要求，便认为迭代失败。出现这种情况的原因是，有可能是迭代发散；也有可能是迭代收敛速度太慢，在给定的次数内未达到精度要求。

5.5.4　高斯-赛德尔迭代法

高斯-赛德尔迭代法

由雅可比迭代公式(5.29)可知，在迭代的每一步计算过程中都是用 $x^{(k)}$ 的全部分量来计算 $x^{(k+1)}$ 的各个分量，即在计算 $x_i^{(k+1)}$ 时，已经计算出的新分量 $x_1^{(k+1)},x_2^{(k+1)},\cdots,x_{i-1}^{(k+1)}$ 没有被利用。从直观上看，在计算 $x_i^{(k+1)}$ 时，用 $x_1^{(k+1)},x_2^{(k+1)},\cdots,x_{i-1}^{(k+1)}$，而不用 $x_1^{(k)},x_2^{(k)},\cdots,x_{i-1}^{(k)}$，即逐次用已经计算出的新分量来计算下一个分量，可能会收到更好的效果。这就是高斯-赛德尔(Gauss-Seidel)迭代法的基本思想。

对于 n 阶线性方程组 $\boldsymbol{Ax}=\boldsymbol{b}$，即

$$\begin{bmatrix} a_{11} & a_{12} & \cdots & a_{1n} \\ a_{21} & a_{22} & \cdots & a_{2n} \\ \vdots & \vdots & & \vdots \\ a_{n1} & a_{n2} & \cdots & a_{nn} \end{bmatrix}\begin{bmatrix} x_1 \\ x_2 \\ \vdots \\ x_n \end{bmatrix}=\begin{bmatrix} b_1 \\ b_2 \\ \vdots \\ b_n \end{bmatrix}$$

设 $a_{ii}\neq 0(i=1,2,3,\cdots,n)$，则高斯-赛德尔迭代公式为

$$x_i^{(k+1)}=\left(b_i-\sum_{j=1}^{i-1}a_{ij}x_j^{(k+1)}-\sum_{j=i+1}^{n}a_{ij}x_j^{(k)}\right)/a_{ii}\quad(i=1,2,3,\cdots,n;k=0,1,2,\cdots)\tag{5.30}$$

设矩阵 $\boldsymbol{D}$、$\boldsymbol{L}$、$\boldsymbol{U}$ 的定义同 5.5.3 节，则式(5.30)的矩阵形式为

$$\boldsymbol{x}^{(k+1)}=\boldsymbol{D}^{-1}\boldsymbol{L}\boldsymbol{x}^{(k+1)}+\boldsymbol{D}^{-1}\boldsymbol{U}\boldsymbol{x}^{(k)}+\boldsymbol{D}^{-1}\boldsymbol{b}$$

即

$$\boldsymbol{D}\boldsymbol{x}^{(k+1)}=\boldsymbol{L}\boldsymbol{x}^{(k+1)}+\boldsymbol{U}\boldsymbol{x}^{(k)}+\boldsymbol{b}$$

移项得

$$(\boldsymbol{D}-\boldsymbol{L})\boldsymbol{x}^{(k+1)}=\boldsymbol{U}\boldsymbol{x}^{(k)}+\boldsymbol{b}$$

$|\boldsymbol{D}-\boldsymbol{L}|=\prod_{i=1}^{n}a_{ii}\neq 0$，故 $\boldsymbol{D}-\boldsymbol{L}$ 非奇异，于是有

$$\boldsymbol{x}^{(k+1)}=(\boldsymbol{D}-\boldsymbol{L})^{-1}\boldsymbol{U}\boldsymbol{x}^{(k)}+(\boldsymbol{D}-\boldsymbol{L})^{-1}\boldsymbol{b}$$

记 $\boldsymbol{C}_{\mathrm{G}}=(\boldsymbol{D}-\boldsymbol{L})^{-1}\boldsymbol{U}$，$\boldsymbol{f}_{\mathrm{G}}=(\boldsymbol{D}-\boldsymbol{L})^{-1}\boldsymbol{b}$，则上式即为

$$\boldsymbol{x}^{(k+1)}=\boldsymbol{C}_{\mathrm{G}}\boldsymbol{x}^{(k)}+\boldsymbol{f}_{\mathrm{G}}$$

由此可见，高斯-赛德尔迭代法的迭代矩阵是 $\boldsymbol{C}_{\mathrm{G}}$。

【例 5.11】　用高斯-赛德尔迭代法求解例 5.10 中的方程组

$$\begin{cases} 10x_1-2x_2-x_3=3 \\ -2x_1+10x_2-x_3=15 \\ -x_1-2x_2+5x_3=10 \end{cases}$$

精度要求为 10^{-3}。

【解】　从 3 个方程中分别解出 x_1、x_2、x_3，得原方程组的同解方程组

$$\begin{cases} x_1= \quad\quad\quad\;\; 0.2x_2+0.1x_3+0.3 \\ x_2=0.2x_1 \quad\quad\quad\; +0.1x_3+1.5 \\ x_3=0.2x_1+0.4x_2 \quad\quad\quad\quad\; +2 \end{cases}$$

由此可得高斯-赛德尔迭代公式

$$\begin{cases} x_1^{(k+1)} = & 0.2x_2^{(k)} + 0.1x_3^{(k)} + 0.3 \\ x_2^{(k+1)} = 0.2x_1^{(k+1)} & + 0.1x_3^{(k)} + 1.5 \\ x_3^{(k+1)} = 0.2x_1^{(k+1)} + 0.4x_2^{(k+1)} & + 2 \end{cases} \quad (k=0,1,2,\cdots) \tag{5.31}$$

仍取 $\boldsymbol{x}^{(0)}=(0,0,0)^{\mathrm{T}}$,依次代入式(5.31),得到迭代序列$\{\boldsymbol{x}^{(k)}\}$ $(k=0,1,2,\cdots)$,如表 5-3 所示。

表 5-3 迭代序列(二)

k	$x_1^{(k)}$	$x_2^{(k)}$	$x_3^{(k)}$
0	0	0	0
1	0.3000	1.5600	2.6840
2	0.8804	1.9445	2.9539
3	0.9843	1.9923	2.9938
4	0.9978	1.9989	2.9991
5	0.9997	1.9999	2.9999
6	1.0000	2.0000	3.0000

$\|\boldsymbol{x}^{(6)}-\boldsymbol{x}^{(5)}\|_\infty=\max\limits_{1\leqslant i\leqslant 3}|x_i^{(6)}-x_i^{(5)}|=0.0003\leqslant 10^{-3}$,故取 $\boldsymbol{x}^{(6)}=(1.0000,2.0000,3.0000)^{\mathrm{T}}$ 为原方程组的满足精度要求的近似解(精确解是$(1,2,3)^{\mathrm{T}}$)。

可以看出,对本例而言,高斯-赛德尔迭代法比雅可比迭代法收敛速度快一些。

高斯-赛德尔迭代法算法:

(1) 输入系数矩阵 $\boldsymbol{A}$,右端向量 $\boldsymbol{b}$,精度要求 eps,控制最大迭代次数 m 及迭代初值 $\boldsymbol{x}=(x_1,x_2,\cdots,x_n)^{\mathrm{T}}$。

(2) mark=1。

对 $i=1,2,\cdots,n$,若 $a_{ii}=0$,则 mark=0。

(3) 若 mark=0,则输出奇异信息;

否则① $k=0$

② 对 $i=1,2,\cdots,n$

做 $x_i \Rightarrow y_i$

③ $k=k+1$

④ 对 $i=1,2,\cdots,n$

做 $\left(b_i-\sum\limits_{\substack{j=1\\j\neq i}}^{n} a_{ij}x_j\right)/a_{ii} \Rightarrow x_i$

⑤ 若 $\max\limits_{1\leqslant i\leqslant n}|y_i-x_i|>\text{eps}$ 且 $k<m$,则返回②;

⑥ 若 $\max\limits_{1\leqslant i\leqslant n}|y_i-x_i|\leqslant\text{eps}$,则输出$(x_1,x_2,\cdots,x_n)$和 k;

否则输出失败信息。

5.5.5　迭代法的收敛性

对于任意的线性方程组，其雅可比迭代序列和高斯-赛德尔迭代序列是否一定都能收敛于原方程组的精确解呢？

将例 5.10 中 3 个方程顺序调换一下，成为

$$\begin{cases}-2x_1+10x_2-x_3=15\\-x_1-2x_2+5x_3=10\\10x_1-2x_2-x_3=3\end{cases}$$

其雅可比迭代公式为

$$\begin{cases}x_1^{(k+1)}=\qquad\qquad 5x_2^{(k)}-0.5x_3^{(k)}-7.5\\x_2^{(k+1)}=-0.5x_1^{(k)}\qquad\quad +2.5x_3^{(k)}-5\\x_3^{(k+1)}=\quad 10x_1^{(k)}-2x_2^{(k)}\qquad\qquad -3\end{cases}$$

仍取 $\boldsymbol{x}^{(0)}=(0,0,0)^{\mathrm{T}}$，则有 $\boldsymbol{x}^{(1)}=(-7.5,-5,-3)^{\mathrm{T}}$，$\boldsymbol{x}^{(2)}=(-31,-8.75,-68)^{\mathrm{T}}$，$\boldsymbol{x}^{(3)}=(-85.25,-159.5,-295.5)^{\mathrm{T}}$，$\boldsymbol{x}^{(4)}=(-657.25,-701.125,-536.5)^{\mathrm{T}}$，……，显然发散；若用高斯-赛德尔迭代公式

$$\begin{cases}x_1^{(k+1)}=\qquad\qquad 5x_2^{(k)}-0.5x_3^{(k)}-7.5\\x_2^{(k+1)}=-0.5x_1^{(k+1)}\qquad\quad +2.5x_3^{(k)}-5\\x_3^{(k+1)}=\quad 10x_1^{(k+1)}-2x_2^{(k+1)}\qquad\qquad -3\end{cases}$$

计算，仍取 $\boldsymbol{x}^{(0)}=(0,0,0)^{\mathrm{T}}$，则有 $\boldsymbol{x}^{(1)}=(-7.5,-1.25,-74.5)^{\mathrm{T}}$，$\boldsymbol{x}^{(2)}=(23.5,-186.75,605.5)^{\mathrm{T}}$，$\boldsymbol{x}^{(3)}=(1244,886.75,10663.5)^{\mathrm{T}}$，……，显然也发散。

那么，迭代法产生的向量序列 $\{\boldsymbol{x}^{(k)}\}(k=0,1,2,\cdots)$ 的收敛条件是什么呢？

定理 5.10（迭代法基本定理）　设有线性方程组

$$\boldsymbol{x}=\boldsymbol{C}\boldsymbol{x}+\boldsymbol{f}$$

对于任意初始向量 $\boldsymbol{x}^{(0)}$ 及任意 $\boldsymbol{f}$，解此方程组的迭代公式

$$\boldsymbol{x}^{(k+1)}=\boldsymbol{C}\boldsymbol{x}^{(k)}+\boldsymbol{f}\quad(k=0,1,2,\cdots)$$

收敛的充要条件是

$$\rho(\boldsymbol{C})<1$$

【证】　设线性方程组(5.23)的精确解为 $\boldsymbol{x}^*$，即

$$\boldsymbol{x}^*=\boldsymbol{C}\boldsymbol{x}^*+\boldsymbol{f}\tag{5.32}$$

于是式(5.24)～式(5.32)得

$$\boldsymbol{x}^{(k+1)}-\boldsymbol{x}^*=\boldsymbol{C}\boldsymbol{x}^{(k)}-\boldsymbol{C}\boldsymbol{x}^*=\boldsymbol{C}(\boldsymbol{x}^{(k)}-\boldsymbol{x}^*)\quad(k=0,1,2,\cdots)\tag{5.33}$$

记 $\varepsilon^{(k)}=\boldsymbol{x}^{(k)}-\boldsymbol{x}^*(k=0,1,2,\cdots)$，则式(5.33)即为

$$\varepsilon^{(k+1)}=\boldsymbol{C}\varepsilon^{(k)}\quad(k=0,1,2,\cdots)$$

于是

$$\varepsilon^{(k+1)}=\boldsymbol{C}\varepsilon^{(k)}=\boldsymbol{C}^2\varepsilon^{(k-1)}=\cdots=\boldsymbol{C}^{k+1}\varepsilon^{(0)}$$

由于

$$\varepsilon^{(0)}=\boldsymbol{x}^{(0)}-\boldsymbol{x}^*\neq 0$$

故

$$\lim_{k\to\infty}\varepsilon^{(k+1)}=0\Leftrightarrow\lim_{k\to\infty}\boldsymbol{C}^{k+1}=0$$

而

$$\lim_{k\to\infty}\boldsymbol{x}^{(k+1)}=\boldsymbol{x}^{*}\Leftrightarrow\lim_{k\to\infty}\varepsilon^{(k+1)}=0$$

由定理 5.9 可得

$$\lim_{k\to\infty}\boldsymbol{C}^{k+1}=0\Leftrightarrow\rho(\boldsymbol{C})<1$$

所以有

$$\lim_{k\to\infty}\boldsymbol{x}^{(k+1)}=x^{*}\Leftrightarrow\rho(\boldsymbol{C})<1$$

定理得证。

定理 5.10 说明,迭代公式(5.24)收敛与否与方程组的右端向量及初始向量的选取无关,只取决于迭代矩阵 $\boldsymbol{C}$ 的谱半径,而 $\boldsymbol{C}$ 又依赖于方程组(5.2)的系数矩阵 $\boldsymbol{A}$。

定理 5.11 如果迭代矩阵 $\boldsymbol{C}$ 的某种算子范数 $\|\boldsymbol{C}\|<1$,则迭代公式

$$\boldsymbol{x}^{(k+1)}=\boldsymbol{C}\boldsymbol{x}^{(k)}+\boldsymbol{f}\quad(k=0,1,2,\cdots)$$

产生的向量序列 $\{\boldsymbol{x}^{(k)}\}$ 收敛于线性方程组

$$\boldsymbol{x}=\boldsymbol{C}\boldsymbol{x}+\boldsymbol{f}$$

的精确解 $\boldsymbol{x}^{*}$,且有误差估计式

$$\|\boldsymbol{x}^{(k)}-\boldsymbol{x}^{*}\|\leqslant\frac{\|\boldsymbol{C}\|}{1-\|\boldsymbol{C}\|}\|\boldsymbol{x}^{(k)}-\boldsymbol{x}^{(k-1)}\|\tag{5.34}$$

$$\|\boldsymbol{x}^{(k)}-\boldsymbol{x}^{*}\|\leqslant\frac{\|\boldsymbol{C}\|^{k}}{1-\|\boldsymbol{C}\|}\|\boldsymbol{x}^{(1)}-\boldsymbol{x}^{(0)}\|\tag{5.35}$$

【证】 据定理 5.8,$\rho(\boldsymbol{C})\leqslant\|\boldsymbol{C}\|$,而已知 $\|\boldsymbol{C}\|<1$,故 $\rho(\boldsymbol{C})<1$,由定理 5.10 可知有

$$\lim_{k\to\infty}\boldsymbol{x}^{(k)}=\boldsymbol{x}^{*}$$

由于

$$\boldsymbol{x}^{(k+1)}=\boldsymbol{C}\boldsymbol{x}^{(k)}+\boldsymbol{f}$$
$$\boldsymbol{x}^{(k)}=\boldsymbol{C}\boldsymbol{x}^{(k-1)}+\boldsymbol{f}$$

所以

$$\begin{gathered}\boldsymbol{x}^{(k+1)}-\boldsymbol{x}^{(k)}=\boldsymbol{C}\boldsymbol{x}^{(k)}-\boldsymbol{C}\boldsymbol{x}^{(k-1)}=\boldsymbol{C}(\boldsymbol{x}^{(k)}-\boldsymbol{x}^{(k-1)})\\\|\boldsymbol{x}^{(k+1)}-\boldsymbol{x}^{(k)}\|=\|\boldsymbol{C}(\boldsymbol{x}^{(k)}-\boldsymbol{x}^{(k-1)})\|\leqslant\|\boldsymbol{C}\|\cdot\|\boldsymbol{x}^{(k)}-\boldsymbol{x}^{(k-1)}\|\end{gathered}\tag{5.36}$$

由式(5.33)有

$$\|\boldsymbol{x}^{(k+1)}-\boldsymbol{x}^{*}\|=\|\boldsymbol{C}(\boldsymbol{x}^{(k)}-\boldsymbol{x}^{*})\|\leqslant\|\boldsymbol{C}\|\cdot\|\boldsymbol{x}^{(k)}-\boldsymbol{x}^{*}\|\tag{5.37}$$

而

$$\boldsymbol{x}^{(k)}-\boldsymbol{x}^{*}=\boldsymbol{x}^{(k)}-\boldsymbol{x}^{(k+1)}+\boldsymbol{x}^{(k+1)}-\boldsymbol{x}^{*}$$

于是

$$\begin{aligned}\|\boldsymbol{x}^{(k)}-\boldsymbol{x}^{*}\|&\leqslant\|\boldsymbol{x}^{(k)}-\boldsymbol{x}^{(k+1)}\|+\|\boldsymbol{x}^{(k+1)}-\boldsymbol{x}^{*}\|\\&=\|\boldsymbol{x}^{(k+1)}-\boldsymbol{x}^{(k)}\|+\|\boldsymbol{x}^{(k+1)}-\boldsymbol{x}^{*}\|\\&\leqslant\|\boldsymbol{C}\|\cdot\|\boldsymbol{x}^{(k)}-\boldsymbol{x}^{(k-1)}\|+\|\boldsymbol{C}\|\cdot\|\boldsymbol{x}^{(k)}-\boldsymbol{x}^{*}\|\end{aligned}$$

移项得

$$(1-\|\boldsymbol{C}\|)\|\boldsymbol{x}^{(k)}-\boldsymbol{x}^{*}\| \leqslant \|\boldsymbol{C}\| \cdot \|\boldsymbol{x}^{(k)}-\boldsymbol{x}^{(k-1)}\|$$

即

$$\|\boldsymbol{x}^{(k)}-\boldsymbol{x}^{*}\| \leqslant \frac{\|\boldsymbol{C}\|}{1-\|\boldsymbol{C}\|}\|\boldsymbol{x}^{(k)}-\boldsymbol{x}^{(k-1)}\|$$

由式(5.36)得

$$\begin{aligned}\|\boldsymbol{x}^{(k)}-\boldsymbol{x}^{(k-1)}\| &\leqslant \|\boldsymbol{C}\| \cdot \|\boldsymbol{x}^{(k-1)}-\boldsymbol{x}^{(k-2)}\| \leqslant \|\boldsymbol{C}\|^{2}\|\boldsymbol{x}^{(k-2)}-\boldsymbol{x}^{(k-3)}\| \leqslant \cdots \\ &\leqslant \|\boldsymbol{C}\|^{k-1}\|\boldsymbol{x}^{(1)}-\boldsymbol{x}^{(0)}\|\end{aligned}$$

将上式代入式(5.34)即得

$$\|\boldsymbol{x}^{(k)}-\boldsymbol{x}^{*}\| \leqslant \frac{\|\boldsymbol{C}\|^{k}}{1-\|\boldsymbol{C}\|}\|\boldsymbol{x}^{(1)}-\boldsymbol{x}^{(0)}\|$$

定理得证。

式(5.34)说明，当$\|\boldsymbol{C}\|<1$且不接近于 1，而相邻两次迭代向量 $\boldsymbol{x}^{(k)}$ 和 $\boldsymbol{x}^{(k-1)}$ 很接近时，$\boldsymbol{x}^{(k)}$ 与精确解 $\boldsymbol{x}^{*}$ 的误差就很小。因此，在实际计算中，若精度要求为 ε，则用$\|\boldsymbol{x}^{(k)}-\boldsymbol{x}^{(k-1)}\| \leqslant \varepsilon$ 作为迭代终止条件是合理的。

反复利用式(5.37)，得到$\|\boldsymbol{x}^{(k)}-\boldsymbol{x}^{*}\| \leqslant \|\boldsymbol{C}\|^{k}\|\boldsymbol{x}^{(0)}-\boldsymbol{x}^{*}\|$，可见 $\boldsymbol{x}^{(0)}$ 越接近 $\boldsymbol{x}^{*}$，迭代向量序列$\{\boldsymbol{x}^{(k)}\}$收敛得越快，即收敛速度与初始向量 $\boldsymbol{x}^{(0)}$ 的选取有关。

【例 5.12】 判断对于线性方程组

$$\begin{cases}x_1+2x_2-2x_3=1\\ x_1+x_2+x_3=1\\ 2x_1+2x_2+x_3=1\end{cases} \tag{5.38}$$

分别用雅可比迭代法和高斯-赛德尔迭代法求解时是否收敛。

【解】 对于方程组(5.38)，

$$\boldsymbol{D}=\begin{bmatrix}1&&\\&1&\\&&1\end{bmatrix},\quad \boldsymbol{L}=\begin{bmatrix}0&&\\-1&0&\\-2&-2&0\end{bmatrix},\quad \boldsymbol{U}=\begin{bmatrix}0&-2&2\\&0&-1\\&&0\end{bmatrix}$$

于是雅可比迭代法的迭代矩阵

$$\boldsymbol{C}_{\mathrm{J}}=\boldsymbol{D}^{-1}(\boldsymbol{L}+\boldsymbol{U})=\begin{bmatrix}1&&\\&1&\\&&1\end{bmatrix}\begin{bmatrix}0&-2&2\\-1&0&-1\\-2&-2&0\end{bmatrix}=\begin{bmatrix}0&-2&2\\-1&0&-1\\-2&-2&0\end{bmatrix}$$

由其特征方程

$$|\lambda\boldsymbol{E}-\boldsymbol{C}_{\mathrm{J}}|=\begin{vmatrix}\lambda&2&-2\\1&\lambda&1\\2&2&\lambda\end{vmatrix}=\lambda^{3}=0$$

求得 $\boldsymbol{C}_{\mathrm{J}}$ 的特征根 $\lambda_1=\lambda_2=\lambda_3=0$，于是 $\rho(\boldsymbol{C}_{\mathrm{J}})=0<1$，故知用雅可比迭代法求解该方程组时收敛。

高斯-赛德尔迭代法的迭代矩阵

$$C_G=(D-L)^{-1}U=\begin{bmatrix}1&&\\1&1&\\2&2&1\end{bmatrix}^{-1}\begin{bmatrix}0&-2&2\\&0&-1\\&&0\end{bmatrix}=\begin{bmatrix}1&&\\-1&1&\\0&-2&1\end{bmatrix}\begin{bmatrix}0&-2&2\\&0&-1\\&&0\end{bmatrix}$$

$$=\begin{bmatrix}0&-2&2\\0&2&-3\\0&0&2\end{bmatrix}$$

由其特征方程

$$|\lambda E-C_G|=\begin{vmatrix}\lambda&2&-2\\0&\lambda-2&3\\0&0&\lambda-2\end{vmatrix}=\lambda(\lambda-2)^2=0$$

求得 C_G 的特征根 $\lambda_1=\lambda_2=2,\lambda_3=0$,于是 $\rho(C_G)=2>1$,故知用高斯-赛德尔迭代法求解该方程组时发散。

一般来讲,高斯-赛德尔迭代法的收敛速度比雅可比迭代法快,但由例 5.12 可见,这两种迭代法的收敛域并不完全重合,只是部分相交。当然,也可举出对于雅可比迭代法发散而高斯-赛德尔迭代法收敛的例子,例如

$$\begin{cases}10x_1+4x_2+5x_3=-1\\4x_1+10x_2+7x_3=0\\5x_1+7x_2+10x_3=4\end{cases}$$

对于某些特殊的方程组,从方程组本身就可判定其敛散性,而不必求迭代矩阵的特征值或范数。

定义 5.8 如果 n 阶方阵 A 的元素满足

$$|a_{ii}|>\sum_{\substack{j=1\\j\neq i}}^{n}|a_{ij}|\quad(i=1,2,\cdots,n)$$

则称矩阵 A 为严格对角占优阵。

定理 5.12 若 n 阶方阵 A 为严格对角占优阵,则用雅可比迭代法和高斯-赛德尔迭代法求解线性方程组 $Ax=b$ 时均收敛。

证明从略。

5.5.6 逐次超松弛迭代法

逐次超松弛迭代法(Successive Over Relaxation Method,简称 SOR 方法)是高斯-赛德尔迭代法的一种加速方法,是解大型稀疏矩阵方程组的有效方法之一。

对于 n 阶线性方程组 $Ax=b$,即

$$\begin{bmatrix}a_{11}&a_{12}&\cdots&a_{1n}\\a_{21}&a_{22}&\cdots&a_{2n}\\\vdots&\vdots&&\vdots\\a_{n1}&a_{n2}&\cdots&a_{nn}\end{bmatrix}\begin{bmatrix}x_1\\x_2\\\vdots\\x_n\end{bmatrix}=\begin{bmatrix}b_1\\b_2\\\vdots\\b_n\end{bmatrix}$$

设 $a_{ii}\neq0(i=1,2,\cdots,n)$，且已知第 k 次迭代向量 $\boldsymbol{x}^{(k)}$ 及第 $k+1$ 次迭代向量 $\boldsymbol{x}^{(k+1)}$ 的前 $i-1$ 个分量 $\boldsymbol{x}_j^{(k+1)}(j=1,2,3,\cdots,i-1)$，首先用高斯-赛德尔迭代法定义辅助量

$$\bar{x}_i^{(k+1)}=\left(b_i-\sum_{j=1}^{i-1}a_{ij}x_j^{(k+1)}-\sum_{j=i+1}^{n}a_{ij}x_j^{(k)}\right)/a_{ii}\quad(i=1,2,\cdots,n)\tag{5.39}$$

再把 $x_i^{(k+1)}$ 取为 $x_i^{(k)}$ 与 $\bar{x}_i^{(k+1)}$ 的某个加权平均值

$$x_i^{(k+1)}=(1-\omega)x_i^{(k)}+\omega\,\bar{x}_i^{(k+1)}\quad(i=1,2,\cdots,n)\tag{5.40}$$

将式(5.39)代入式(5.40)即得逐次超松弛迭代公式

$$x_i^{(k+1)}=(1-\omega)x_i^{(k)}+\omega\left(b_i-\sum_{j=1}^{i-1}a_{ij}x_j^{(k+1)}-\sum_{j=i+1}^{n}a_{ij}x_j^{(k)}\right)/a_{ii}\quad(i=1,2,\cdots,n)$$

亦即

$$x_i^{(k+1)}=x_i^{(k)}+\omega\left(b_i-\sum_{j=1}^{i-1}a_{ij}x_j^{(k+1)}-\sum_{j=i}^{n}a_{ij}x_j^{(k)}\right)/a_{ii}\quad(i=1,2,\cdots,n)\tag{5.41}$$

其中，ω 称为松弛因子。

逐次超松弛迭代法的收敛速度与 ω 的取值有关。显然，当 $\omega=1$ 时，它就是高斯-赛德尔迭代法。因此，可选取 ω 的值使逐次超松弛迭代法比高斯-赛德尔迭代法的收敛速度快，从而起到加速作用。当 $\omega<1$ 时，称式(5.41)为低松弛迭代法；当 $\omega>1$ 时，称式(5.41)为超松弛迭代法。

定理 5.13　若解 n 阶线性方程组 $\boldsymbol{Ax}=\boldsymbol{b}(a_{ii}\neq0,i=1,2,\cdots,n)$ 的逐次超松弛迭代法收敛，则 $0<\omega<2$。

证明从略。

定理 5.14　若 $\boldsymbol{A}$ 为对称正定阵，$0<\omega<2$，则解 n 阶线性方程组 $\boldsymbol{Ax}=\boldsymbol{b}(a_{ii}\neq0,i=1,2,\cdots,n)$ 的逐次超松弛迭代法收敛。

证明从略。

推论：若 $\boldsymbol{A}$ 为对称正定阵，则解 n 阶线性方程组 $\boldsymbol{Ax}=\boldsymbol{b}(a_{ii}\neq0,i=1,2,\cdots,n)$ 的高斯-赛德尔迭代法收敛。

使式(5.41)收敛最快的松弛因子 ω 称最佳松弛因子。在实际计算时，最佳松弛因子很难事先确定，一般可用试算法选取近似最优值。

小结

实验与习题 5

5.1　用按列主元的高斯消去法求出下面两个方程组的解。

(1) $$\begin{bmatrix}2&2&3\\4&7&7\\-2&4&5\end{bmatrix}\begin{bmatrix}x_1\\x_2\\x_3\end{bmatrix}=\begin{bmatrix}3\\1\\-7\end{bmatrix}$$

(2) $$\begin{bmatrix}1&2&1&-2\\2&5&3&-2\\-2&-2&3&5\\1&3&2&5\end{bmatrix}\begin{bmatrix}x_1\\x_2\\x_3\\x_4\end{bmatrix}=\begin{bmatrix}-1\\3\\15\\9\end{bmatrix}$$

列主元高斯消去法

计算结果分别为(1) $\begin{cases}x_1=2\\x_2=-2\\x_3=1\end{cases}$ (2) $\begin{cases}x_1=-3\\x_2=1\\x_3=2\\x_4=1\end{cases}$

以下程序段定义一个函数,以文件名 liezy.m 存盘。

```
%列主元高斯消去法
function x=liezy(a,b)                              %a为方程组的系数矩阵,b为右端项
   zg=[a b]; n=length(b); x=zeros(n,1);            %zg为方程组的增广矩阵
for k=1:n-1
     [Y,j]=max(abs(zg(k:n,k)));                    %Y是最大值,j是最大值的序号
     r=j+k-1;                                      %r是最大值所在的行
     t=zg(k,:); zg(k,:)=zg(r,:); zg(r,:)=t;        %将第k行和第r行交换
     for i=k+1:n                                   %这个循环完成消元的过程
        l=zg(i,k)/zg(k,k);
        zg(i,k:n+1)=zg(i,k:n+1)-l* zg(k,k:n+1);
end
end
  b=zg(1:n,n+1);a=zg(1:n,1:n); x(n)=b(n)/a(n,n);
  for k=n-1:-1:1                                   %这个循环为回代过程
        x(k)=(b(k)-a(k,k+1:n)*x(k+1:n))/a(k,k);
end
end
```

在命令窗口调用函数:

```
>>a=[2 2 3;4 7 7;-2 4 5];
>>b=[3;1;-7];
>>x=liezy(a,b)
x=
    2.0000
   -2.0000
    1.0000
```

【说明】 关于 max 函数的说明:max 函数返回一组数中的最大值及最大值在这一组数中的位置,通过如下运行结果理解 max 函数。

[m,j]=max(x):结果表示最大值是 m,j 表示最大值在这组数中的序号。

```
>>x=[3 5 9 14 6 8];
>>[m,j]=max(x)
m=
    14
j=
     4
```

结果表示最大值是 14,是这组数中的第 4 个。

```
>>k=3;
>>[m,j]=max(x(k:end))
m=
    14
j=
     2
```

x(k:end)结果为[9 14 6 8],j=2 表示最大值 14 是这组数中的第 2 个。要计算在 x 中排第几个可以用 j+k−1 得到。

```
>>j+k-1
ans=
     4
```

5.2　用 MATLAB 左除运算符解方程组,左除运算 a\b 相当于用 a 的逆阵左乘 b。

```
>>a=[2 2 3;4 7 7;-2 4 5];
>>b=[3;1;-7];
>>x=____(1)____
x=
    2.0000
   -2.0000
    1.0000
```

5.3　用 LU 分解法解线性方程组,系数矩阵由二维数组 a 给出,右端项由 b 数组给出。

```
a=
     0     2     0     1
     2     2     3     2
     4    -3     0     1
     6     1    -6    -5
b=
      0
     -2
     -7
      6
```

LU 分解法

MATLAB 命令 LU 分解法解方程组的命令序列:

```
>>a=[0 2 0 1;2 2 3 2;4 -3 0 1;6 1 -6 -5];
>>b=[0 -2 -7 6]';
>>[l,u]=lu(a);
>>x=u\(l\b)
x=
   -0.5000
    1.0000
```

```
    0.3333
   -2.0000
```

【说明】 MATLAB 提供的 LU 分解的函数与前面讲的不一样，即 l 不是单位下三角阵，MATLAB 的 LU 在分解过程中做了选主元。

雅可比迭代法

5.4 用雅可比迭代法解线性方程组，精度要求为 10^{-5}。

$$\begin{cases}10x_1-2x_2-x_3=3\\-2x_1+10x_2-x_3=15\\-x_1-2x_2+5x_3=10\end{cases}$$

MATLAB 程序：以下函数用 fjab.m 文件名存盘。

```
function X=fjab(A,b,X0)
D=diag(diag(A));
%tril(A)求矩阵的左下三角,tril(A,-1)就不包括主对角线。
L=-tril(A,-1);
U=-triu(A,1);
B=D\(L+U);
F=D\b;
X=B * X0+F;
n=1;m=30;
while norm(X-X0)>=1e-5 && ___(1)___
    X0=X;
    X=___(2)___;
    n=___(3)___;
end
```

在命令窗口输入 a、b 和 x0，调用 fjacobi 函数得到结果

```
>>a=[10 -2 -1;-2 10 -1;-1 -2 5];
>>b=[3;15;10];
>>x0=[0 0 0]';
>>x=fjab___(4)___
x=
    1.0000
    2.0000
    3.0000
```

5.5 用高斯-赛德尔迭代法解线性方程组，精度要求为 10^{-5}。

高斯-赛德尔迭代法

```
%高斯-赛德尔迭代
function X=GS(A,b,X0)
D=diag(diag(A))
L=-tril(A,-1);
U=-triu(A,1);
B=___(1)___;
F=(D-L)\b;
```

```
X=B * X0+F;
n=1;
while norm(X-X0)>=1e-5 && n<=30
    X0=___(2)___;
    X=___(3)___;
    n=n+1;
end
```

在命令窗口输入 a、b、x0 得到结果

```
>>A=[10 -2 -1;-2 10 -1;-1 -2 5];
>>b=[3;15;10];
>>x0=[0 0 0]';
>>gs___(4)___
ans=
   1.0000
   2.0000
   3.0000
```

解线性方程组的直接法以矩阵初等变换为基础,可以求得方程组的精确解;占用的内存空间大,程序实现较为复杂;一般适合求解低阶稠密线性方程组。

解线性方程组的迭代法从给定初始值逐步逼近精确解的过程,求解过程占用存储空间小,程序设计简单;适用于求解大型稀疏矩阵线性方程组;但要考虑算法是否收敛。

5.6 用高斯消去法解线性方程组时,为什么要使用选主元的技术?满足什么条件时可以不必选主元?

5.7 用列主元高斯-若尔当消去法求 $\boldsymbol{A}^{-1}$。

(1) $\boldsymbol{A}=\begin{bmatrix}2 & 1 & 0\\0 & 2 & 1\\3 & 0 & 2\end{bmatrix}$ (2) $\boldsymbol{A}=\begin{bmatrix}2 & 1 & -3 & -1\\3 & 1 & 0 & 7\\-1 & 2 & 4 & -2\\1 & 0 & -1 & 5\end{bmatrix}$

5.8 何谓矩阵的 LU 分解?当矩阵 $\boldsymbol{A}$ 满足什么条件时,可对其进行 LU 分解?

5.9 编制用 LU 分解法求解线性方程组 $\boldsymbol{Ax}=\boldsymbol{b}$ 的通用程序。以下列方程组为例试算。

(1) $\begin{bmatrix}2 & 2 & 3\\4 & 7 & 7\\-2 & 4 & 5\end{bmatrix}\begin{bmatrix}x_1\\x_2\\x_3\end{bmatrix}=\begin{bmatrix}3\\1\\-7\end{bmatrix}$

(2) $\begin{bmatrix}1 & 0.17 & -0.25 & 0.54\\0.47 & 1 & 0.67 & -0.32\\-0.11 & 0.35 & 1 & -0.74\\0.55 & 0.43 & 0.36 & 1\end{bmatrix}\begin{bmatrix}x_1\\x_2\\x_3\\x_4\end{bmatrix}=\begin{bmatrix}0.3\\0.5\\0.7\\0.9\end{bmatrix}$

(3) $\begin{bmatrix} 1 & 0.8324 & 0.7675 & 0.9831 \\ 0.8324 & 0.6930 & 0.6400 & 0.8190 \\ 0.7675 & 0.6400 & 0.5911 & 0.7580 \\ 0.9831 & 0.8190 & 0.7580 & 0.0055 \end{bmatrix}\begin{bmatrix} x_1 \\ x_2 \\ x_3 \\ x_4 \end{bmatrix}=\begin{bmatrix} 0.3832 \\ 0.3184 \\ 0.2944 \\ -0.5884 \end{bmatrix}$

5.10 编制用追赶法解三对角形方程组的通用程序。以下列方程组为例试算。

(1) $\begin{bmatrix} 5 & 1 & \\ 1 & 5 & 1 \\ & 1 & 5 \end{bmatrix}\begin{bmatrix} x_1 \\ x_2 \\ x_3 \end{bmatrix}=\begin{bmatrix} 17 \\ 14 \\ 7 \end{bmatrix}$ (2) $\begin{bmatrix} 2 & -1 & & & \\ -1 & 2 & -1 & & \\ & -1 & 2 & -1 & \\ & & -1 & 2 & -1 \\ & & & -1 & 2 \end{bmatrix}\begin{bmatrix} x_1 \\ x_2 \\ x_3 \\ x_4 \\ x_5 \end{bmatrix}=\begin{bmatrix} 1 \\ 0 \\ 0 \\ 0 \\ 0 \end{bmatrix}$

(3) $\begin{bmatrix} 136.01 & 90.860 & & \\ 90.860 & 98.810 & -67.590 & \\ & -67.590 & 132.01 & 46.260 \\ & & 46.260 & 177.17 \end{bmatrix}\begin{bmatrix} x_1 \\ x_2 \\ x_3 \\ x_4 \end{bmatrix}=\begin{bmatrix} -33.254 \\ 49.709 \\ 28.067 \\ -7.324 \end{bmatrix}$

5.11 已知 $\boldsymbol{x}=(1,-8,-2,6)^{\mathrm{T}}$,求 $\|\boldsymbol{x}\|_1$、$\|\boldsymbol{x}\|_2$、$\|\boldsymbol{x}\|_\infty$。

5.12 已知 $\boldsymbol{A}=\begin{bmatrix} -2 & -1 \\ 2 & 1 \end{bmatrix}$,求 $\|\boldsymbol{A}\|_1$、$\|\boldsymbol{A}\|_2$、$\|\boldsymbol{A}\|_\infty$。

5.13 判断用雅可比迭代法和高斯-赛德尔迭代法解下列线性方程组时是否收敛。

(1) $\begin{bmatrix} 5 & 2 & 1 \\ -1 & 4 & 2 \\ 2 & -3 & 10 \end{bmatrix}\begin{bmatrix} x_1 \\ x_2 \\ x_3 \end{bmatrix}=\begin{bmatrix} -12 \\ 20 \\ 3 \end{bmatrix}$ (2) $\begin{bmatrix} 2 & -1 & 1 \\ 1 & 1 & 1 \\ 1 & 1 & -2 \end{bmatrix}\begin{bmatrix} x_1 \\ x_2 \\ x_3 \end{bmatrix}=\begin{bmatrix} 1 \\ 1 \\ 1 \end{bmatrix}$

第6章

MATLAB 绘图基础

MATLAB 不仅能绘制几乎所有的标准图形，而且其表现形式也是丰富多样的，使得数学计算结果可以直观地实现可视化。MATLAB 语言不仅具有高层绘图能力，而且还具有底层绘图能力——句柄绘图方法。在面向对象的图形设计基础上，使得用户可以用来开发各专业的专用图形。

6.1 二维曲线绘图函数 plot

plot 函数自动打开一个图形窗口 Figure，用直线连接相邻两数据点来绘制图形，根据图形坐标大小自动缩扩坐标轴，将数据标尺及单位标注自动加到两个坐标轴上，也可自定义坐标轴，可把 x 轴和 y 轴用对数坐标表示。如果已经存在一个图形窗口，plot 函数则清除当前图形，绘制新图形。plot 函数可单窗口单曲线绘图、单窗口多曲线绘图、单窗口多曲线分图绘图、多窗口绘图。可任意设定曲线颜色和线型，可给图形加坐标网线和图形加注功能。

二维曲线绘图函数

1. plot 函数的基本形式

```
plot(x,y)
```

其中，x 和 y 分别用存储 x 坐标和 y 坐标数据描点作图。通常，x 和 y 为长度相同的向量。

【例 6.1】 绘制折线(见图 6-1)。

```
>>x=[1 2 3 4];
>>y=[3 1 3 2];
>>plot(x,y)
```

【例 6.2】 绘制曲线(见图 6-2)。

当 x 取的点足够密集时，即可以画出曲线的形式。

```
>>x=-pi:0.1:pi;
>>y=sin(x);
>>plot(x,y)
```

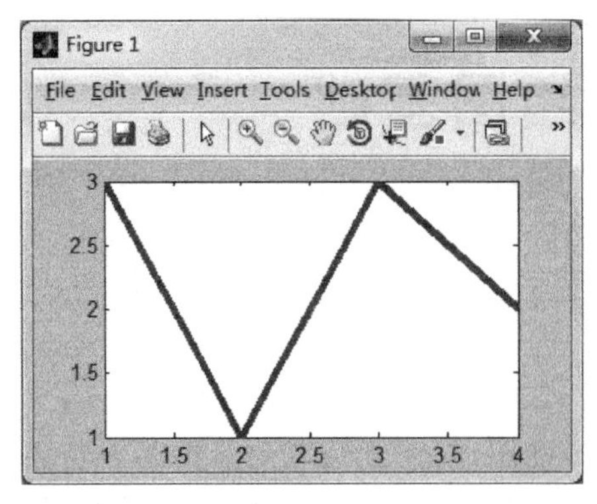

图 6-1 折线

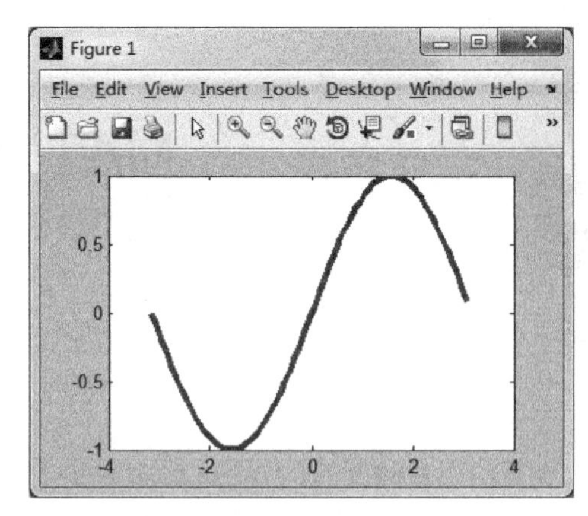

图 6-2 曲线

2. plot 函数的最简单形式

```
plot(x)
```

缺省自变量绘图格式，x 为向量，以 x 元素值为纵坐标，以相应元素下标为横坐标绘图。

【例 6.3】 最简单的 plot 形式。

```
>>x=[3 1 3 2];
>>plot(x)
```

得到的图形和例 6.1 绘制的图形一样。

3. plot 函数的参数为矩阵的形式

```
plot(x,y)
```

当 x 是向量、y 是矩阵时，如果矩阵 y 的列数等于 x 的长度，则以向量 x 为横坐标，以 y 的每个行向量为纵坐标绘制曲线，曲线的条数等于 y 的行数；如果矩阵 y 的行数等于 x 的长度，则以向量 x 为横坐标，以 y 的每个列向量为纵坐标绘制曲线，曲线的条数等于 y 的列数；当 x、y 是同型矩阵时，以 x、y 对应列元素为横、纵坐标分别绘制曲线，曲线条数等于矩阵的列数。

【例 6.4】 参数为矩阵的 plot 函数。

```
>>x=-pi:0.1:pi;
>>y=[sin(x);sin(x+1);sin(x+2)];
>>plot(x,y,'linewidth',2)
```

以上代码的绘图效果如图 6-3 所示。

```
>>x=-pi:0.1:pi;
>>y=[sin(x)' sin(x+1)' sin(x+2)'];
```

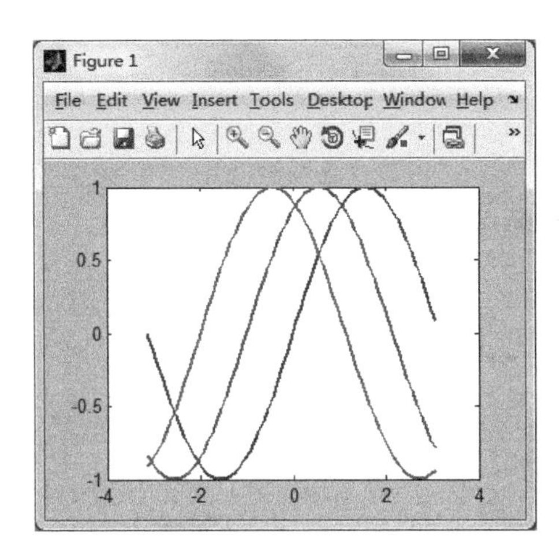

图 6-3 参数为矩阵的 plot 函数效果

```
>>plot(x,y,'linewidth',2)
```

x 和 y 为同型矩阵时,画出的曲线条数和 x 矩阵的列数相等。

```
>>x=-pi:0.1:pi;
>>t=[x;x;x];
>>y=[sin(x); sin(x+1); sin(x+2)];
>>plot(t,y)
```

以上代码的绘图效果如图 6-4 所示。

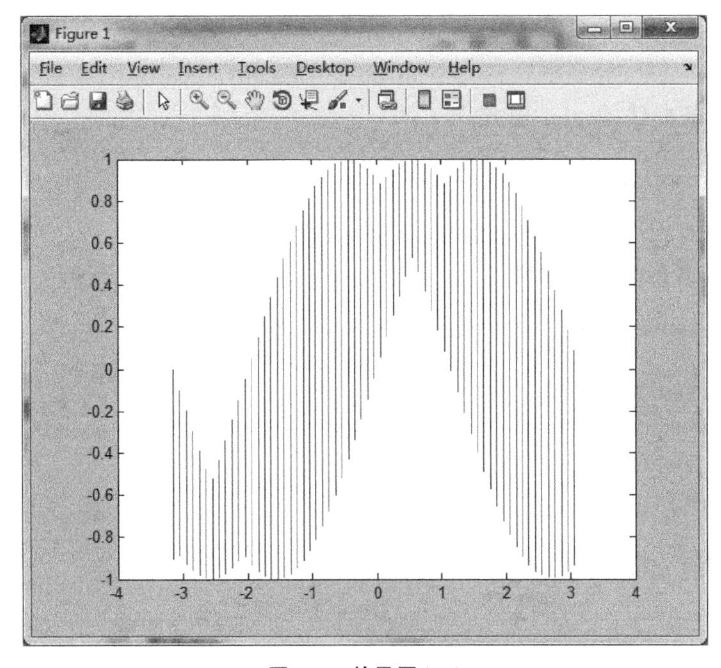

图 6-4 效果图(一)

```
>>x=-pi:0.1:pi;
>>x1=[t,t,t];
>>y=[sin(x)' sin(x+1)' sin(x+2)'];
>>plot(x1,y)
```

以上代码的绘图效果如图 6-5 所示。

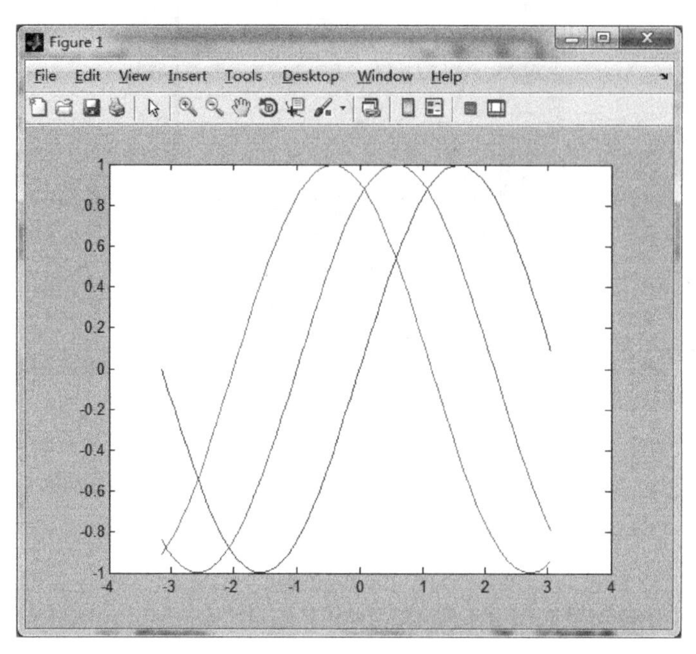

图 6-5　效果图(二)

4. 绘制多条曲线的 plot 形式

```
plot(x1,y1,x2,y2,…,xn,yn)
```

其中,每一向量对构成一组数据点的横、纵坐标,绘制一条曲线。

【例 6.5】 多条曲线绘图格式。

```
>>x=0:pi/100:2*pi;
>>y1=sin(x);
>>y2=sin(x+0.25);
>>y3=sin(x+0.5);
>>plot(x,y1,x,y2,x,y3)
```

以上代码的绘图效果如图 6-6 所示。

5. 含选项的 plot 函数

```
plot(x,y,S)或 plot(x1,y1,'s1',x2,y2,'s2',…)
```

其中,选项 S 用于指定曲线的线型、颜色和数据点标记,字符串 S 设定曲线颜色和绘图方式等。

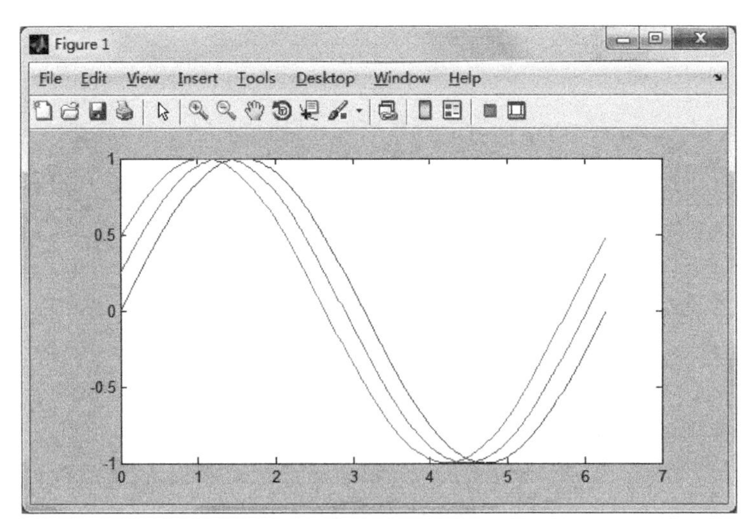

图 6-6 绘制多条曲线

选项 S 的标准设定值如表 6-1 所示。

表 6-1 选项 S 的标准设定值

颜色		数据点标记		线型	
b	蓝色	.	点	—	实线
g	绿色	o	圆圈	:	虚线
r	红色	x	x 标记	—.	点画线
c	亮蓝	+	加号	——	双画线
m	粉红	*	星号		
y	黄色	s	正方形		
k	黑色	d	钻石形		
w	白色	V,Λ,<,>	三角形		
		p	五角星		
		h	六角星		

【例 6.6】 plot 的选项。

```
x=0:pi/100:2*pi;
y1=[2*exp(-0.5*x);-2*exp(-0.5*x)];
y2=2*exp(-0.5*x).*sin(2*pi*x);
x1=0:0.25:6;
y3=2*exp(-0.5*x1).*sin(2*pi*x1);
plot(x,y1,'k:',x,y2,'b--',x1,y3,'rp')
```

此段代码实现用不同线型和颜色绘制曲线 $y=2e^{-0.5x}\sin(2\pi x)$ 及其包络线，效果如图 6-7 所示。

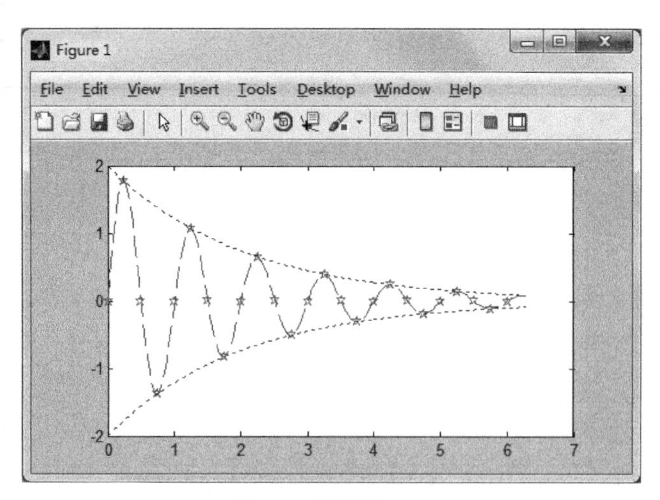

图 6-7 效果图(三)

(x,y)对或 (x,y,S)三元组可以后跟参数/值对来指定曲线的附加属性。例如

```
plot (x,y,'LineWidth',2,'Color',[6 0 0])
```

将绘制一条深红色线条宽度为 2 磅的曲线。其中,LineWidth 设定线的宽度,Color 设定线的颜色。

【例 6.7】 plot 函数的选项。

```
x=-pi:pi/10:pi;
y=tan(sin(x))-sin(tan(x));
plot(x,y,'--rs','LineWidth',2,...
        'MarkerEdgeColor','k',...
        'MarkerFaceColor','g',...
        'MarkerSize',10)
```

以上代码的绘图效果如图 6-8 所示。

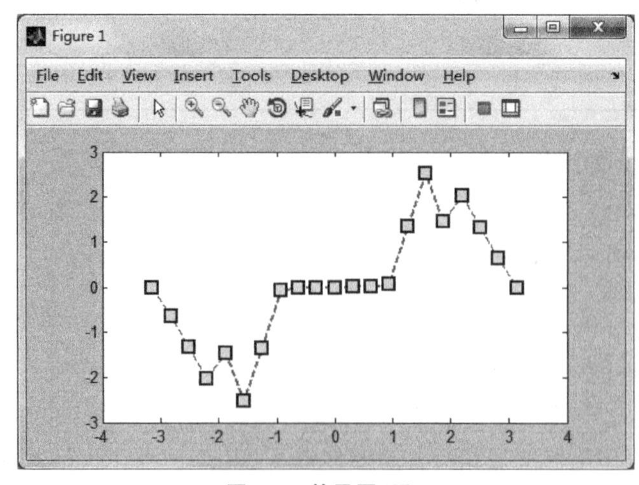

图 6-8 效果图(四)

注意：使用 plot 函数绘图时，先要取得 x、y 坐标，然后再绘制曲线，x 往往采取等间隔采样。在实际应用中，函数随着自变量的变化趋势未知，或者在不同区间函数频率特性差别大，此时使用 plot 函数绘制图形，如果自变量的采样间隔设置不合理，则无法反映函数的变化趋势，以下代码的绘图效果如图 6-9 所示。

```
>>x=0:0.005:0.2;
>>y=sin(1./x);
>>plot(x,y)
```

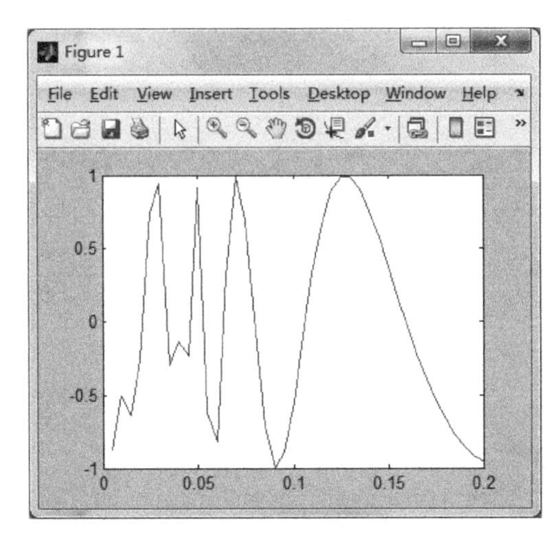

图 6-9　效果图(五)

6.2　函数绘图函数 fplot 和 ezplot

函数绘图

1. 绘制函数曲线图的函数 fplot

```
fplot(f,lims,选项)
```

其中，f 代表一个函数，通常采用函数句柄的形式；lims 为 x 轴的取值范围，用二元向量[xmin,xmax]描述，默认值为[−5,5]；选项定义与 plot 函数相同。

fplot(fun,lims)：绘制函数 fun 在 x 区间 lims=[xmin,xmax]的函数图。

fplot(fun,lims,'corline')：以指定线型绘图。

fplot(fun,lims,tol)：tol 为允许误差。

fplot(fun,lims,n)：以最少 n+1 个点绘图。

fplot(fun,lims,'linespec')：以给定的曲线规格绘图。

[x,y]=fplot(fun,lims)：只返回绘图点的值，而不绘图。

【例 6.8】　使用 fplot 函数绘图。

```
fplot(@humps,[0 1],'rp')
fplot(@(x)[tan(x),sin(x),cos(x)],2*pi*[-1 1 -1 1])
```

```
fplot(@(x) sin(1./x),[0 0.1],1e-5)
f=@(x,n)abs(exp(-1j*x*(0:n-1))*ones(n,1));
fplot(@(x)f(x,10),[0 2*pi])
```

依次得到如图 6-10～图 6-13 所示的 4 个效果图。

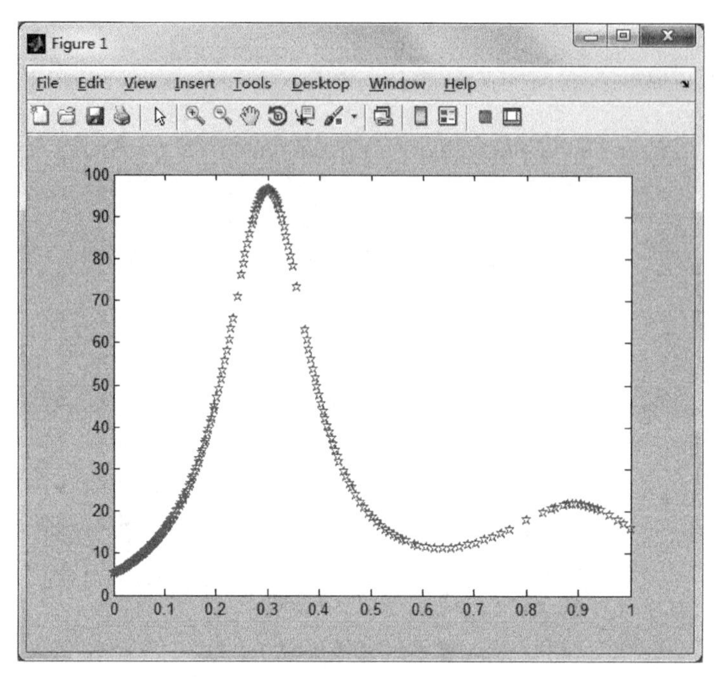

图 6-10　效果图(六)

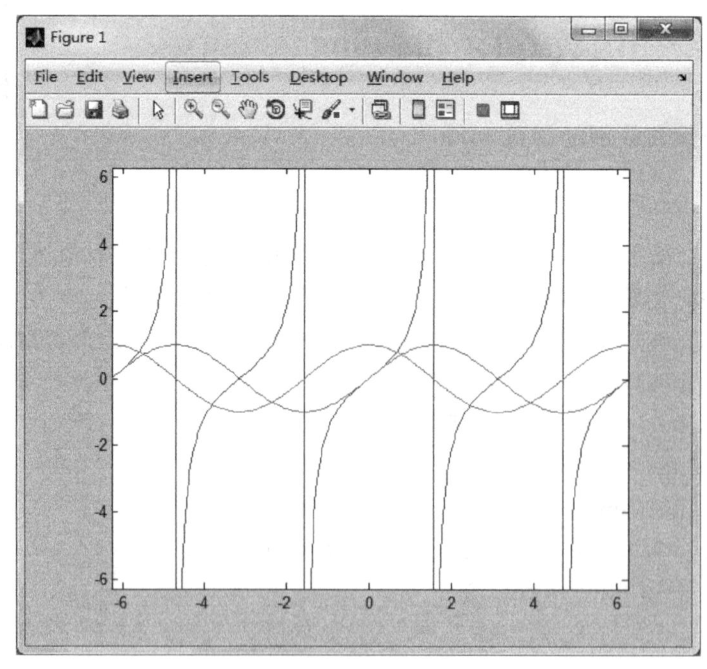

图 6-11　效果图(七)

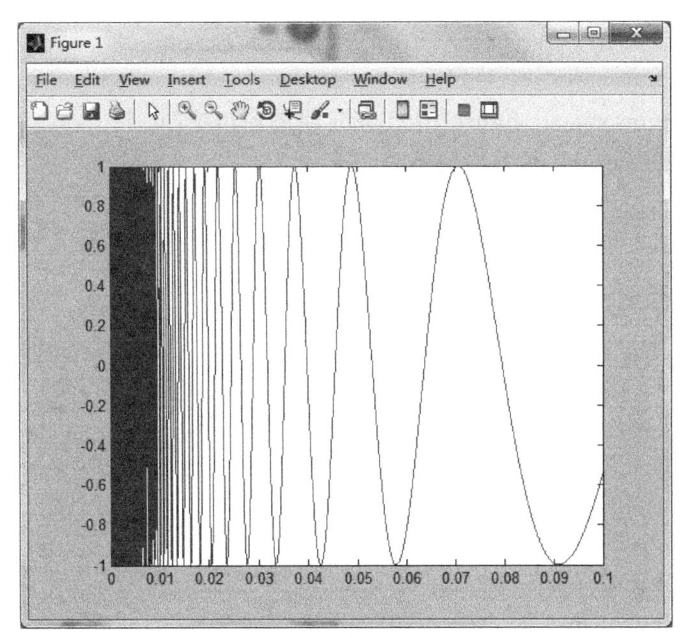

图 6-12　效果图(八)

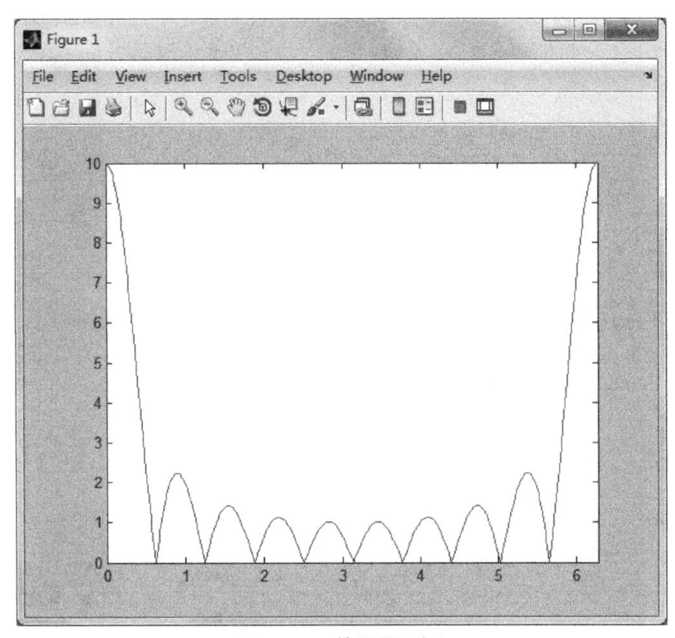

图 6-13　效果图(九)

2. 符号函数的简易绘图函数 ezplot

ezplot 的调用格式：

```
ezplot(f)
```

其中，f 为包含单个符号变量 x 的符号表达式，在 x 轴的默认范围为[－2 * pi,2 * pi]内绘制f(x)的函数图。

ezplot(f,[xmin,xmax])：给定区间。

ezplot(f,[xmin,xmax],figure(n))：指定绘图窗口绘图。

【例 6.9】 采用 ezplot 函数绘制函数。

```
ezplot('sin(x)')
ezplot('sin(x)','cos(y)',[-4*pi 4*pi],figure(2))
```

以上代码的绘制函数效果如图 6-14 和图 6-15 所示。

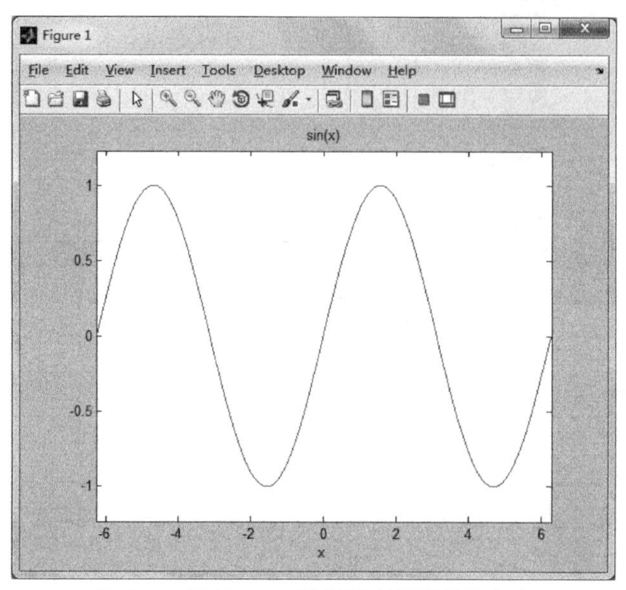

图 6-14 采用 ezplot 函数绘制函数效果(一)

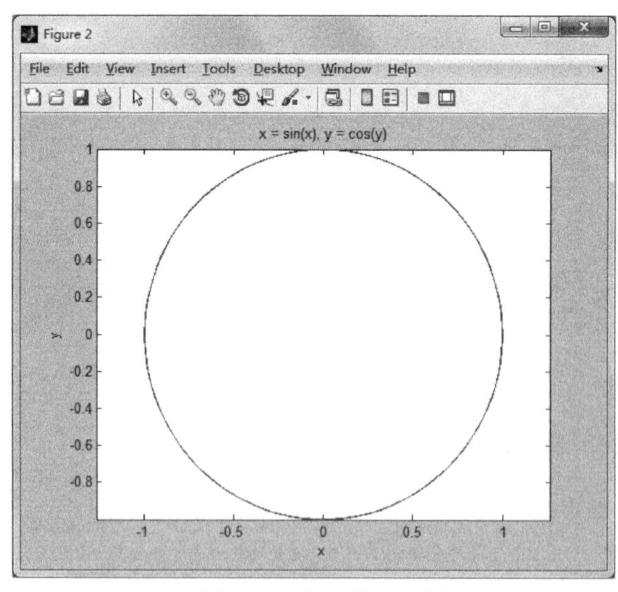

图 6-15 采用 ezplot 函数绘制函数效果(二)

6.3　图形绘制的辅助功能

图形绘制的辅助功能

1. 图形加注功能

图形加注函数将标题、坐标轴标记、网格线及文字注释加注到图形上，如表 6-2 所示。

表 6-2　图形加注函数

函数名	功　　能	函数名	功　　能
title	给图形加标题	gtext	将标注加到图形任意位置
xlabel	给 x 轴加标注	grid on(off)	打开、关闭坐标网格线
ylabel	给 y 轴加标注	legend	添加图例
text	在图形指定位置加标注	axis	控制坐标轴的刻度

【例 6.10】　图形加注。

```
t=0:0.1:3*pi
y1=sin(t);y2=cos(t);
plot(t,y1,t,y2,'linewidth',2);
x=[4.9;4.6];
y=[-0.3;0.8];
s=['sin(t)';'cos(t)'];
text(x,y,s);
title('正弦和余弦曲线');
legend('正弦','余弦')
xlabel('时间 t'),ylabel('正弦和余弦函数')
grid
axis square
```

以上代码绘制的图形加注效果如图 6-16 所示。

axis 的用法还有以下 4 个。

axis([xmin xmax ymin ymax])：用行向量中给出的值设定坐标轴的最大值和最小值。

axis(equal)：将两坐标轴设为相等。

axis on(off)：显示和关闭坐标轴的标记。

axis auto：将坐标轴设置返回自动缺省值。

2. 图形窗口的分割

同一图形窗口中的不同坐标系下的图形称为子图，使用 subplot 函数绘制子图。subplot 调用格式：

```
subplot(m,n,p)
```

其中,m 和 n 指定将图形窗口分成 m×n 个绘图区,p 指定当前活动区,子图窗口按从左至右、从上至下排列。

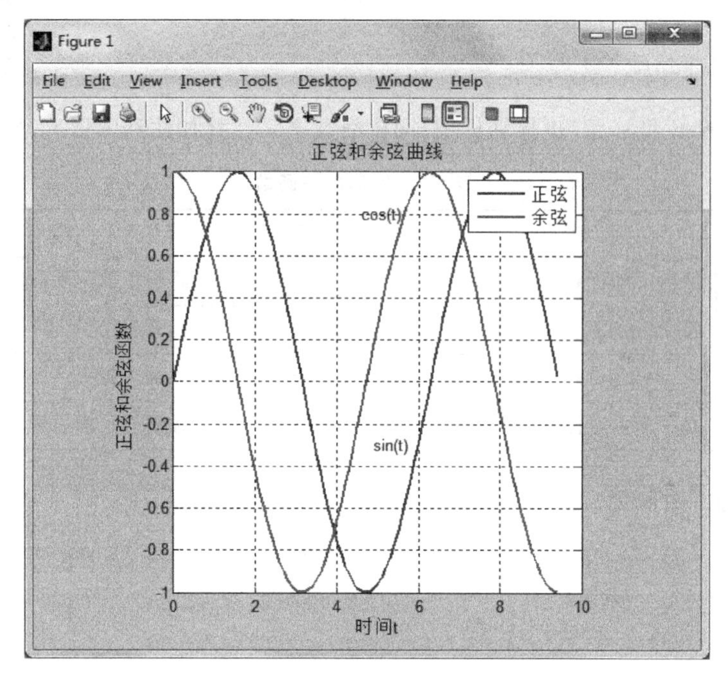

图 6-16 图形加注效果

【例 6.11】 在一个图形窗口绘制 3 个图形。

```
x=-pi:pi/100:pi;
y1=sin(x);
y2=cos(x);
y3=sin(x+0.5);
axis(2*pi*[-1,1,-1,1])
subplot(1,3,1); plot(x,y1);title('sin(x)')
subplot(1,3,2); plot(x,y2);title('cos(x)')
subplot(1,3,3); plot(x,y3);title('sin(x+0.5)')
```

以上代码在一个图形窗口绘制 3 个图形的效果如图 6-17 所示。

【例 6.12】 不均分的子图。

```
x=0:pi/30:2*pi;
subplot(2,2,1) ;plot(x,sin(x));
title('sin(x)');axis ([0,2*pi,-1,1])
subplot(2,1,2) ; plot(x,cos(x));
title('cos(x)');axis ([0,2*pi,-1,1])
subplot(4,4,4) ; plot(x,tan(x));
title('tan(x)');axis ([0,2*pi,-40,40])
subplot(4,4,7) ; plot(x,cot(x));
title('cot(x)');axis ([0,2*pi,-40,40])
```

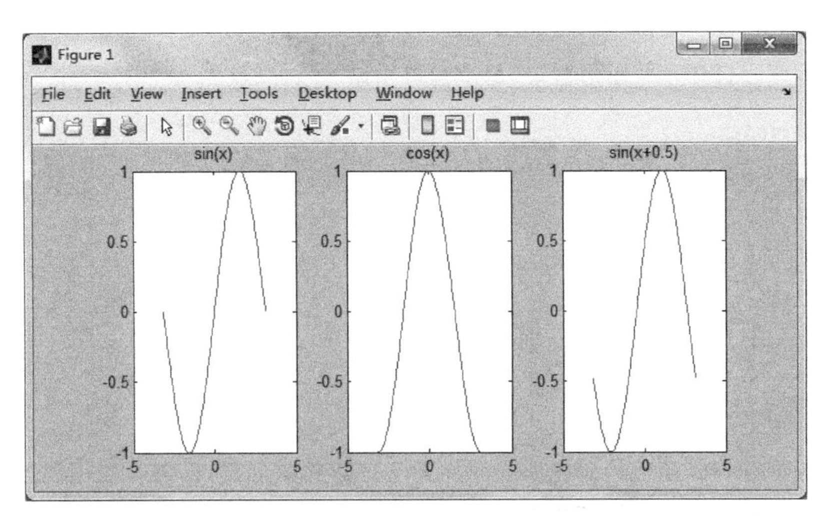

图 6-17　在一个图形窗口绘制 3 个图形的效果

根据绘制的图形(见图 6-18)分析一般形式中的 m、n、p 的关系。

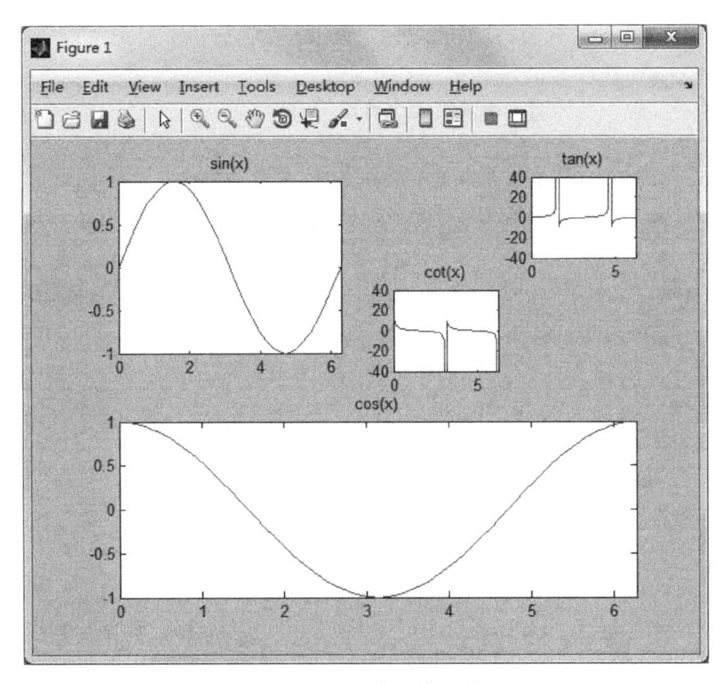

图 6-18　不均分的子图

3. 多窗口绘图

多次调用 plot 函数时,仅保留最后一次绘制的图形。如果需要分别保留 plot 函数前后绘制的图形,可以使用 figure 打开新的图形窗口。

figure(n):创建窗口函数,n 为窗口顺序号。

【例 6.13】 多窗口绘图。

以下程序段打开 3 个图形窗口,每个窗口绘制一条曲线。

```
t=0:pi/100:2*pi;
y=sin(t);y1=sin(t+0.25);y2=sin(t+0.5);
plot(t,y)               %自动出现第 1 个窗口
figure(2)
plot(t,y1)              %在第 2 个窗口绘图
figure(3)
plot(t,y2)              %在第 3 个窗口绘图
```

4. 图形保持

如果需要将 plot 函数绘制的曲线添加到已打开的图形窗口,需要使用图形保持功能 hold on。结束图形保持功能使用 hold off。

【例 6.14】 图形保持。

以下程序段在一个图形窗口绘制 3 条曲线,如图 6-19 所示。

```
t=0:pi/100:2*pi;
y=sin(t);y1=sin(t+0.25);y2=sin(t+0.5);
plot(t,y)                  %自动出现第 1 个窗口
hold on
plot(t,y1)                 %继续在第 1 个窗口绘图
plot(t,y2)                 %继续在第 1 个窗口绘图
hold off
```

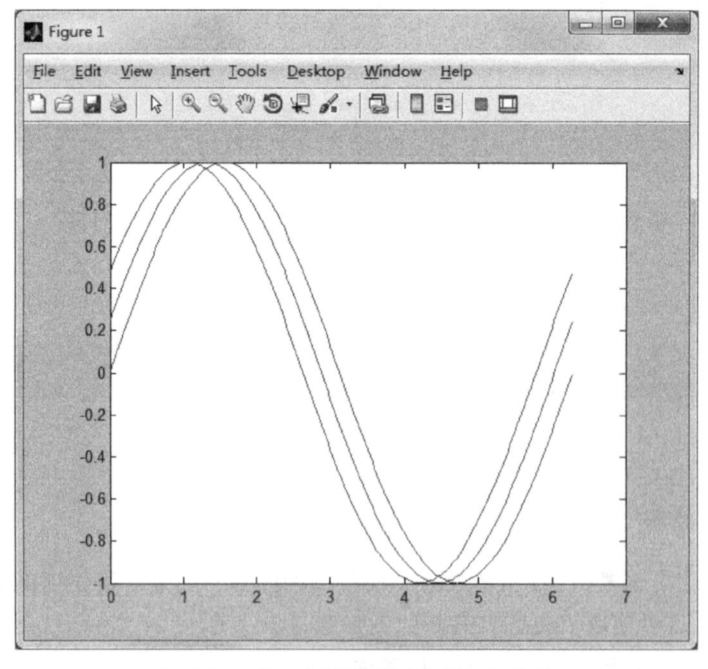

图 6-19 在一个图形窗口绘制 3 条曲线

6.4　其他形式的二维曲线图

其他形式的二维曲线图

MATLAB 提供其他的二维曲线绘图函数，包括坐标类的对数坐标图和极坐标图；统计类的条形图、直方图、饼图和散点图；矢量图类的箭头图、羽毛图和罗盘图等。

1. 对数坐标图

有 3 种函数完成对数坐标图，一般形式如下：

```
semilogx(x1,y1,选项 1,x2,y2,选项 2,…)
semilogy(x1,y1,选项 1,x2,y2,选项 2,…)
loglog(x1,y1,选项 1,x2,y2,选项 2,…)
```

其中，semilogx 函数 x 轴为常用对数刻度，y 轴为线性刻度；semilogy 函数 x 轴为线性刻度，y 轴为常用对数刻度；loglog 函数 x 轴和 y 轴均采用常用对数刻度。

【例 6.15】　对数坐标图。

```
x=0:0.1:5;
y=2.^x;
subplot(2,2,1)
plot(x,y)
title('plot(x,y)');grid on
subplot(2,2,2)
semilogx(x,y)
title('semilogx(x,y)');grid on
subplot(2,2,3)
semilogy(x,y)
title('semilogy(x,y)');grid on
subplot(2,2,4)
loglog(x,y)
title('loglog(x,y)');grid on
```

以上代码绘制的对数坐标图如图 6-20 所示。

2. 极坐标图

```
polar(theta,rho,选项 S)
```

其中，theta 为极角，rho 为极径，选项 S 的内容与 plot 函数相同。

【例 6.16】　极坐标图。

```
t=0:2*pi/90:2*pi;
y=cos(4*t);
polar(t,y)
```

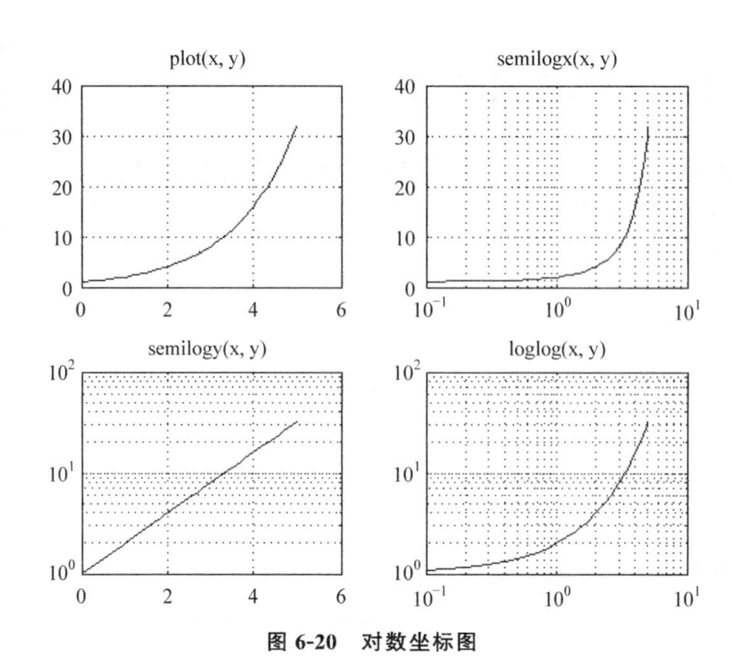

图 6-20 对数坐标图

```
title('y=cos(4t),polar(t,y)')
```

以上代码绘制的极坐标图如图 6-21 所示。

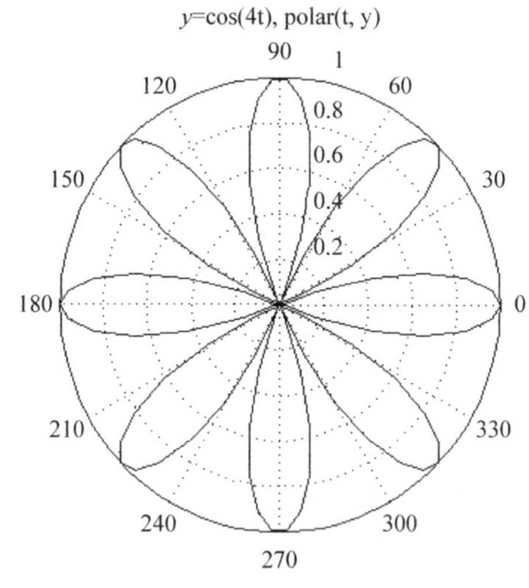

图 6-21 极坐标图

3. 条形图

bar 函数：

```
bar(y,style)
barh(y,style)
```

bar 绘制垂直条形图，barh 绘制水平条形图。其中，参数 y 是数据；选项 style 用于指定分组排列模式，grouped 为簇状分组，stacked 为堆积分组。

```
bar(x,y,style)
```

其中，x 存储横坐标，y 存储数据，y 的行数必须与 x 的长度相同。选项 style 用于指定分组排列模式。

【例 6.17】 简单条形图。

```
y=[1,2,3,4,5; 1,2,3,2,1; 4,4,3,2,3];
subplot(1,2,1)
bar(y)
title('Group')
subplot(1,2,2)
bar(y,'stacked')
title('Stack')
```

以上代码绘制的简单条形图如图 6-22 所示。

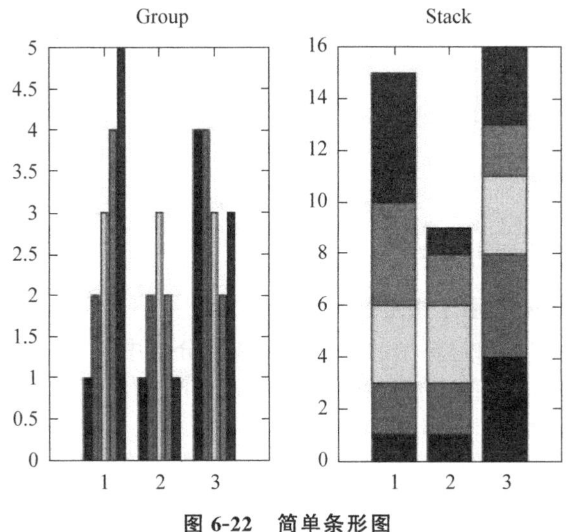

图 6-22　简单条形图

【例 6.18】 班级成绩条形图。

班级成绩统计如表 6-3 所示，对应的班级成绩条形图如图 6-23 所示。

表 6-3　班级成绩统计

班级	科目			
	数学	物理	语文	外语
1 班	67	75	79	88
2 班	78	68	80	90
3 班	90	88	60	70

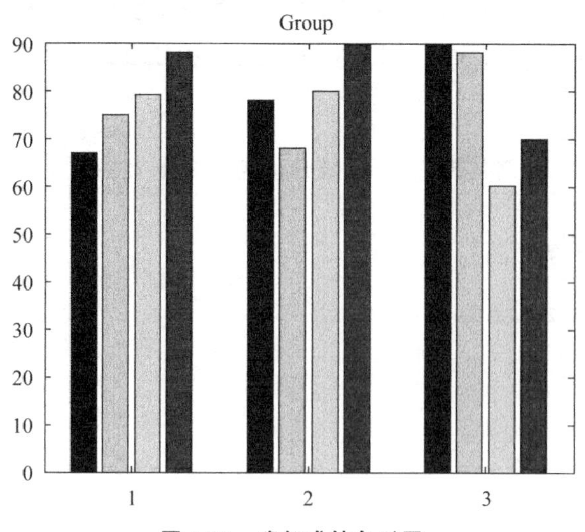

图 6-23 班级成绩条形图

4. 直方图

绘制直方图可以使用 hist 和 rose 两个函数：hist 函数绘制直角坐标系下的统计直方图；rose 函数绘制极坐标系下的统计扇形图。

hist 函数的一般形式为

```
hist(y)
hist(y,x)
```

其中，y 是要统计的数据，x 用于指定区间的划分方式。若 x 是标量，则统计区间均分成 x 个小区间；若 x 是向量，则向量 x 中的每一个数指定分组中心值，元素的个数为数据分组数。x 缺省时，默认按 10 个等分区间进行统计。

【例 6.19】 直方图。

```
y=randn(1000,1);
subplot(2,1,1);
hist(y);
title('正态分布直方图');
subplot(2,1,2);
x=-3:0.1:3;
hist(y,x);
title('指定区间中心点的直方图')
```

以上代码绘制的直方图如图 6-24 所示。

rose 的一般形式：

```
rose(theta[,x])
```

其中，参数 theta 用于确定每一区间与原点的角度，选项 x 用于指定区间的划分方式。

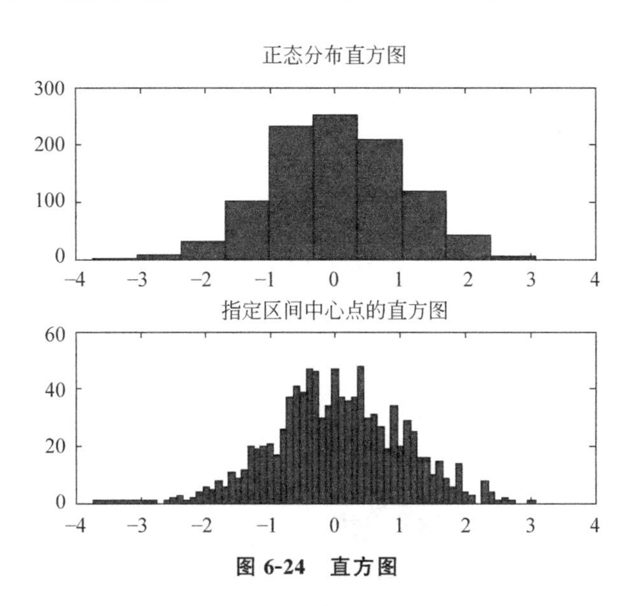

图 6-24　直方图

【例 6.20】 极坐标下的统计扇形图。

```
y=randn(1000,1);
theta=y * pi;
rose(theta)
title('在极坐标下的直方图')
```

以上代码绘制的极坐标下的统计扇形图如图 6-25 所示。

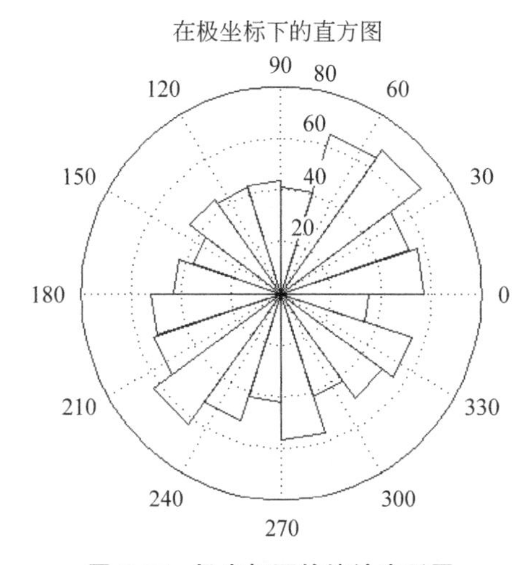

图 6-25　极坐标下的统计扇形图

5. 饼图

```
pie(x,explode)
```

其中,参数 x 存储待统计数据,选项 explode 控制图块的显示模式。

【例 6.21】 班级考试成绩为优秀 9 人,良好 13 人,中等 15 人,及格 8 人,不及格 3 人,作图显示成绩统计情况。

```
>>a=[9 13 15 8 3];
>>e=[0 0 0 0 1];
>>pie(a,e)
>>legend('优秀','良好','中等','及格','不及格')
```

以上代码绘制的饼图如图 6-26 所示。

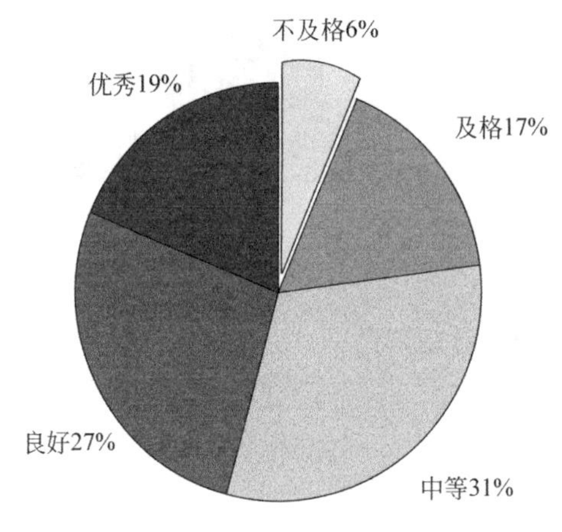

图 6-26 饼图

6. 散点图 scatter

散点图 scatter 的一般形式:

```
scatter(x,y,选项 S,'filled')
```

其中,x、y 用于定位数据点,选项用于指定线型、颜色、数据点标记。如果数据点标记是封闭图形,可以用选项'filled'指定填充数据点标记。该选项省略时,数据点是空心的。

【例 6.22】 使用散点图绘制心形曲线。

```
>>t=0:pi/80:2*pi;
>>x=16*sin(t).^3;
>>y=13*cos(t)-5*cos(2*t)-2*cos(3*t)-cos(4*t);
>>scatter(x,y,'ro','filled')
```

以上代码绘制的心形曲线如图 6-27 所示。

7. 阶梯图

阶梯图 stairs 的一般形式:

```
stairs(x,y)
```

其中,x、y 用于定位数据点。

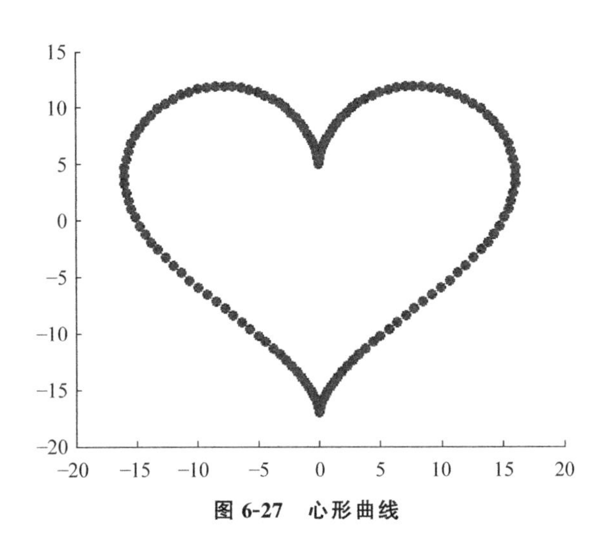

图 6-27　心形曲线

【例 6.23】　绘制阶梯图。

```
>>x=0:pi/20:2*pi;
>>y=sin(x);
>>stairs(x,y)
```

以上代码绘制的阶梯图如图 6-28 所示。

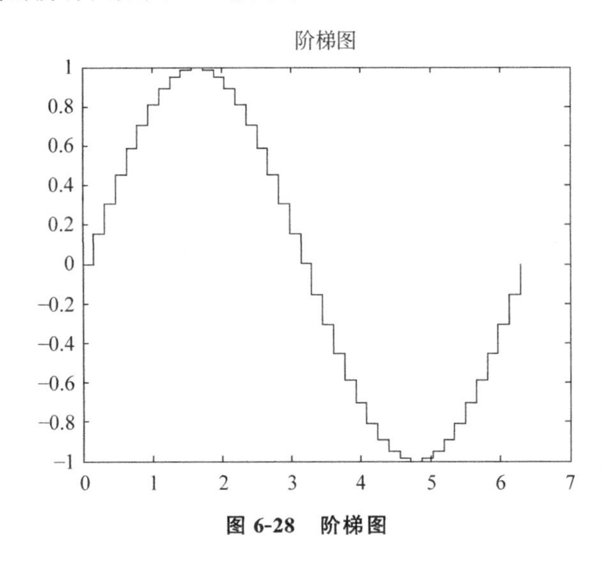

图 6-28　阶梯图

8. 矢量图

MATLAB 实现绘制矢量图形共有 3 个函数，包括罗盘图 compass 函数、羽毛图 feather 函数和箭头图 quiver 函数。这里仅以羽毛图为例说明。

羽毛图 feather 函数的一般形式：

```
feather(x,y)
```

【例 6.24】 绘制羽毛图。

```
>>x=0:pi/20:2*pi;
>>y=sin(x);
>>feather(x,y)
```

以上代码绘制的羽毛图如图 6-29 所示。

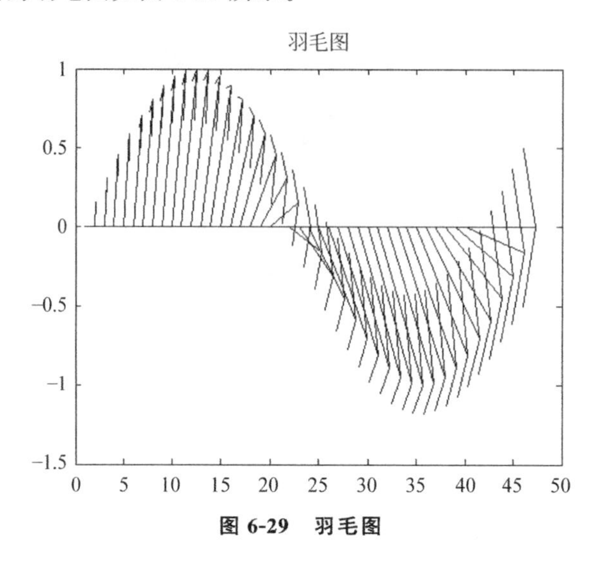

图 6-29 羽毛图

9. 箭头图 quiver

箭头图 quiver 函数的一般形式:

```
quiver(x,y,u,v)
```

其中,x、y 为向量的起点,u、v 为向量的终点,x、y、u、v 矩阵必须是同型的。

【例 6.25】 绘制箭头图。

```
>>[x,y]=meshgrid(-2:.2:2,-1:.15:1);
>>z=x .* exp(-x.^2-y.^2);
>>[px,py]=gradient(z,.2,.15);
>>quiver(x,y,px,py)
```

以上代码绘制的箭头图如图 6-30 所示。

10. 填充函数 fill

fill 函数的一般形式:

```
fill(x,y,c)
```

绘制 x、y 构成的二维多边形并填充 C 指定的颜色。

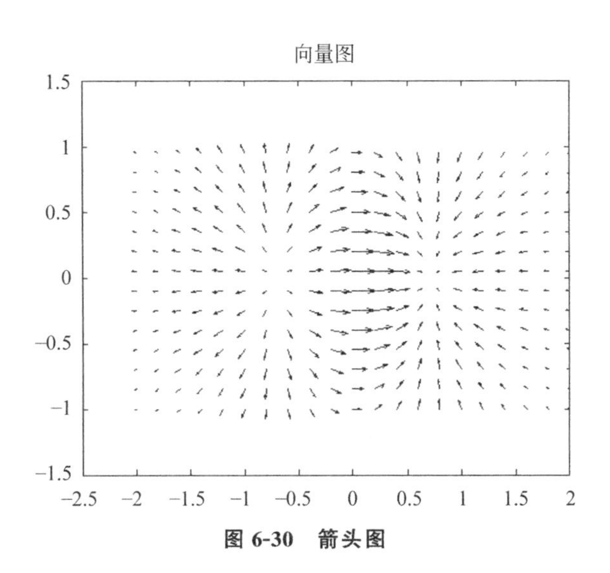

图 6-30　箭头图

【例 6.26】 填充多边形。

```
>>x=[1 2 3 4 5];
>>y=[4 1 5 1 4];
>>fill(x,y,'r')
```

以上代码绘制的填充多边形如图 6-31 所示。

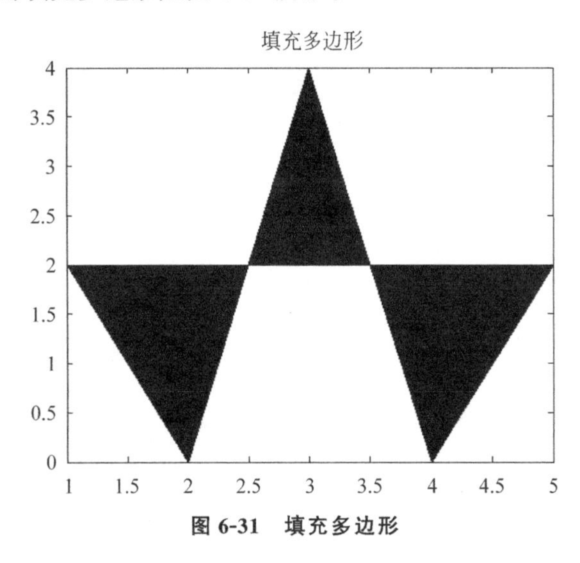

图 6-31　填充多边形

MATLAB 提供了丰富的二维绘图命令，本节简单介绍了其中的几种，其他的函数例如彗星曲线函数 comet、误差棒图形函数 errorbar、区域图 area、凸壳图函数 convhull 等，可以通过 help 命令查看各函数的使用方式。

6.5 三维曲线绘图

三维绘图的主要功能包括绘制三维线图、绘制等高线图、绘制伪彩色图、绘制三维网线图、绘制三维曲面图、柱面图和球面图、绘制三维多面体并填充颜色等。

三维曲线绘图

1. 三维线绘图函数 plot3

三维线绘图函数 plot3 的一般形式如下。

plot3(x,y,z)：x、y、z 是长度相同的向量。

plot3(X,Y,Z)：X、Y、Z 是维数相同的矩阵。

plot3(x,y,z,s)：带开关量。

```
plot3(x1,y1,z1,'s1',x2,y2,z2,'s2',…)
```

二维图形的所有基本特性对三维图形全都适用。定义三维坐标轴大小：

```
axis([xmin xmax ymin ymax zmin zmax ])
```

【例 6.27】 绘制三维线图。

```
t=0:pi/50:10*pi;plot3(t,sin(t),cos(t),'r')
```

以上代码绘制的三维线图如图 6-32 所示。

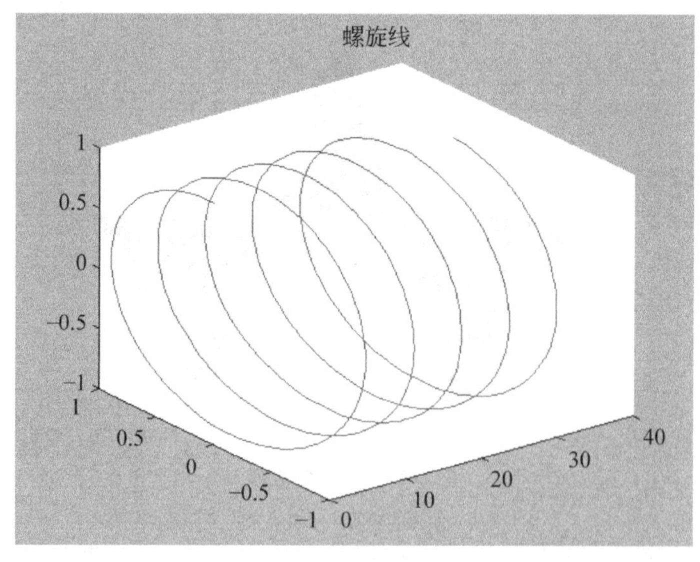

图 6-32 三维线图

2. 三维函数绘图函数 fplot3

```
fplot3(funx,funy,funz,tlims)
```

其中，funx、funy、funz 代表定义曲线 x、y、z 坐标的函数，通常采用函数句柄的形式。tlims 为参数函数自变量的取值范围，用二元向量[tmin，tmax]描述，默认为[－5，5]。

【例 6.28】 三维函数绘图。

```
>>x=@(t) 2*t;
>>y=@(t) sin(t);
>>z=@(t) cos(t);
>>fplot3(x,y,z,[0,20])
```

以上代码绘制的三维函数如图 6-33 所示。

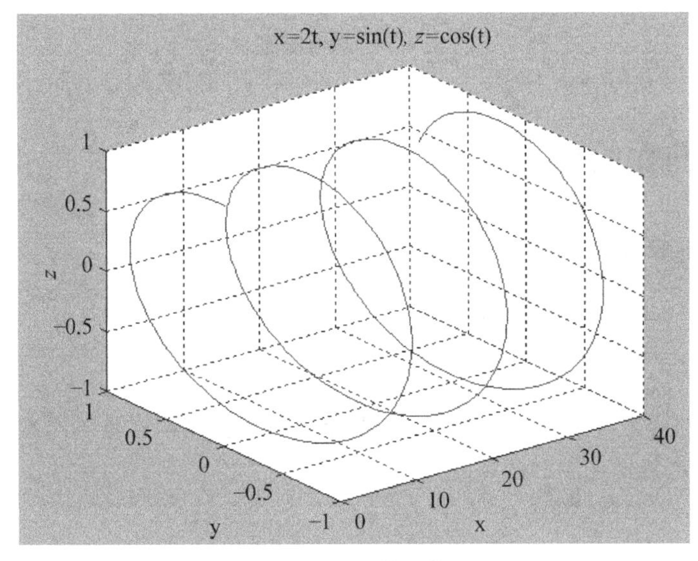

图 6-33　三维函数

3. 符号绘图函数 ezplot3

```
ezplot3(x,y,z,[a,b])
```

其中，x＝x(t)，y＝y(t)，z＝z(t)，a＜t＜b，默认的绘图区间为[0，2π]。

【例 6.29】 符号绘图。

```
ezplot3('exp(-t/10).*sin(5*t)','exp(-t/10).*cos(5*t)','t',[-12,12])
```

以上代码绘制的符号绘图如图 6-34 所示。

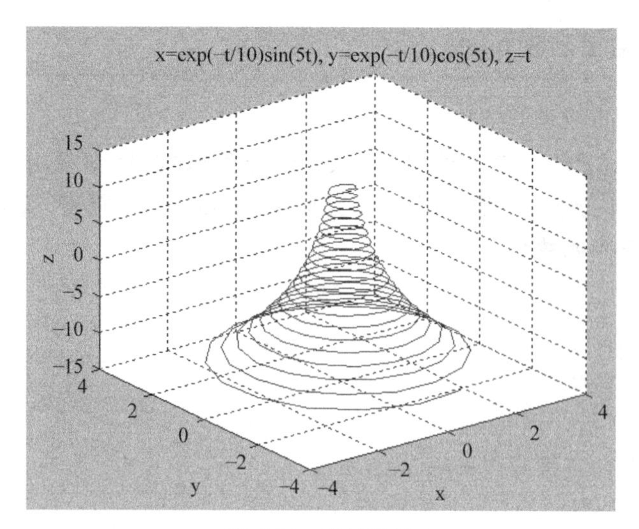

图 6-34 符号绘图

6.6 三维曲面绘图

1. 三维网格图函数 mesh

三维网格图函数 mesh 的一般形式:

```
mesh(x,y,z,c)
```

其中,x、y、z 分别代表 x、y、z 3 个坐标轴的坐标,c 用于控制网格点不同高度下的颜色,缺省时,颜色的设定正比于图形的高度。

【例 6.30】 三维网格图。

```
>>x=0:pi/20:2*pi;
>>y=0:pi/20:2*pi;
>>z=sin(y')*cos(x);
>>mesh(x,y,z)
```

以上代码绘制的三维网格图如图 6-35 所示。

2. 三维曲面图函数 surf

三维曲面图函数 surf 的一般形式:

```
surf(x,y,z)
```

其中,x、y、z 分别代表 x、y、z 3 个坐标轴的坐标。

【例 6.31】 三维曲面绘图。

```
>>x=0:pi/20:2*pi;
```

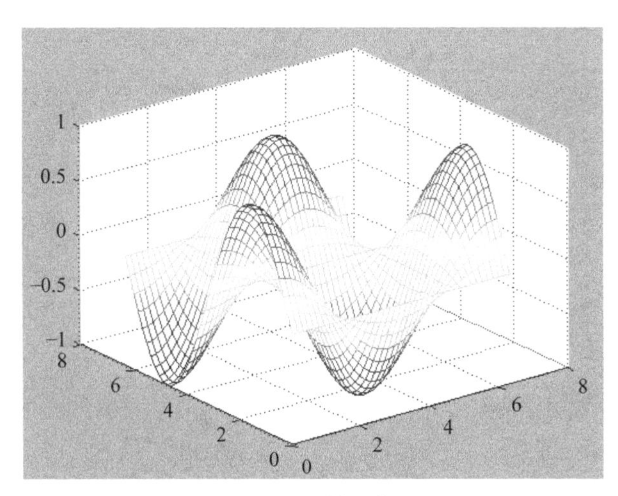

图 6-35　三维网格图

```
>>y=0:pi/20:2*pi;
>>z=sin(y') * cos(x);
>>surf(x,y,z)
```

以上代码绘制的三维曲面图如图 6-36 所示。

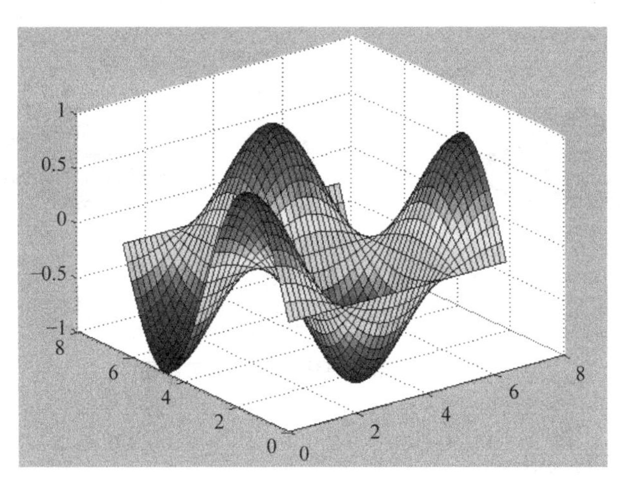

图 6-36　三维曲面图

3. 其他三维曲面函数

其他三维曲面函数包括带等高线的三维网格曲面函数 meshc、带底座的三维网格曲面函数 meshz、具有等高线的曲面函数 surfc、具有光照效果的曲面函数 surfl 等，调用形式和 mesh 函数类似。

【例 6.32】 带等高线和底座的三维图。

```
[x,y,z]=peaks(30);
```

```
subplot(2,2,1);
meshc(x,y,z);title('meshc(x,y,z)')
subplot(2,2,2);
meshz(x,y,z);title('meshz(x,y,z)')
subplot(2,2,3);
surfc(x,y,z);title('surfc(x,y,z)')
subplot(2,2,4);
surfl(x,y,z); title('surfl(x,y,z)')
```

以上代码绘制的带等高线和底座的三维图如图 6-37 所示。

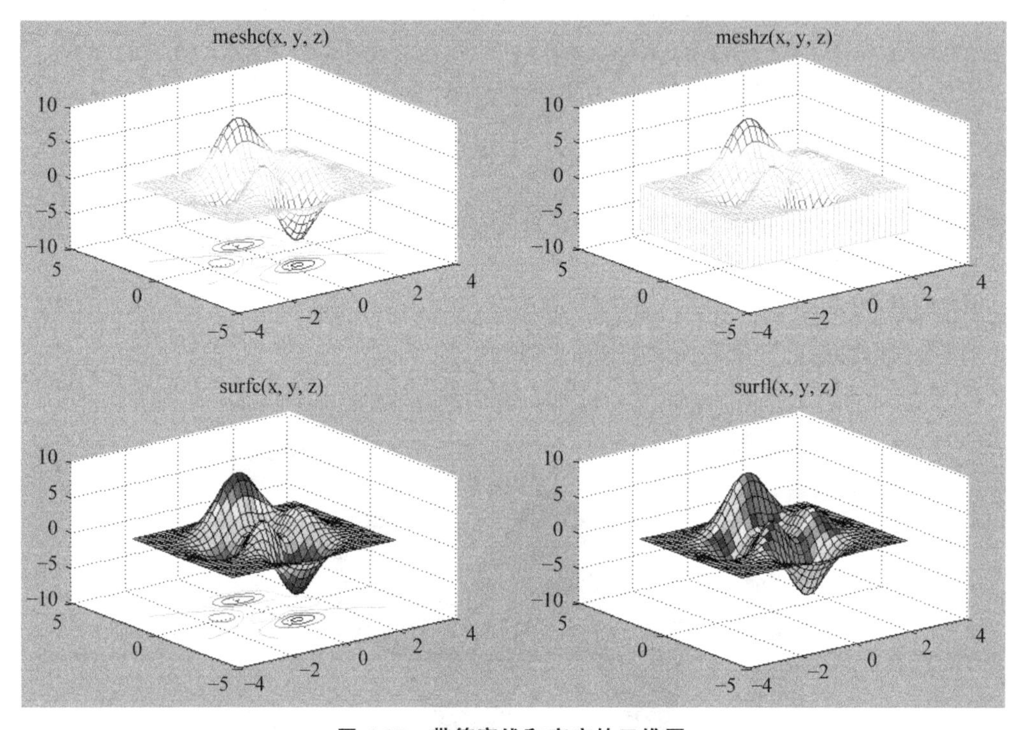

图 6-37 带等高线和底座的三维图

4. 球面绘图函数 sphere

球面绘图函数 sphere 的一般形式:

```
sphere(n)
```

其含义是绘制单位球面,球面上网格线条数为 n。

```
[x,y,z]=sphere(n)
```

x、y、z 放回(n+1)×(n+1)矩阵,同时 mesh(x,y,z)或 surf(x,y,z)绘制单位球面。

【例 6.33】 绘制球面。

```
sphere(50)
```

以上代码绘制的单位球面如图 6-38 所示。

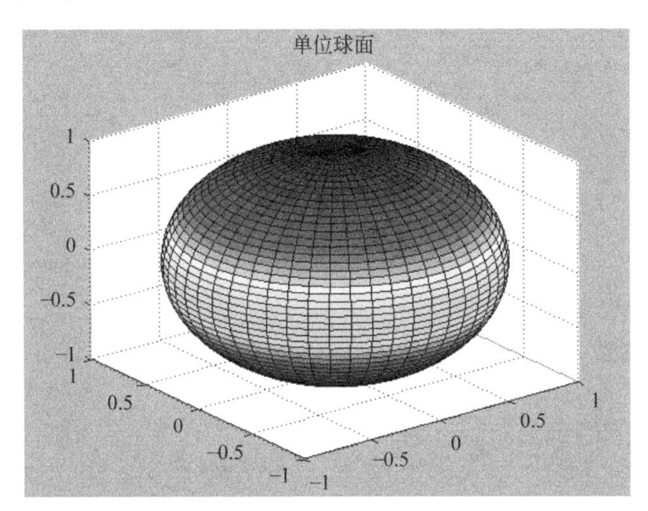

图 6-38　单位球面

【例 6.34】 绘制半径为 3 的球面。

```
>>[x,y,z]=sphere(50);
mesh(3 * x,3 * y,3 * z)
```

以上代码绘制的半径为 3 的球面如图 6-39 所示。

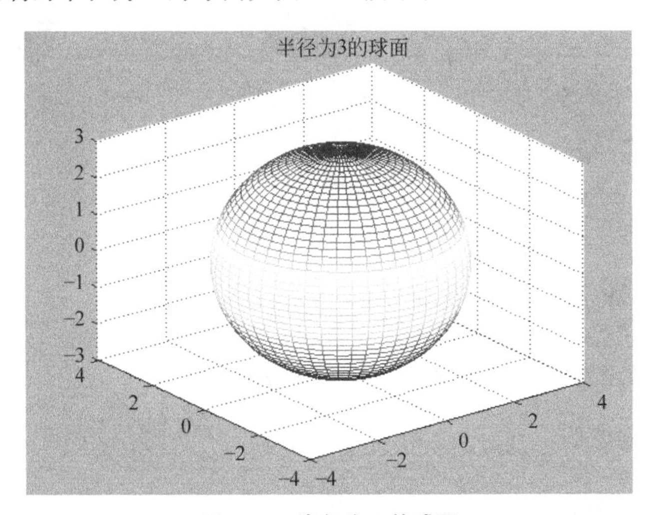

图 6-39　半径为 3 的球面

5. 柱面绘图函数 cylinder

cylinder 函数的一般形式：

```
cylinder(r,n)
[x,y,z]=cylinder(r,n)
```

其中,参数 r 是一个向量,表示柱面的母线,存放柱面各个等间隔高度上的半径,轴线定为 z 轴;n 表示柱面上网格线的条数,在圆柱圆周上有 n 个间隔点,默认有 20 个间隔点。

【例 6.35】 柱面绘图。

```
subplot(1,3,1);
cylinder([0 1 2 3 4],40);
subplot(1,3,2);
t=0:2*pi/40:2*pi;
cylinder(2+sin(t),30)
subplot(1,3,3);
[x,y,z]=cylinder(2+cos(t),30);
surf(x,y,z);
```

以上代码绘制的柱面如图 6-40 所示。

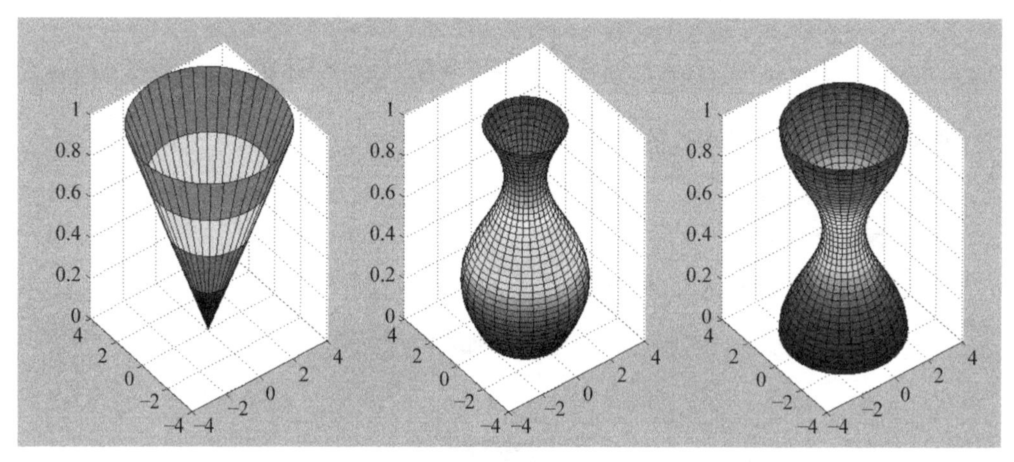

图 6-40 柱面

6.7 图形修饰方法

图形修饰方法

图形修饰包括设置图形颜色、视角及图形的裁剪。

1. 图形颜色的修饰

MATLAB 有极好的颜色表现功能,其颜色数据又构成了一维新的数据集合,也可称为四维图形。修饰图形颜色使用函数 colormap,其调用格式为

```
colormap(map)
colormap('default')
colormap('stylename')
```

其中,map 是 3 列色图矩阵,色图矩阵的每一行是 RGB 三元组,取值区间为[0,1],表示 RGB(红、绿、蓝)3 基色的系数。可以自定义色图矩阵,也可以调用 MATLAB 提供的函

数来定义色图矩阵。default 用于设置默认色图，stylename 表示预定义色图样式的名称，具体取值如表 6-4 所示。

表 6-4　MATLAB 的色图样式

色图名称	说　　明	色图名称	说　　明
hsv	两端为红色的饱和色	copper	铜色色图
gray	线性灰度色图	pink	粉红色图
hot	红、黄、白交错的暖色色图	prism	光谱色图
cool	青色、品红浓淡交错的冷色色图	jet	蓝色为头、红色为尾的饱和色
bone	蓝色调灰色图	flag	红、白、蓝交替色图
autumn	红、橘黄、黄色	spring	青色、黄色
summer	绿色、黄色	winter	蓝色、绿色
colortube	红、绿、蓝三纯色	white	纯白色图

【例 6.36】　图形颜色的控制。

```
c=[0 0 0;0 1 0;1 0 0;0 0 1;0.5 0.2 0.8;1 1 1];
colormap(c);surf(peaks)
title('自定义颜色矩阵')
figure;colormap cool;surf(peaks);
```

以上代码绘制的图形如图 6-41 和图 6-42 所示。

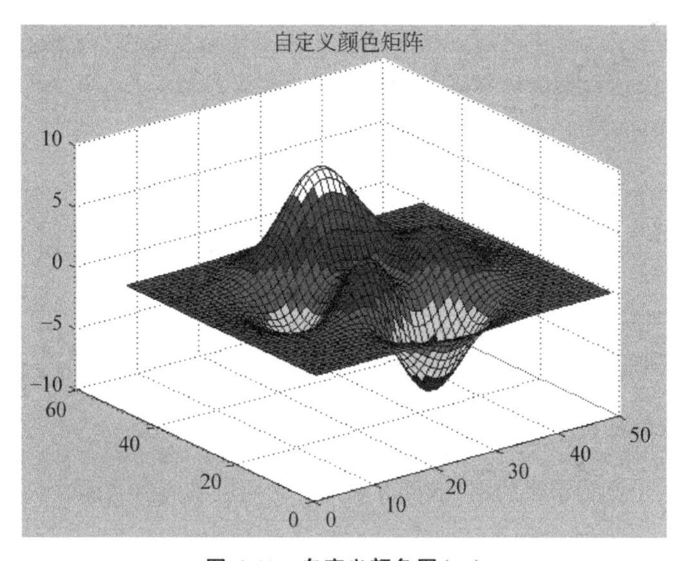

图 6-41　自定义颜色图(一)

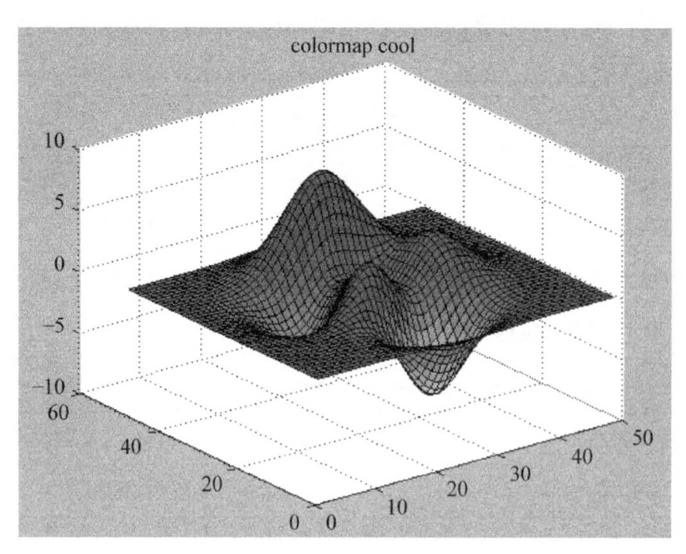

图 6-42 自定义颜色图(二)

2. 图形颜色的渲染

函数 shading 用于图形颜色的渲染,其调用格式为

```
shading
shading flat
shading interp
shading faceted
```

其中,默认方式为 faceted,黑色网格修饰;flat 表示去掉黑色线条,网格线与网格表面颜色相同;interp 表示网格线和网格表面的颜色由插值计算获得。

【例 6.37】 图形的颜色渲染。

```
[x,y,z]=peaks(30);
subplot(1,3,1);surf(x,y,z); shading flat;title('flat')
subplot(1,3,2);surf(x,y,z); shading interp;title('interp')
subplot(1,3,3);surf(x,y,z);title('faceted')
```

以上代码绘制的图形如图 6-43 所示。

3. 图形的视角修饰

函数 view 用于设置图形的视角,可以观察不同角度的三维视图。其调用格式为

```
view(az,el)
view(x,y,z)
view(2)
view(3)
```

其中,az 为方位角,el 为仰角。系统默认的视点定义为方位角为−37.5°,仰角为 30°;x、y 和 z 用于设置笛卡儿坐标系视角,向量[x,y,z]对应的单位方向矢量起作用;2 表示设定图形对象为二维格式,即从 z 轴上方向下看,此时,az=0,el=90;3 是函数 view 的默认值。

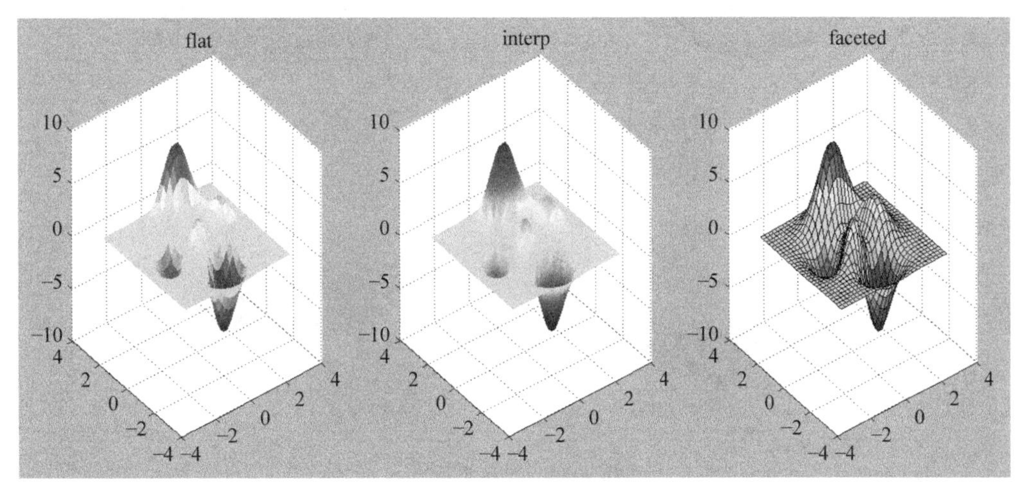

图 6-43　颜色渲染图

【例 6.38】　图形视角。

```
[x,y]=meshgrid(-1:0.1:1,-1:0.1:1);
z=x.^2+y.^2-1;
subplot(2,2,1); surf(x,y,z)
title('方位角=-37.5{\circ},仰角=30{\circ}')
subplot(2,2,2); surf(x,y,z)
view(0,90);title('方位角=0{\circ},仰角=90{\circ}')
subplot(2,2,3); surf(x,y,z)
view(90,0); title('方位角=90{\circ},仰角=0{\circ}')
subplot(2,2,4); surf(x,y,z)
view(-45,-60); title('方位角=-45{\circ},仰角=-60{\circ}')
```

以上代码绘制的图形如图 6-44 所示。

4. 图形的裁剪

图形裁剪的方式是将图形中需要裁剪部分对应的函数值设置成 NaN,这样在绘制图形时,函数值为 NaN 的部分将不显示出来,从而达到对图形进行裁剪的效果。

【例 6.39】　图形的裁剪。

```
[x,y,z]=sphere(50);
p=z>0.5;
z(p)=NaN;
surf(x,y,z)
```

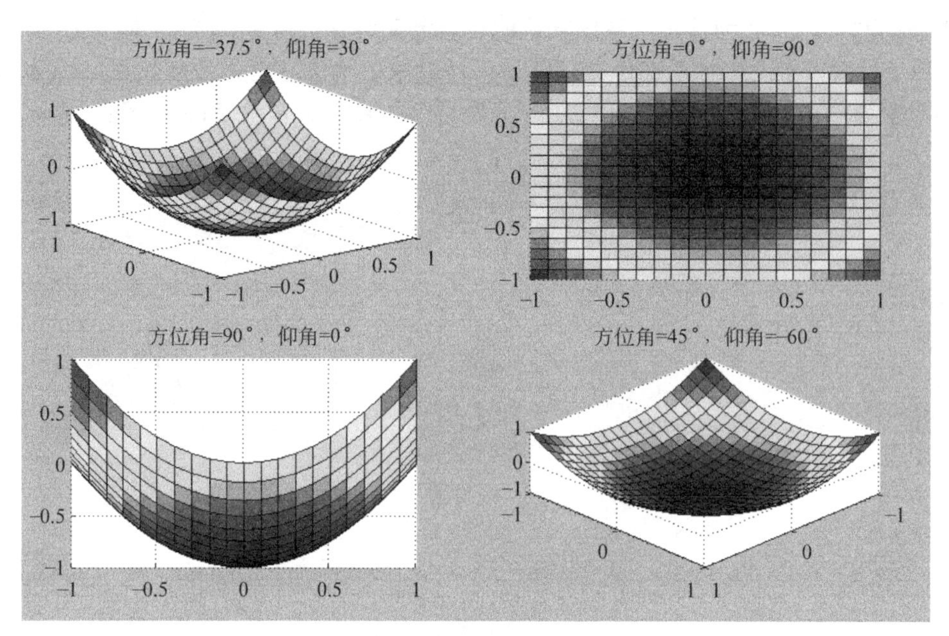

图 6-44　视角修饰图

以上代码绘制的图形如图 6-45 所示。

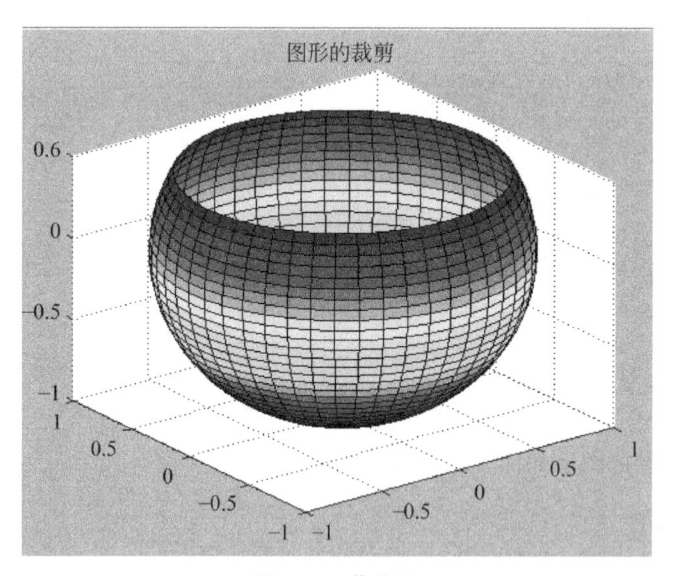

图 6-45　裁剪图

实验与习题 6

6.1　绘制 cos 函数在 $-\pi\sim\pi$ 的图形(见图 6-46)。

6.2　绘制 sin 函数在 $-\pi\sim\pi$ 的图形，在 y=0 处加一直线(见图 6-47)。

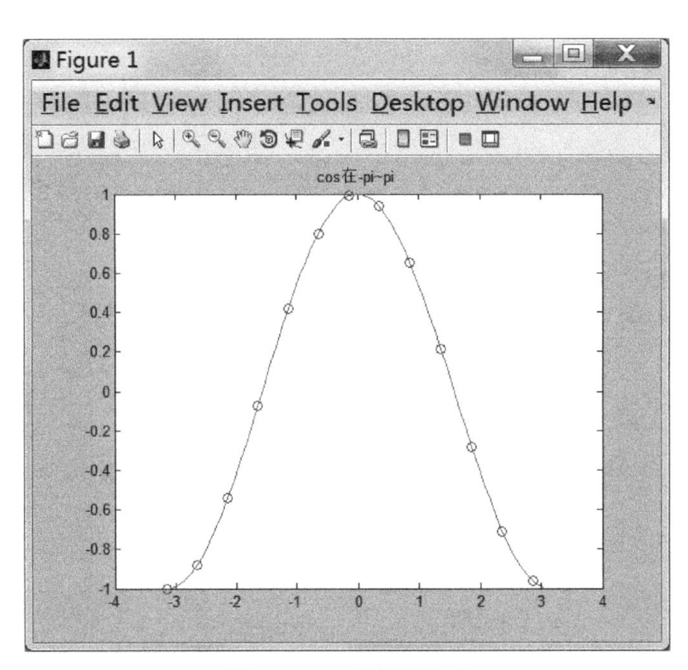

图 6-46 cos 函数图(一)

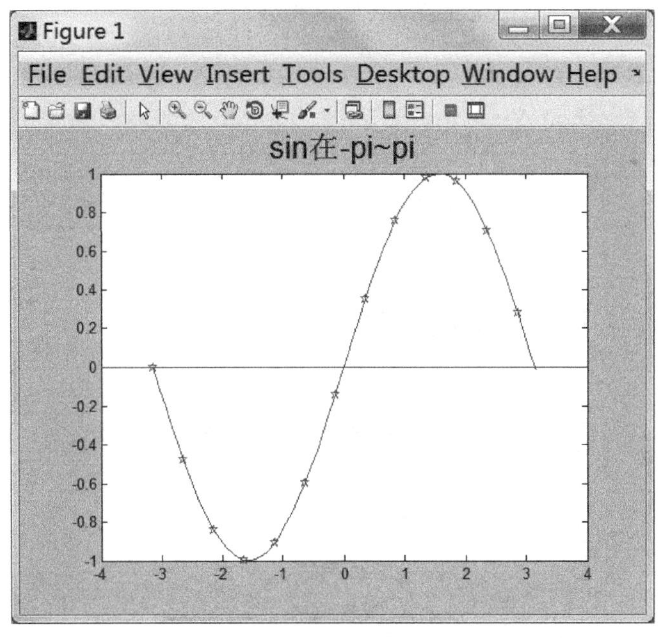

图 6-47 sin 函数图

6.3 绘制 tan、sin、cos 函数在 $-2\pi \sim 2\pi$ 的图形(见图 6-48)。

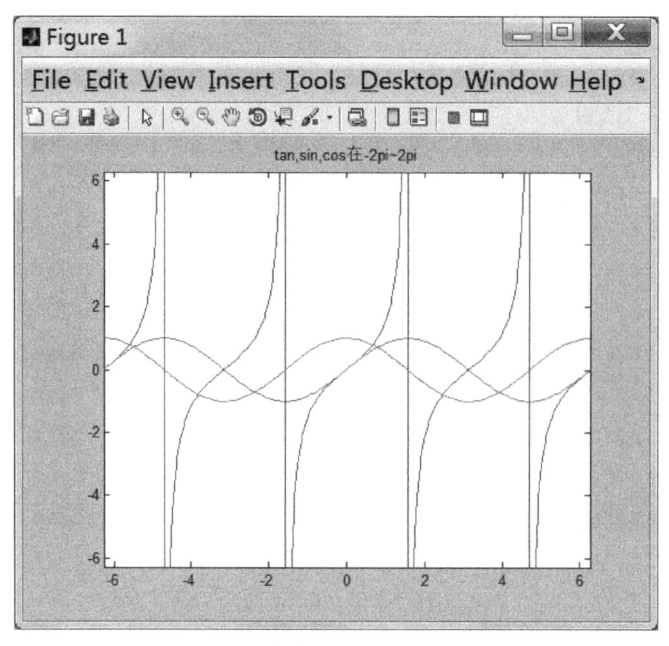

图 6-48 tan、sin、cos 函数图

6.4 绘制 cos 函数在 $0 \sim 2\pi$ 的图形(见图 6-49)。

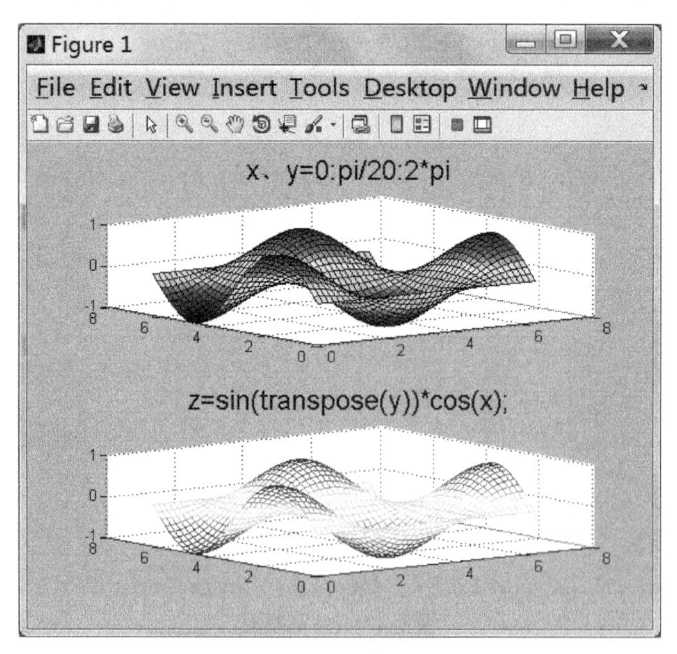

图 6-49 cos 函数图(二)

6.5 绘制球体裁掉 x<0.5 部分的图形(见图 6-50)。

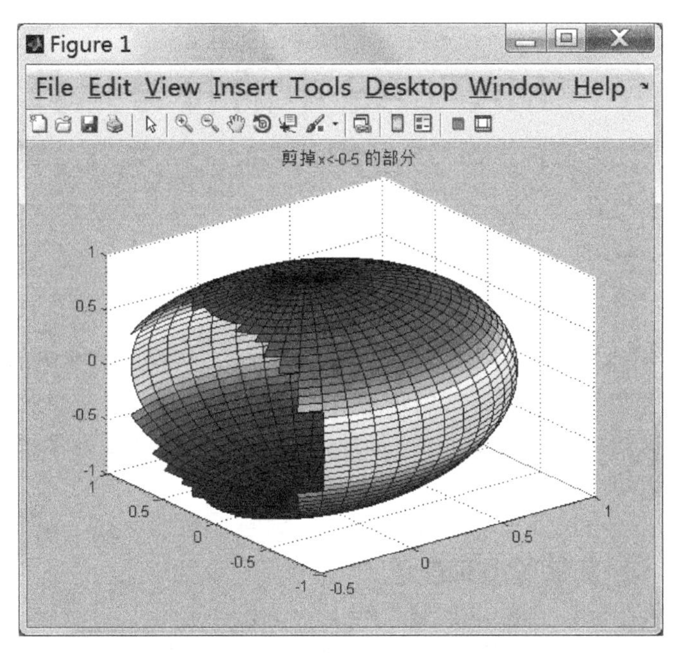

图 6-50 球体裁掉 x<0.5 部分的图形

6.6 绘制椎体图形(见图 6-51)。

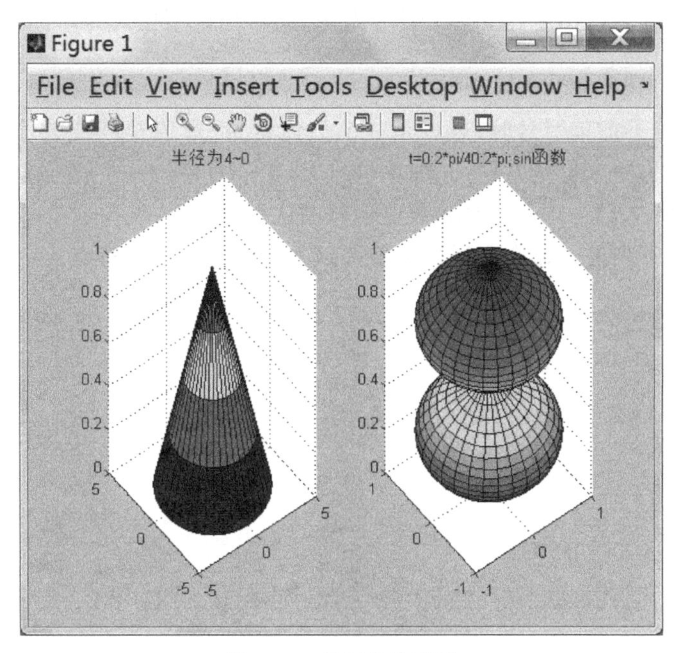

图 6-51 绘制椎体图形

第7章

MATLAB中的符号运算

MATLAB不仅具有强大的数值计算能力，同样具有出色的符号运算能力。符号运算包括符号表达式的创建、符号矩阵的运算、符号表达式的化简和替换、符号微积分、符号代数方程、符号微分方程和符号函数绘图等。

符号运算

7.1 符号对象的建立

可以使用两个函数sym和syms定义符号对象。

1. sym函数

sym函数用于建立单个符号对象，其常用调用格式为

```
符号对象名=sym(A)
```

其中，A不加单引号时，可以是一个数值常量、数值矩阵或数值表达式，此时符号对象为一个符号常量；A加单引号时，符号对象为一个符号变量。

【例7.1】 符号运算和数值运算的区别。

从下列输入命令和运行结果可以分析符号运算的特点。

```
>>x=sym(2) %定义x是一个符号常量
x=
2
>>x/4
ans=
1/2
>>y=2
y=
    2
>>y/4
ans=
    0.5000
```

从此例可以看出符号计算的结果是一个精确的数学表达式。数值计算的结果是一个数值。

【例7.2】 符号表达式。

```
>>x=sym('a')
x=
a
>>y=sym('b')
y=
b
>>z=(x+y)*(x-y)
z=
(a+b)*(a-b)
```

2. syms命令

syms命令可以一次定义多个符号变量,其调用格式为

```
syms 符号变量名1 符号变量名2 ……符号变量名n
```

其中,变量名不能加单引号,相互之间用空格隔开。

【例7.3】 定义多个符号变量。

```
>>syms a b
>>c=a^2+b^2
c=
a^2+b^2
```

7.2 符号对象的基本运算

符号运算符与数值运算基本相同,包括算术运算和关系运算等。

1. 算术运算

符号表达式的算术运算与数值运算一样,用+、-、*、/、^运算符实现,其运算结果依然是一个符号表达式。

【例7.4】 四则运算。

```
>>syms x
>>f=2*x;
>>g=3*x^2+4*x;
>>y=f+g
y=
3*x^2+6*x
```

2. 关系运算

关系运算中常用eq和ne函数判断符号表达式相等和不等。

若参与运算的是符号表达式,其结果是一个符号关系表达式;若参与运算的是符号矩阵,其结果是由符号关系表达式组成的矩阵。

【例 7.5】 关系运算。

```
>>x=sym(2)
x=
2
>>y=eq(x,2)
y=
    1
>>z=ne(x,2)
z=
    0
```

7.3 符号表达式的函数运算

1. 符号表达式化简函数 simplify(s)

【例 7.6】 化简函数 simplify。

```
>>syms x
>>y=2 * cos(x) * sin(x)
y=
2 * cos(x) * sin(x)
>>simplify(y)
ans=
sin(2 * x)
>>syms a b
>>s=(a+b) * (a-b)
s=
(a+b) * (a-b)
>>s=simplify(s)
s=
a^2-b^2
```

2. 展开运算 expand 函数

【例 7.7】 expand 函数。

```
>>syms x
>>y=(x+1) * (x-2) * (x-5)
y=
(x+1) * (x-2) * (x-5)
>>y=expand(y)
y=
```

```
x^3-6*x^2+3*x+10
>>syms a b
>>f=sin(a+b)
f=
sin(a+b)
>>g=expand(f)
g=
cos(a)*sin(b)+cos(b)*sin(a)
```

3. 合并同类项 collect 函数

【例 7.8】 collect 函数。

```
>>syms x
>>y=(x+1)*(x-2)*(x-5)+(2*x-1)*(3+4)
y=
14*x+(x+1)*(x-2)*(x-5)-7
>>y=collect(y)
y=
x^3-6*x^2+17*x+3
```

4. 因式分解 factor 函数

【例 7.9】 因式分解函数 factor。

```
>>syms a b
>>y=a^3-b^3
y=
a^3-b^3
>>y=factor(y)
y=
(a-b)*(a^2+a*b+b^2)
```

5. double 函数和 numden 函数

【例 7.10】 符号表达式转化为双精度类型及求分数的分子和分母。

```
>>x=sym('1/2+1/3')
x=
5/6
>>y=double(x)
y=
    0.8333
>>[m,d]=numden(x)
m=
5
```

```
d=
6
```

6. solve 函数

【例 7.11】 用 solve 函数解方程和方程组。

solve 函数用于解方程,并以符号方式返回解。

```
>>solve('x^2-3*x+2=0')
ans=
1
2
>>solve('a*x^2+b*x+c=0')
ans=
-(b+(b^2-4*a*c)^(1/2))/(2*a)
-(b-(b^2-4*a*c)^(1/2))/(2*a)
a=solve('2*x+2*y+3*z=3','4*x+7*y+7*z=1','-2*x+4*y+5*z=-7')
a=
x: [1x1 sym]
y: [1x1 sym]
z: [1x1 sym]
>>a.y
ans=
-2
>>a.x
ans=
2
>>a.z
ans=
1
```

【说明】 solve 函数解方程组时得到的解是存储在结构体域中的符号表达式,使用 dot(.)运算访问结构体域中的单独变量,例如 a.x。

注意:solve 函数解方程时,所得结果不一定准确,谨慎使用。

7. sym2poly 和 poly2sym 函数

sym2poly 和 poly2sym 函数将符号表达式和多项式向量相互转换。

【例 7.12】 符号表达式和多项式向量相互转换。

```
>>a=[3 1 2 4]
a=
    3    1    2    4
>>poly2sym(a)
ans=
3*x^3+x^2+2*x+4
```

```
>>sym2poly(ans)
ans=
     3     1     2     4
```

8. 符号运算中变量的确定

当符号表达式中有多个符号变量时，如果没有明确指定自变量，MATLAB 将按以下原则确定主变量并对其进行相应运算，寻找除 i、j 之外，在字母顺序上最接近 x 的小写字母。若表达式中有两个符号变量与 x 的距离相等，则 ASCII 码大者优先。

symvar 函数可以用于查找一个符号表达式中的符号变量，函数的调用格式为

```
symvar(s,n)
```

函数返回符号表达式 s 中的 n 个符号变量。因此，可以用 symvar(s,1)查找表达式 s 的主变量。

7.4　符号矩阵

符号矩阵也是一种符号表达式，所以符号表达式运算都可以在矩阵意义下进行。

【例 7.13】　用 syms 创建符号矩阵。

```
>>syms a11 a12 a21 a22
>>A=[a11 a12;a21 a22]
A=
[ a11,a12]
[ a21,a22]
>>hlsz=det(A) %求行列式的值
hlsz=
a11 * a22-a12 * a21
```

【例 7.14】　用 sym 创建符号矩阵。

```
>>a=sym([a^2-b^2 (2 * x-4)/(x-2);sin(x)^2+cos(x)^2 a+b])
a=
[            a^2-b^2,(2 * x-4)/(x-2)]
[ cos(x)^2+sin(x)^2,             a+b]
>>simplify(a)
ans=
[ a^2-b^2,    2]
[        1,a+b]
```

实验与习题 7

以下题目按顺序求解。

7.1　定义符号变量 x、y、z。

7.2 定义符号表达式 f=x^2+2。

7.3 定义符号表达式 g=x^2-2。

7.4 计算 c=f * g。

7.5 展开 c。

7.6 求 c=0 方程的解。

第8章

插值与拟合

在生产实践和科学技术领域中，常常要研究反映自然规律的函数关系，而遇到的函数关系往往没有明显的解析表达式，只给出了根据实验、观测或其他方法确定的函数表，即只给出了在若干离散点 $x_0,x_1,x_2,\cdots,x_n$ 处的函数值 $y_0,y_1,y_2,\cdots,y_n$。这样的数据不便于分析和使用。因此，希望用一个简单函数 $\varphi(x)$为这些离散数据建立连续模型，这样就可以分析函数的性质，也可以求出不在表中的任一点处函数值的近似值。

确定简单函数 $\varphi(x)$的方法有两类：一类是插值法；另一类是拟合法，或称逼近法。

插值与拟合简介

8.1 插值法概述

8.1.1 插值法基本概念

如果要求函数 $\varphi(x)$满足条件 $\varphi(x_i)=y_i(i=0,1,2,\cdots,n)$，则寻求 $\varphi(x)$的问题称为插值问题。简单地说，插值的目的就是根据给定的数据表，寻找一个解析形式的简单函数 $\varphi(x)$，近似地代替 $f(x)$。

设函数 $y=f(x)$在已知点 $x_0,x_1,x_2,\cdots,x_n$(其中 $x_i\neq x_j,i\neq j$ 时)处对应的函数值为 $y_0,y_1,y_2,\cdots,y_n$，若存在一个简单函数 $y=\varphi(x)$使

$$\varphi(x_i)=y_i \quad (i=0,1,2,\cdots,n) \tag{8.1}$$

成立，则称 $y=\varphi(x)$为 $f(x)$的插值函数，$f(x)$称为被插函数，点 $x_i(i=0,1,2,\cdots,n)$称为插值节点，包含插值节点的区间$[\min\limits_i\{x_i\},\max\limits_i\{x_i\}]$称为插值区间，而关系式(8.1)称为插值条件。$\varphi(x)$的选择不同就产生不同类型的插值问题。若 $\varphi(x)$为代数多项式，则称为代数插值；若 $\varphi(x)$为三角多项式，则称为三角插值；若 $\varphi(x)$为有理函数，则称为有理插值。最常用的是代数插值，因为代数多项式有一些很好的特性，如有任意阶的导数，计算多项式的值比较方便等。本章只讨论代数插值。

8.1.2 代数插值多项式的存在唯一性

设函数 $y=f(x)$在 $n+1$ 个互异节点 $x_0,x_1,x_2,\cdots,x_n$ 上的函数值为 $y_0,y_1,$

$y_2, \cdots, y_n$,代数插值问题即为求次数不超过 n 的代数多项式 $P_n(x)$ 使其满足插值条件

$$P_n(x_i) = y_i \quad (i = 0, 1, 2, \cdots, n) \tag{8.2}$$

那么,这样的多项式是否存在呢?若存在是否唯一呢?

代数插值多项式的存在唯一性

设 $P_n(x) = a_0 + a_1 x + a_2 x^2 + \cdots + a_n x^n$,只要确定 $a_0, a_1, a_2, \cdots, a_n$,即可确定 $P_n(x)$。将 $x_0, x_1, x_2, \cdots, x_n$ 代入 $P_n(x)$,因其满足插值条件,故应有

$$\begin{cases} a_0 + a_1 x_0 + a_2 x_0^2 + \cdots + a_n x_0^n = y_0 \\ a_0 + a_1 x_1 + a_2 x_1^2 + \cdots + a_n x_1^n = y_1 \\ \qquad \vdots \\ a_0 + a_1 x_n + a_2 x_n^2 + \cdots + a_n x_n^n = y_n \end{cases} \tag{8.3}$$

这是一个 $n+1$ 阶的方程组,未知数是 $a_0, a_1, a_2, \cdots, a_n$,其系数矩阵所对应的行列式为

$$\begin{vmatrix} 1 & x_0 & x_0^2 & \cdots & x_0^n \\ 1 & x_1 & x_1^2 & \cdots & x_1^n \\ \vdots & \vdots & \vdots & & \vdots \\ 1 & x_n & x_n^2 & \cdots & x_n^n \end{vmatrix}$$

其转置是著名的范德蒙行列式。由于各节点互异,故其值 $\prod_{i=1}^{n}\prod_{j=0}^{i-1}(x_i - x_j) \neq 0$,于是线性方程组(8.3)的解存在且唯一,即满足插值条件(8.2)的次数不超过 n 的代数多项式 $P_n(x)$ 存在且唯一。

对 $n+1$ 个节点做一个次数不超过 n 的多项式是唯一的,但若不限制多项式的次数,取 $\varphi(x) = P_n(x) + \alpha(x)(x - x_0)(x - x_1)\cdots(x - x_n)$,其中 $\alpha(x)$ 为任意多项式,则 $\varphi(x)$ 亦为满足插值条件(8.2)的多项式,而 $\varphi(x)$ 有无穷多个。

8.2 线性插值与二次插值

线性插值与二次插值

从 8.1 节插值多项式唯一性的证明可以看到,要求插值多项式 $P_n(x)$ 可以通过解方程组来得到,但这样做计算量太大。为了求得便于使用的简单的插值多项式 $P_n(x)$,先讨论最简单的情形——线性插值与二次插值。

8.2.1 线性插值

设被插函数为 $f(x)$,在两个节点 x_0 和 x_1 上的函数值为 y_0 和 y_1,要求 $f(x)$ 的次数不超过一次的插值多项式 $P_1(x)$,使其满足插值条件(8.2),即要求 $P_1(x)$ 经过点 (x_0, y_0) 和 (x_1, y_1),那么从几何上看,$P_1(x)$ 就是经过这两点所做的一条直线,这条直线可以用点斜式表示为

$$y = y_0 + \frac{y_1 - y_0}{x_1 - x_0}(x - x_0)$$

也可以化为

$$y=\frac{x-x_1}{x_0-x_1}y_0+\frac{x-x_0}{x_1-x_0}y_1$$

于是得到了两种形式(见式 8.4 和式 8.5)的线性插值函数：

$$P_1(x)=y_0+\frac{y_1-y_0}{x_1-x_0}(x-x_0) \tag{8.4}$$

其中，$\frac{y_1-y_0}{x_1-x_0}=\frac{f(x_1)-f(x_0)}{x_1-x_0}$称为一阶均差或差商，记为 $f[x_0,x_1]$，这种形式为牛顿均差插值多项式的形式。

$$P_1(x)=\frac{x-x_1}{x_0-x_1}y_0+\frac{x-x_0}{x_1-x_0}y_1 \tag{8.5}$$

记 $l_0(x)=\frac{x-x_1}{x_0-x_1}$，$l_1(x)=\frac{x-x_0}{x_1-x_0}$，$l_0(x)$和 $l_1(x)$称为线性插值基函数，它们满足

$$l_0(x)=\begin{cases}1, & x=x_0\\0, & x=x_1\end{cases}$$

$$l_1(x)=\begin{cases}0, & x=x_0\\1, & x=x_1\end{cases}$$

于是 $P_1(x)$可以表示为插值基函数的线性组合

$$P_1(x)=l_0(x)y_0+l_1(x)y_1 \tag{8.6}$$

这种形式就是 Lagrange 插值多项式的形式。

8.2.2 二次插值

设被插函数 $y=f(x)$在 3 个节点 x_0、x_1、x_2 上的函数值为 y_0、y_1、y_2，现在求 $y=f(x)$的不超过二次的插值多项式

$$P_2(x)=a_0+a_1x+a_2x^2$$

使其满足 $P_2(x_0)=y_0$，$P_2(x_1)=y_1$，$P_2(x_2)=y_2$。$P_1(x)$是 $y=f(x)$的满足插值条件 $P_1(x_0)=y_0$，$P_1(x_1)=y_1$ 的线性插值多项式，设 $P_2(x)=P_1(x)+g(x)$，其中 $g(x)$待定。由 $P_2(x_0)=y_0$，$P_2(x_1)=y_1$ 及 $P_1(x_0)=y_0$，$P_1(x_1)=y_1$，可知，$g(x_0)=g(x_1)=0$，而$P_2(x)$又是不超过二次的多项式，故必有 $g(x)=A(x-x_0)(x-x_1)$，其中 A 为常数，可由条件 $P_2(x_2)=y_2$ 确定，由 $y_2=P_1(x_2)+A(x_2-x_1)(x_2-x_0)$得

$$A=\frac{\frac{y_2-y_1}{x_2-x_1}-\frac{y_1-y_0}{x_1-x_0}}{x_2-x_0}=\frac{f[x_1,x_2]-f[x_0,x_1]}{x_2-x_0}$$

记 $f[x_0,x_1,x_2]=\frac{f[x_1,x_2]-f[x_0,x_1]}{x_2-x_0}$，称为二阶均差。于是 $P_2(x)$可以写成牛顿基本插值公式的形式和 Lagrange 插值多项式的形式：

$$P_2(x)=f(x_0)+f[x_0,x_1](x-x_0)+f[x_0,x_1,x_2](x-x_0)(x-x_1)$$

这是牛顿均差插值多项式的形式。

$$P_2(x)=\frac{(x-x_1)(x-x_2)}{(x_0-x_1)(x_0-x_2)}y_0+\frac{(x-x_0)(x-x_2)}{(x_1-x_0)(x_1-x_2)}y_1+\frac{(x-x_0)(x-x_1)}{(x_2-x_0)(x_2-x_1)}y_2$$

这是 Lagrange 插值多项式的形式。

记

$$l_0(x)=\frac{(x-x_1)(x-x_2)}{(x_0-x_1)(x_0-x_2)}$$

$$l_1(x)=\frac{(x-x_0)(x-x_2)}{(x_1-x_0)(x_1-x_2)}$$

$$l_2(x)=\frac{(x-x_0)(x-x_1)}{(x_2-x_0)(x_2-x_1)}$$

于是

$$P_2(x)=l_0(x)y_0+l_1(x)y_1+l_2(x)y_2 \tag{8.7}$$

其中,$l_i(x)$ $(i=0,1,2)$称为二次插值基函数,满足

$$l_i(x_k)=\begin{cases}1, & i=k\\0, & i\neq k\end{cases}\quad(i,k=0,1,2)$$

可以看出,虽然 $P_1(x)$、$P_2(x)$是唯一的,但其表示形式并不唯一,即有 Lagrange 插值多项式和牛顿均差插值多项式这样两种不同的表示形式。

拉格朗日插值多项式

8.3 Lagrange 插值多项式

8.3.1 Lagrange 插值多项式

对一次和二次的插值多项式可以表示成插值基函数的线性组合,如式(8.6)和式(8.7)。这种用插值基函数表示的方法容易推广到一般情形。已知函数 $y=f(x)$在 $n+1$个互异节点 $x_0,x_1,x_2,\cdots,x_n$ 上的函数值为 $y_0,y_1,y_2,\cdots,y_n$,现在求满足插值条件

$$L_n(x_i)=y_i\quad(i=0,1,2,\cdots,n) \tag{8.8}$$

的次数不超过 n 的插值多项式 $L_n(x)$,为此,先定义 n 次插值基函数。

定义 8.1 若 n 次插值多项式 $l_i(x)(i=0,1,2,\cdots,n)$在 $n+1$ 个互异节点 $x_0,x_1,x_2,\cdots,x_n$ 上满足条件

$$l_i(x_k)=\begin{cases}1, & k=i\\0, & k\neq i\end{cases}\quad(i,k=0,1,2,\cdots,n)$$

则称这 $n+1$ 个 n 次多项式 $l_i(x)$ $(i=0,1,2,\cdots,n)$为节点 $x_0,x_1,x_2,\cdots,x_n$ 上的 n 次插值基函数。

由定义可知必有

$$l_i(x)=A_i(x-x_0)(x-x_1)\cdots(x-x_{i-1})(x-x_{i+1})\cdots(x-x_n)\quad(i=0,1,2,\cdots,n)$$

再由条件 $l_i(x_i)=1$ 可得

$$A_i=\frac{1}{(x_i-x_0)(x_i-x_1)\cdots(x_i-x_{i-1})(x_i-x_{i+1})\cdots(x_i-x_n)}$$

于是插值基函数

$$l_i(x)=\frac{(x-x_0)(x-x_1)\cdots(x-x_{i-1})(x-x_{i+1})\cdots(x-x_n)}{(x_i-x_0)(x_i-x_1)\cdots(x_i-x_{i-1})(x_i-x_{i+1})\cdots(x_i-x_n)}\quad(i=0,1,2,\cdots,n)$$

即

$$l_i(x)=\prod_{\substack{j=0\\j\neq i}}^{n}\frac{x-x_j}{x_i-x_j}\quad(i=0,1,2,\cdots,n)$$

由这 $n+1$ 个插值基函数进行简单的线性组合就可以得到 Lagrange 插值多项式

$$L_n(x)=\sum_{i=0}^{n}l_i(x)y_i \tag{8.9}$$

式(8.9)使用了全部节点，所以也叫 Lagrange 全程插值。它的优点是表达式的规律性强，比较好记。引入记号

$$\omega_{n+1}(x)=(x-x_0)(x-x_1)(x-x_2)\cdots(x-x_n)$$

则容易求得

$$\omega'_{n+1}(x_i)=(x_i-x_0)(x_i-x_1)\cdots(x_i-x_{i-1})(x_i-x_{i+1})\cdots(x_i-x_n)$$

于是，Lagrange 插值多项式也可以表示为

$$L_n(x)=\sum_{i=0}^{n}\frac{\omega_{n+1}(x)}{(x-x_i)\omega'_{n+1}(x_i)}y_i$$

【例 8.1】 已知函数 $y=f(x)$ 的观测数据如表 8-1 所示。

表 8-1　观测数据表(一)

k	x_k	y_k
0	1	4
1	2	5
2	3	14
3	4	37

试求其 Lagrange 插值多项式。

【解】 由题知，共有 4 个节点，所以 $n=3$，于是所求 Lagrange 插值多项式

$$\begin{aligned}L_3(x)&=\sum_{i=0}^{3}l_i(x)y_i\\&=\frac{(x-2)(x-3)(x-4)}{(1-2)(1-3)(1-4)}\times4+\frac{(x-1)(x-3)(x-4)}{(2-1)(2-3)(2-4)}\times5+\\&\quad\frac{(x-1)(x-2)(x-4)}{(3-1)(3-2)(3-4)}\times14+\frac{(x-1)(x-2)(x-3)}{(4-1)(4-2)(4-3)}\times37\\&=x^3-2x^2+5\end{aligned}$$

【例 8.2】 已知函数 $y=f(x)$ 的观测数据如表 8-2 所示。

表 8-2　观测数据表(二)

k	x_k	y_k
0	0	1
1	1	3
2	2	5

试求其 Lagrange 插值多项式。

【解】 由题知,共有 3 个节点,所以 $n=2$,于是所求 Lagrange 插值多项式

$$\begin{aligned}L_2(x)&=\frac{(x-x_1)(x-x_2)}{(x_0-x_1)(x_0-x_2)}y_0+\frac{(x-x_0)(x-x_2)}{(x_1-x_0)(x_1-x_2)}y_1+\frac{(x-x_0)(x-x_1)}{(x_2-x_0)(x_2-x_1)}y_2\\&=\frac{(x-1)(x-2)}{(0-1)(0-2)}\times 1+\frac{(x-0)(x-2)}{(1-0)(1-2)}\times 3+\frac{(x-0)(x-1)}{(2-0)(2-1)}\times 5\\&=2x+1\end{aligned}$$

此例说明,$P_n(x)$的次数可能小于 n。

Lagrange 全程插值算法:

Lagrange 全程插值算法

(1) 输入插值节点(x_i,y_i) $(i=0,1,2,\cdots,n)$ 及插值点 t。

(2) 赋初值 $p=0$。

(3) 当 $k=0,1,2,\cdots,n$ 时

做

① $s=1$

② 对 $i=0,1,2,\cdots,n$

当 $i\neq k$ 时,$s\dfrac{t-x_i}{x_k-x_i}\Rightarrow s$

③ $p+y_k s\Rightarrow p$。

(4) 输出 p。

插值多项式的余项

8.3.2 插值多项式的余项

若在$[a,b]$上用 $L_n(x)$ 近似 $f(x)$,则其截断误差为 $R_n(x)=f(x)-L_n(x)$,称为插值多项式的余项。

定理 8.1 设 $f^{(n)}(x)$在$[a,b]$上连续,$f^{(n+1)}(x)$在(a,b)内存在,节点满足 $a\leqslant x_0<x_1<\cdots<x_n\leqslant b$,$L_n(x)$是满足条件(8.8)的插值多项式,则对任意 $x\in[a,b]$,插值余项

$$R_n(x)=\frac{f^{(n+1)}(\xi_x)}{(n+1)!}\omega_{n+1}(x)\tag{8.10}$$

其中,$\xi_x\in(a,b)$,$\omega_{n+1}(x)=(x-x_0)(x-x_1)\cdots(x-x_n)$。

【证】 (1) 当 $x=x_i$ $(i=0,1,2,\cdots,n)$时,由插值条件知 $L_n(x_i)=y_i$,因此 $R_n(x_i)=0$,结论成立。

(2) 任取 $x\in[a,b]$且 $x\neq x_i(i=0,1,2,\cdots,n)$,固定 x,考虑函数

$$F(t)=f(t)-L_n(t)-\frac{\omega_{n+1}(t)}{\omega_{n+1}(x)}(f(x)-L_n(x))$$

则 $F^{(n)}(t)$在$[a,b]$上连续,$F^{(n+1)}(t)$在(a,b)内存在,且 $F(t)$在点 $x_0,x_1,x_2,\cdots,x_n$ 及 x 处均为 0,即 $F(t)$在$[a,b]$上有 $n+2$ 个零点,由 Rolle 定理可知,$F'(t)$在 $F(t)$的两个零点之间至少有一个零点,故 $F'(t)$在(a,b)内至少有 $n+1$ 个零点。对 $F'(t)$再应用 Rolle 定理可知,$F''(t)$在(a,b)内至少有 n 个零点,以此类推,$F^{(n+1)}(t)$在(a,b)内至少有一个零点,记为 ξ_x,使 $F^{(n+1)}(\xi_x)=0$。而

$$F^{(n+1)}(t)=f^{(n+1)}(t)-\frac{(n+1)!}{\omega_{n+1}(x)}R_n(x)$$

即有

$$f^{(n+1)}(\xi_x)-\frac{(n+1)!}{\omega_{n+1}(x)}R_n(x)=0$$

由此可得

$$R_n(x)=\frac{f^{(n+1)}(\xi_x)}{(n+1)!}\omega_{n+1}(x),\quad \xi_x\in(a,b)$$

由定理 8.1 可以得到以下结论。

(1) 插值多项式本身只与插值节点及 $f(x)$在这些点上的函数值有关,而与函数 $f(x)$并没有太多关系,但余项 $R_n(x)$却与 $f(x)$联系紧密。

(2) 若 $f(x)$为次数不超过 n 的多项式,那么以 $n+1$ 个点为节点的插值多项式就一定是其本身,即 $p_n(x)=f(x)$。这是因为此时 $R_n(x)=0$。

定理 8.1 用起来有一定的困难,因为实际计算时 $f(x)$并不知道,所以 $f^{(n+1)}(\xi_x)$也就无法得到。下面介绍另一种估计办法。

设给出 $n+2$ 个插值节点 $x_0,x_1,x_2,\cdots,x_n,x_{n+1}$,$[a,b]$是包含这些节点的任意一个区间,任选其中的 $n+1$ 个节点,如选 $x_0,x_1,x_2,\cdots,x_n$,构造一个不超过 n 次的插值多项式 $\varphi_n^{(1)}(x)$;另选一组 $n+1$ 个节点(至少有一个点不同),如 $x_1,x_2,\cdots,x_n,x_{n+1}$,再构造一个不超过 n 次的插值多项式 $\varphi_n^{(2)}(x)$,根据定理 8.1 有

$$f(x)-\varphi_n^{(1)}(x)=\frac{f^{(n+1)}(\xi_1)}{(n+1)!}(x-x_0)(x-x_1)\cdots(x-x_n)$$

$$f(x)-\varphi_n^{(2)}(x)=\frac{f^{(n+1)}(\xi_2)}{(n+1)!}(x-x_1)(x-x_2)\cdots(x-x_{n+1})$$

若 $f^{(n+1)}(x)$在插值区间内连续且变化不大,则有

$$\frac{f(x)-\varphi_n^{(1)}(x)}{f(x)-\varphi_n^{(2)}(x)}\approx\frac{x-x_0}{x-x_{n+1}}$$

由此可以得到

$$f(x)\approx\frac{x-x_{n+1}}{x_0-x_{n+1}}\varphi_n^{(1)}(x)+\frac{x-x_0}{x_{n+1}-x_0}\varphi_n^{(2)}(x)$$

于是

$$f(x)-\varphi_n^{(1)}(x)\approx\frac{x-x_0}{x_0-x_{n+1}}(\varphi_n^{(1)}(x)-\varphi_n^{(2)}(x))$$

即插值函数 $\varphi_n^{(1)}(x)$和函数 $f(x)$的误差可以通过两个插值函数之差来估计,这种用计算的结果来估计误差的办法,称为事后误差估计。

8.4　均差与牛顿基本插值公式

均差

8.4.1　均差、均差表及均差性质

Lagrange 插值多项式形式对称,计算比较方便,但当节点数目增加

时,必须重新计算。为了克服这个缺点,引进均差插值多项式,也称牛顿基本插值公式。牛顿基本插值公式是代数插值多项式的另一种形式,与 Lagrange 插值公式比较,它的优点是减少了运算次数,当节点数目增加时使用方便。

1. 均差(差商)的定义及其性质

设连续函数 $y=f(x)$在 $n+1$ 个互异节点 $x_0,x_1,x_2,\cdots,x_n$ 上对应的函数值为 $y_0,y_1,y_2,\cdots,y_n$,定义

$$\frac{y_{i+1}-y_i}{x_{i+1}-x_i}$$

为函数 $f(x)$关于 x_i、x_{i+1}的一阶均差(或差商),记为 $f[x_i,x_{i+1}]$。$f[x_i,x_{i+1}]$实际上是$y=f(x)$在$[x_i,x_{i+1}]$上的平均变化率。一般地称

$$\frac{y_i-y_j}{x_i-x_j} \quad (i\neq j)$$

为函数 $f(x)$关于 x_i、x_j 的一阶均差,记为 $f[x_j,x_i]$,即

$$f[x_j,x_i]=\frac{y_i-y_j}{x_i-x_j} \quad (i\neq j)$$

$$\frac{f[x_j,x_k]-f[x_i,x_j]}{x_k-x_i} \quad (x_i\neq x_k)$$

称为函数 $f(x)$关于 x_i、x_j、x_k 的二阶均差,记为 $f[x_i,x_j,x_k]$,即

$$f[x_i,x_j,x_k]=\frac{f[x_j,x_k]-f[x_i,x_j]}{x_k-x_i}$$

同理,可以依次定义下去。设 $f[x_0,x_1,\cdots,x_{k-1}]$与 $f[x_1,x_2,\cdots,x_k]$分别为函数 $f(x)$关于 $x_0,x_1,\cdots,x_{k-1}$及关于 $x_1,x_2,\cdots,x_k$ 的 $k-1$ 阶均差,则称

$$\frac{f[x_1,x_2,\cdots,x_k]-f[x_0,x_1,\cdots,x_{k-1}]}{x_k-x_0}$$

为函数 $f(x)$关于 $x_0,x_1,x_2,\cdots,x_k$ 的k 阶均差,记为 $f[x_0,x_1,\cdots,x_k]$,即

$$f[x_0,x_1,x_2,\cdots,x_k]=\frac{f[x_1,x_2,\cdots,x_k]-f[x_0,x_1,\cdots,x_{k-1}]}{x_k-x_0}$$

2. 均差表

通常在构造插值多项式时,先构造一个如表 8-3 形式的均差表。在求表中数据时,要特别注意分母的值是哪两个节点的差。用数学归纳法可以证明,$f(x)$关于点 $x_0,x_1,x_2,\cdots,x_k$ 的k 阶均差是 $f(x)$在这些点上的函数值的线性组合,即

$$f[x_0,x_1,\cdots,x_k]=\sum_{i=0}^{k}\frac{f(x_i)}{(x_i-x_0)(x_i-x_1)\cdots(x_i-x_{i-1})(x_i-x_{i+1})\cdots(x_i-x_k)}$$

这个性质还表明,均差与节点的排列次序无关,故称为均差的对称性,即

$$f[x_0,x_1,\cdots,x_k]=f[x_1,x_0,x_2,\cdots,x_k]=\cdots=f[x_1,x_2,\cdots,x_k,x_0]$$

表 8-3　均差表(一)

x_k	y_k	一阶均差	二阶均差	…	n 阶均差
x_0	y_0				
		$f[x_0,x_1]=\dfrac{y_1-y_0}{x_1-x_0}$			
x_1	y_1		$f[x_0,x_1,x_2]=\dfrac{f[x_1,x_2]-f[x_0,x_1]}{x_2-x_0}$		
		$f[x_1,x_2]=\dfrac{y_2-y_1}{x_2-x_1}$			
x_2	y_2		$f[x_1,x_2,x_3]=\dfrac{f[x_2,x_3]-f[x_1,x_2]}{x_3-x_1}$		
⋮	⋮	⋮	⋮	⋮	$f[x_0,x_1,\cdots,x_n]=\dfrac{f[x_1,x_2,\cdots,x_n]-f[x_0,x_1,\cdots,x_{n-1}]}{x_n-x_0}$
x_{n-1}	y_{n-1}		$f[x_{n-2},x_{n-1},x_n]=\dfrac{f[x_{n-1},x_n]-f[x_{n-2},x_{n-1}]}{x_n-x_{n-2}}$		
		$f[x_{n-1},x_n]=\dfrac{y_n-y_{n-1}}{x_n-x_{n-1}}$			
x_n	y_n				

【例 8.3】 根据已知数据如表 8-4 所示,构造均差表。

表 8-4　数据表(一)

i	x_i	y_i
0	0	0
1	2	8
2	3	27
3	5	125
4	6	216
5	1	1

牛顿插值举例

【解】 均差表如表 8-5 所示。

表 8-5 均差表(二)

x_i	y_i	一阶均差	二阶均差	三阶均差	四阶均差	五阶均差
0	0					
		$\frac{8-0}{2-0}=4$				
2	8		$\frac{19-4}{3-0}=5$			
		$\frac{27-8}{3-2}=19$		$\frac{10-5}{5-0}=1$		
3	27		$\frac{49-19}{5-2}=10$		$\frac{1-1}{6-0}=0$	
		$\frac{125-27}{5-3}=49$		$\frac{14-10}{6-2}=1$		$\frac{0-0}{1-0}=0$
5	125		$\frac{91-49}{6-3}=14$		$\frac{1-1}{1-2}=0$	
		$\frac{216-125}{6-5}=91$		$\frac{12-14}{1-3}=1$		
6	216		$\frac{43-91}{1-5}=12$			
		$\frac{1-216}{1-6}=43$				
1	1					

8.4.2 牛顿基本插值公式

牛顿基本插值公式

设已知函数 $y=f(x)$ 在 $n+1$ 个互异节点 $x_0,x_1,x_2,\cdots,x_n$ 上的函数值为 $y_0,y_1,y_2,\cdots,y_n$。由 8.2 节可知,当 $n=1$ 或 2 时,可分别有如下形式的插值多项式。

$$P_1(x)=f(x_0)+f[x_0,x_1](x-x_0)$$

和

$$P_2(x)=f(x_0)+f[x_0,x_1](x-x_0)+f[x_0,x_1,x_2](x-x_0)(x-x_1)$$

由此可以推测,插值多项式可能有如下的一般形式:

$$P_n(x)=f(x_0)+f[x_0,x_1](x-x_0)+\cdots+f[x_0,x_1,\cdots,x_n](x-x_0)(x-x_1)\cdots(x-x_{n-1}) \tag{8.11}$$

现在来证明这个推测是正确的。任取 $x\neq x_i(i=0,1,2,\cdots,n)$,由一阶均差的定义有

$$f[x,x_0]=\frac{f(x)-f(x_0)}{x-x_0}$$

于是

$$f(x)=f(x_0)+f[x,x_0](x-x_0) \tag{8.12}$$

由二阶均差的定义有

$$f[x,x_0,x_1]=\frac{f[x,x_0]-f[x_0,x_1]}{x-x_1}$$

于是

$$f[x,x_0]=f[x_0,x_1]+(x-x_1)f[x,x_0,x_1]$$

这样依次做下去就有

$$f[x,x_0,x_1]=f[x_0,x_1,x_2]+(x-x_2)f[x,x_0,x_1,x_2]$$

$$\vdots$$

$$f[x,x_0,x_1,\cdots,x_{n-1}]=f[x_0,x_1,\cdots,x_n]+(x-x_n)f[x,x_0,x_1,\cdots,x_n]$$

将以上各式依次代入式(8.12),可得

$$\begin{aligned}f(x)=&f(x_0)+f[x_0,x_1](x-x_0)+f[x_0,x_1,x_2](x-x_0)(x-x_1)+\cdots+\\&f[x_0,x_1,\cdots,x_n](x-x_0)(x-x_1)\cdots(x-x_{n-1})+\\&f[x,x_0,x_1,\cdots,x_n](x-x_0)(x-x_1)\cdots(x-x_n)\end{aligned}$$

记

$$R_n(x)=f[x,x_0,x_1,\cdots,x_n](x-x_0)(x-x_1)\cdots(x-x_n)$$

于是

$$f(x)=P_n(x)+R_n(x) \tag{8.13}$$

其中,$P_n(x)$为前面所推测的插值多项式(8.11)。

由 $R_n(x)$的表示式

$$R_n(x)=f[x,x_0,x_1,\cdots,x_n]\prod_{i=0}^{n}(x-x_i)$$

可知,对任意的 $x_i(i=0,1,2,\cdots,n)$,都有

$$R_n(x_i)=0\quad(i=0,1,2,\cdots,n)$$

于是由式(8.13)有

$$P_n(x_i)=f(x_i)\quad(i=0,1,2,\cdots,n)$$

即 $P_n(x)$满足插值条件,所以 $P_n(x)$是 $f(x)$的插值多项式,式(8.11)称为牛顿基本插值公式,也叫均差插值多项式。这个公式具有递推性:

$$P_{k+1}(x)=P_k(x)+f[x_0,x_1,\cdots,x_{k+1}](x-x_0)(x-x_1)\cdots(x-x_k)$$

于是当节点增加时,只要在后面多加一项或几项就可以了,而不必像 Lagrange 插值多项式那样每一项都要重新计算。$p_n(x)$的各项系数就是均差表的各阶均差,对应表 8-3 中最上面一条斜线上的值。

均差插值多项式算法:

(1) 输入插值节点 $x_i,y_i(i=0,1,2,\cdots,n)$及插值点 t。

(2) 当 $k=1,2,\cdots,n$ 时,

对 $i=n,n-1,\cdots,k$

做$\dfrac{y_i-y_{i-1}}{x_i-x_{i-k}}\Rightarrow y_i$。

牛顿均值插值多项式算法

(3) $y_0 \Rightarrow p, 1 \Rightarrow h$

对 $i=1,2,\cdots,n$

做 $h*(t-x_{i-1}) \Rightarrow h, p+h*y_i \Rightarrow p$。

(4) 输出 p。

【例 8.4】 构造例 8.3 中 $f(x)$的均差插值多项式。

【解】 由均差表 4-1 得,均差插值多项式为

$$\begin{aligned} p_n(x) &= f(x_0)+f[x_0,x_1](x-x_0)+f[x_0,x_1,x_2](x-x_0)(x-x_1)+ \\ &\quad f[x_0,x_1,x_2,x_3](x-x_0)(x-x_1)(x-x_2) \\ &= 0+4(x-0)+5(x-0)(x-2)+1(x-0)(x-2)(x-3) \\ &= x^3 \end{aligned}$$

8.4.3 均差插值多项式的余项

均差插值多项式 $P_n(x)$的余项为

$$R_n(x)=f[x,x_0,x_1,\cdots,x_n]\prod_{i=0}^{n}(x-x_i)$$

由插值多项式的唯一性可知,Lagrange 插值多项式与均差插值多项式的余项应是相等的,所以有

$$f[x,x_0,x_1,\cdots,x_n]\prod_{i=0}^{n}(x-x_i)=\frac{f^{(n+1)}(\xi_x)}{(n+1)!}\prod_{i=0}^{n}(x-x_i)$$

即

$$f[x,x_0,x_1,\cdots,x_n]=\frac{f^{(n+1)}(\xi_x)}{(n+1)!}$$

由此可得均差与导数的关系

$$f[x_0,x_1,x_2,\cdots,x_k]=\frac{f^{(k)}(\xi)}{k!} \tag{8.14}$$

8.5 差分与等距节点插值公式

在牛顿基本插值公式中,插值节点 $x_0,x_1,x_2,\cdots,x_n$ 一般是不等距的,当插值节点是等距分布时,均差插值多项式的形式可以得到进一步简化,为此首先引进差分的概念。

8.5.1 差分与差分表

1. 差分

定义 8.2 设函数 $y=f(x)$在 $n+1$ 个等距节点 $x_k=x_0+kh$ 上函数值为 $y_k=f(x_k)$ $(k=0,1,2,\cdots,n)$,这里,h 为常数,称为步长。函数在每一小区间$[x_k,x_{k+1}]$上的增量

$$\Delta y_k=y_{k+1}-y_k \quad (k=0,1,2,\cdots,n-1)$$

称为函数 $y=f(x)$在点 x_k 上的一阶差分。

与均差一样,差分也可以递推定义。

$\Delta y_{k+1}-\Delta y_k$ 称为函数 $f(x)$ 在 x_k 上的二阶差分，记为 $\Delta^2 y_k$，即

$$\Delta^2 y_k=\Delta y_{k+1}-\Delta y_k \quad (k=0,1,2,\cdots,n-2)$$

一般地，将

$$\Delta^m y_k=\Delta^{m-1} y_{k+1}-\Delta^{m-1} y_k \quad (k=0,1,2,\cdots,n-m)$$

称为函数 $f(x)$ 在 x_k 上的 m 阶差分。

2. 差分表

计算差分时，可以用如表 8-6 的差分表。

各阶差分中所含的系数正好是二项式展开系数，所以 n 阶差分的计算公式为

$$\Delta^n y_k=y_{n+k}-\binom{n}{1}y_{n+k-1}+\binom{n}{2}y_{n+k-2}+\cdots+(-1)^s\binom{n}{s}y_{n+k-s}+\cdots+(-1)^n y_k$$

其中，$\binom{n}{s}=\dfrac{n(n-1)\cdots(n-s+1)}{s!}$。

表 8-6　差分表(一)

x_k	y_k	一阶差分	二阶差分	$\cdots$	$n-1$ 阶差分	n 阶差分
x_0	y_0					
		$\Delta y_0=y_1-y_0$				
			$\Delta^2 y_0=\Delta y_1-\Delta y_0$ $=y_2-2y_1+y_0$			
x_1	y_1					
		$\Delta y_1=y_2-y_1$				
			$\Delta^2 y_1=\Delta y_2-\Delta y_1$ $=y_3-2y_2+y_1$			
x_2	y_2					
					$\Delta^{n-1} y_0=\Delta^{n-2} y_1-\Delta^{n-2} y_0$	
		$\Delta y_2=y_3-y_2$				
						$\Delta^n y_0=\Delta^{n-1} y_1-\Delta^{n-1} y_0$
					$\Delta^{n-1} y_1=\Delta^{n-2} y_2-\Delta^{n-2} y_1$	
$\vdots$	$\vdots$	$\vdots$	$\vdots$			
			$\Delta^2 y_{n-2}=\Delta y_{n-1}-\Delta y_{n-2}$ $=y_n-2y_{n-1}+y_{n-2}$			
x_{n-1}	y_{n-1}					
		$\Delta y_{n-1}=y_n-y_{n-1}$				
x_n	y_n					

3. 差分与均差及导数的关系

$$f[x_0,x_1]=\frac{f(x_1)-f(x_0)}{x_1-x_0}=\frac{\Delta y_0}{h}$$

$$f[x_0,x_1,x_2]=\frac{f[x_1,x_2]-f[x_0,x_1]}{x_2-x_0}=\frac{\dfrac{\Delta y_1}{1h}-\dfrac{\Delta y_0}{1h}}{2h}=\frac{\Delta^2 y_0}{2!h^2}$$

$$f[x_0,x_1,x_2,x_3]=\frac{f[x_1,x_2,x_3]-f[x_0,x_1,x_2]}{x_3-x_0}=\frac{\dfrac{\Delta^2 y_1}{2h^2}-\dfrac{\Delta^2 y_0}{2h^2}}{3h}=\frac{\Delta^3 y_0}{3!h^3}$$

以此类推,可得均差与差分的关系

$$f[x_0,x_1,\cdots,x_k]=\frac{\Delta^k y_0}{k!h^k}$$

再由均差与导数的关系式(8.14)便得到差分与导数的关系

$$\frac{\Delta^k y_0}{h^k}=f^{(k)}(\xi)$$

8.5.2 等距节点插值公式

在等距节点的前提下,将牛顿基本插值式(8.11)中的各阶均差用差分替换,便可得到等距节点插值公式

$$\begin{aligned}P_n(x)&=f(x_0)+f[x_0,x_1](x-x_0)+f[x_0,x_1,x_2](x-x_0)(x-x_1)+\cdots+\\&\quad f[x_0,x_1,\cdots,x_n](x-x_0)(x-x_1)\cdots(x-x_{n-1})\\&=f(x_0)+\frac{\Delta y_0}{h}(x-x_0)+\frac{\Delta^2 y_0}{2!h^2}(x-x_0)(x-x_1)+\cdots+\\&\quad\frac{\Delta^n y_0}{n!h^n}(x-x_0)(x-x_1)\cdots(x-x_{n-1})\end{aligned}$$

令 $t=\dfrac{x-x_0}{h}$,则 $x=x_0+th$,$x-x_k=(t-k)h\ (k=0,1,2,\cdots,n)$,于是上式可改写为

$$P_n(x_0+th)=y_0+\frac{\Delta y_0}{1!}t+\frac{\Delta^2 y_0}{2!}t(t-1)+\cdots+\frac{\Delta^n y_0}{n!}t(t-1)\cdots(t-(n-1))\tag{8.15}$$

其余项

$$R_n(x)=\frac{f^{(n+1)}(\xi_x)}{(n+1)!}\prod_{i=0}^{n}(x-x_i)=\frac{h^{n+1}}{(n+1)!}f^{(n+1)}(\xi_x)t(t-1)\cdots(t-n)$$

式(8.15)称为牛顿向前插值公式,它适用于求等距节点表头附近点处的函数值。实际计算时首先做差分表,公式中所用到的各阶差分值就是差分表 8-6 中最上面一条斜线上的值。

如果要计算等距节点表尾附近点处的函数值,可将插值节点次序由大到小排列,即 $x_0,x_{-1}=x_0-h,x_{-2}=x_0-2h,\cdots,x_{-n}=x_0-nh$,$h$ 仍为步长,此时

$$f[x_0,x_{-1}]=\frac{y_0-y_{-1}}{x_0-x_{-1}}=\frac{\Delta y_{-1}}{h}$$

$$f[x_0,x_{-1},x_{-2}]=\frac{\Delta^2 y_{-2}}{2h^2}$$

$$\vdots$$

$$f[x_0, x_{-1}, x_{-2}, \cdots, x_{-n}] = \frac{\Delta^n y_{-n}}{n!h^n}$$

代入牛顿基本插值公式(8.11),并令 $t=\dfrac{x-x_0}{h}$,则得

$$p_n(x_0+th) = y_0 + \frac{t}{1!}\Delta y_{-1} + \frac{t(t+1)}{2!}\Delta^2 y_{-2} + \cdots + \frac{t(t+1)\cdots(t+n-1)}{n!}\Delta^n y_{-n} \tag{8.16}$$

这就是牛顿向后插值公式。它适用于计算函数表末端附近点处的函数值。式中用到的差分值就是差分表 8-6 中最下面一条斜线上的值。

【例 8.5】 已知函数表如表 8-7 所示,求 $f(0.3)$ 与 $f(1.1)$。

表 8-7　函数表

k	x_k	$f(x_k)$
0	0.0	0.0
1	0.2	0.203
2	0.4	0.423
3	0.6	0.684
4	0.8	1.03
5	1.0	1.557
6	1.2	2.572

【解】 利用函数表做差分表,如表 8-8 所示。

表 8-8　差分表(二)

x	$f(x)$	一阶差分	二阶差分	三阶差分	四阶差分	五阶差分	六阶差分
0.0	0.0						
		0.203					
0.2	0.203		0.017				
		0.220		0.024			
0.4	0.423		0.041		0.020		
		0.261		0.044		0.032	
0.6	0.684		0.085		0.052		0.127
		0.346		0.096		0.159	
0.8	1.030		0.181		0.211		
		0.527		0.307			
1.0	1.557		0.488				
		1.015					
1.2	2.572						

计算 $f(0.3)$ 时用牛顿向前插值公式,取 $x_0=0.0, h=0.2$,于是

$$t=\frac{x-x_0}{h}=\frac{0.3-0.0}{0.2}=1.5$$

利用式(8.15)可得

$$P_6(x_0+th)=y_0+\frac{\Delta y_0}{1!}t+\frac{\Delta^2 y_0}{2!}t(t-1)+\frac{\Delta^3 y_0}{3!}t(t-1)(t-2)+$$
$$\frac{\Delta^4 y_0}{4!}t(t-1)(t-2)(t-3)+$$
$$\frac{\Delta^5 y_0}{5!}t(t-1)(t-2)(t-3)(t-4)+$$
$$\frac{\Delta^6 y_0}{6!}t(t-1)(t-2)(t-3)(t-4)(t-5)$$

所以有

$$f(0.3)\approx p_6(0.3)=0+\frac{0.203}{1!}\times 1.5+\frac{0.017}{2!}\times 1.5\times(1.5-1)+$$
$$\frac{0.024}{3!}\times 1.5\times(1.5-1)(1.5-2)+$$
$$\frac{0.020}{4!}\times 1.5\times(1.5-1)(1.5-2)(1.5-3)+$$
$$\frac{0.032}{5!}\times 1.5\times(1.5-1)(1.5-2)(1.5-3)(1.5-4)+$$
$$\frac{0.127}{6!}\times 1.5\times(1.5-1)(1.5-2)(1.5-3)(1.5-4)(1.5-5)$$
$$=0.310337$$

再利用牛顿向后插值公式计算 $f(1.1)$处的值。取 $x_0=1.2, h=0.2$,于是

$$t=\frac{x-x_0}{h}=\frac{1.1-1.2}{0.2}=-0.5$$

由式(8.16)可得

$$p_6(x_0+th)=y_0+\frac{\Delta y_{-1}}{1!}t+\frac{\Delta^2 y_{-2}}{2!}t(t+1)+\frac{\Delta^3 y_{-3}}{3!}t(t+1)(t+2)+$$
$$\frac{\Delta^4 y_{-4}}{4!}t(t+1)(t+2)(t+3)+\frac{\Delta^5 y_{-5}}{5!}t(t+1)(t+2)(t+3)(t+4)+$$
$$\frac{\Delta^6 y_{-6}}{6!}t(t+1)(t+2)(t+3)(t+4)(t+5)$$

$$f(1.1)\approx p_6(1.1)=2.572+\frac{1.015}{1}\times(-0.5)+\frac{0.488}{2!}\times(-0.5)(-0.5+1)+$$
$$\frac{0.307}{3!}(-0.5)(-0.5+1)(-0.5+2)+$$
$$\frac{0.211}{4!}(-0.5)(-0.5+1)(-0.5+2)(-0.5+3)+$$
$$\frac{0.159}{5!}(-0.5)(-0.5+1)(-0.5+2)(-0.5+3)(-0.5+4)+$$

$$\frac{0.127}{6!}(-0.5)(-0.5+1)(-0.5+2)(-0.5+3)(-0.5+4)(-0.5+5)$$
$$=1.969118$$

8.6　分段低次插值

分段低次插值

8.6.1　高次插值的缺陷

在求插值多项式时，通常为了获得更好的逼近效果，应多选一些节点，使节点之间的距离较小，这时如果采用整体插值，则所得关于给定函数 $f(x)$的插值多项式 $P(x)$的次数一定很高，称为高次插值。高次插值尽管使 $P(x)$在较多点上与 $f(x)$相等，但在相邻节点之间未必能很好地逼近 $f(x)$，有时甚至差异很大。

下面给出一个由 Runge(龙格)提供的著名的例子。

【例 8.6】 设定义在$[-1,1]$上的函数

$$f(x)=\frac{1}{1+25x^2}$$

对每个 n $(n=1,2,\cdots)$，由节点集

$$S_n=\left\{x_i=-1+\frac{2i}{n}\mid i=0,1,2,\cdots,n\right\}$$

决定了 $f(x)$的一个 Lagrange 插值多项式

$$L_n(x)=\sum_{i=0}^{n}\frac{1}{1+25x_i^2}l_i(x)$$

插值多项式序列 $L_n(x)$在$[a,b]$上并不收敛于 $f(x)$，图 8-1 中给出了 $f(x)$与 $L_{10}(x)$的图像。可以看出，在$[-0.2,0.2]$上 $L_{10}(x)$能较好地逼近 $f(x)$，而在其他点处 $L_{10}(x)$逼近 $f(x)$已无意义。特别地，在 $x=\pm1$ 附近，$L_{10}(x)$偏离 $f(x)$甚远，例如 $f(-0.96)=0.0416$，而 $L_{10}(-0.96)=1.8044$。等距节点高次插值时，区间两端数据产生激烈的振荡，出现函数不收敛的现象，这种现象称为“Runge 现象”。

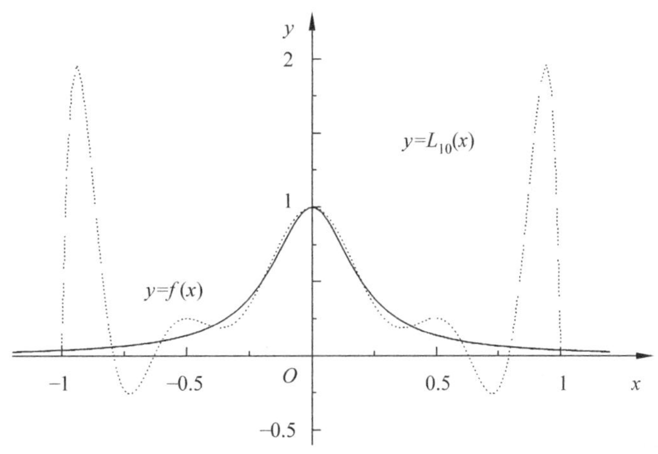

图 8-1　函数图

另外,高次插值如果利用高阶均差或差分,那么计算的舍入误差可能造成严重的影响,原因是函数值微小的变化可能引起高阶均差或差分很大的变动。

由于以上原因,在用多项式插值时,不宜选用高次插值。那么解决问题的一个有效途径就是分段低次插值。

8.6.2 分段线性插值

分段线性插值非常简单,在几何上就是用一条折线逼近曲线。

1. 分段线性插值

定义 8.3 设函数 $f(x)$在$[a,b]$上有定义,对$[a,b]$上的 $n+1$ 个插值节点 $x_0<x_1<\cdots<x_n$,及其相应的函数值 $y_0,y_1,\cdots,y_n$,若有 $\varphi(x)$满足:

(1) $\varphi(x_i)=y_i(i=0,1,2,\cdots,n)$。

(2) $\varphi(x)$在$[x_i,x_{i+1}](i=0,1,2,\cdots,n-1)$上为线性函数。

则称 $\varphi(x)$为$[a,b]$上关于节点 $x_0,x_1,\cdots,x_n$ 的分段线性插值函数。

利用 Lagrange 线性插值的结果,只要确定出插值点 x 所在区间,便可求出对应的函数值。取插值基函数 $l_i(x)$为

$$l_0(x)=\begin{cases}\dfrac{x-x_1}{x_0-x_1}, & x\in[x_0,x_1]\\ 0, & x\in(x_1,x_n]\end{cases}$$

$$l_i(x)=\begin{cases}\dfrac{x-x_{i-1}}{x_i-x_{i-1}}, & x\in[x_{i-1},x_i]\\ \dfrac{x-x_{i+1}}{x_i-x_{i+1}}, & x\in(x_i,x_{i+1}]\\ 0, & x\notin[x_{i-1},x_{i+1}]\end{cases}\quad(i=1,2,\cdots,n-1)$$

$$l_n(x)=\begin{cases}0, & x\in[x_0,x_{n-1})\\ \dfrac{x-x_{n-1}}{x_n-x_{n-1}}, & x\in[x_{n-1},x_n]\end{cases}$$

则 $\varphi(x)=\sum_{i=0}^{n}l_i(x)y_i$。

由于在每个子区间$[x_i,x_{i+1}]$上,$\varphi(x)$都是一次式,且 $\varphi(x_i)=y_i$,$\varphi(x_{i+1})=y_{i+1}$,故在子区间$[x_i,x_{i+1}]$上的线性插值多项式为

$$\varphi(x)=\frac{x_{i+1}-x}{h_i}y_i+\frac{x-x_i}{h_i}y_{i+1},x_i\leqslant x\leqslant x_{i+1}$$

其中,$h_i=x_{i+1}-x_i$。

2. 分段线性插值的余项估计

定理 8.2 设给定节点为 $x_0<x_1<\cdots<x_n$,$f(x_i)=y_i(i=0,1,2,\cdots,n)$,$f''(x)$在$[a,b]$上存在,则对任意的 $x\in[a,b]$有

$$|R(x)|=|f(x)-\varphi(x)|\leqslant\frac{h^2M_2}{8}$$

其中，$h=\max\limits_{1\leqslant i\leqslant n}|x_i-x_{i-1}|$，$M_2=\max\limits_{x\in[a,b]}|f''(x)|$。

证明从略。

8.6.3 分段埃尔米特插值

分段线性插值函数实际上是一条折线，它能保证分段点处的连续性，但导数却是间断的，如果在节点处除了给出函数值外还提供了导数值，则可进行分段埃尔米特(Hermite)插值。

1. 埃尔米特插值

定义 8.4 设有两个节点 x_0、x_1，$x_0<x_1$，已知 $y_k=f(x_k)$，$m_k=f'(x_k)$，$(k=0,1)$，在$[x_0,x_1]$上求做多项式 $H(x)$，使其满足插值条件

$$H(x_k)=y_k,\quad H'(x_k)=m_k\quad(k=0,1)$$

那么，$H(x)$应是不超过3次的多项式，称为埃尔米特三次插值多项式。

为求 $H(x)$，可借鉴 Lagrange 插值法构造插值基函数的思想，为此可令

$$H(x)=y_0\alpha_0(x)+y_1\alpha_1(x)+m_0\beta_0(x)+m_1\beta_1(x)$$

其中，$\alpha_0(x)$、$\alpha_1(x)$、$\beta_0(x)$、$\beta_1(x)$为三次插值基函数，且

$$\alpha_0(x_k)=\begin{cases}1, & k=0\\0, & k=1\end{cases},\quad \alpha_1(x_k)=\begin{cases}0, & k=0\\1, & k=1\end{cases}$$

$$\alpha'_0(x_k)=\alpha'_1(x_k)=0,\quad k=0,1$$

$$\beta_0(x_k)=\beta_1(x_k)=0,\quad k=0,1$$

$$\beta'_0(x_k)=\begin{cases}1, & k=0\\0, & k=1\end{cases},\quad \beta'_1(x_k)=\begin{cases}0, & k=0\\1, & k=1\end{cases}$$

用待定系数法不难求得

$$\alpha_0(x)=\left(1+2\frac{x-x_0}{x_1-x_0}\right)\left(\frac{x-x_1}{x_0-x_1}\right)^2,\quad \alpha_1(x)=\left(1+2\frac{x-x_1}{x_0-x_1}\right)\left(\frac{x-x_0}{x_1-x_0}\right)^2$$

$$\beta_0(x)=(x-x_0)\left(\frac{x-x_1}{x_0-x_1}\right)^2,\quad \beta_1(x)=(x-x_1)\left(\frac{x-x_0}{x_1-x_0}\right)^2$$

于是，当仅有两个节点 x_0、x_1 时，埃尔米特插值公式为

$$H_3(x)=\left(1+2\frac{x-x_0}{x_1-x_0}\right)\left(\frac{x-x_1}{x_0-x_1}\right)^2y_0+\left(1+2\frac{x-x_1}{x_0-x_1}\right)\left(\frac{x-x_0}{x_1-x_0}\right)^2y_1+$$
$$(x-x_0)\left(\frac{x-x_1}{x_0-x_1}\right)^2m_0+(x-x_1)\left(\frac{x-x_0}{x_1-x_0}\right)^2m_1$$

如果 $f(x)$的四阶导数存在，那么插值余项为

$$\begin{aligned}R(x)&=f(x)-H_3(x)\\&=\frac{f^{(4)}(\xi_x)}{4!}(x-x_0)^2(x-x_1)^2,\xi_x\in(x_0,x_1),\forall x\in[x_0,x_1]\end{aligned}$$

2. 分段三次埃尔米特插值

定义 8.5 设已知函数 $f(x)$在$[a,b]$上的 $n+1$ 个节点 $x_0<x_1<\cdots<x_n$ 上的函数值 y_i 及导数值 $y_i'(i=0,1,2,\cdots,n)$。如果分段函数 $H_h(x)$满足：

(1) $H_h(x)$在每一个子区间$[x_{i-1},x_i]$ $(i=1,2,\cdots,n)$上是三次多项式。

(2) $H_h(x)$ 在$[a,b]$上一次连续可微。

(3) $H_h(x_i)=y_i,H_h'(x_i)=y_i'\quad(i=0,1,2,\cdots,n)$。

则称 $H_h(x)$为 $f(x)$在$[a,b]$上的分段三次埃尔米特插值多项式。

把两个节点 x_0、x_1 上的埃尔米特插值的讨论结果,用于$[x_{i-1},x_i]$上,不难构造插值基函数

$$\alpha_0(x)=\begin{cases}\left(1+2\dfrac{x-x_0}{x_1-x_0}\right)\left(\dfrac{x-x_1}{x_0-x_1}\right)^2, & x\in[x_0,x_1]\\ 0, & x\notin[x_0,x_1]\end{cases}$$

$$\alpha_i(x)=\begin{cases}\left(1+2\dfrac{x-x_i}{x_{i-1}-x_i}\right)\left(\dfrac{x-x_{i-1}}{x_i-x_{i-1}}\right)^2, & x\in[x_{i-1},x_i]\\ \left(1+2\dfrac{x-x_i}{x_{i+1}-x_i}\right)\left(\dfrac{x-x_{i+1}}{x_i-x_{i+1}}\right)^2, & x\in(x_i,x_{i+1}]\\ 0, & x\notin[x_{i-1},x_{i+1}]\end{cases}\quad(i=1,2,\cdots,n-1)$$

$$\alpha_n(x)=\begin{cases}0, & x\notin[x_{n-1},x_n]\\ \left(1+2\dfrac{x-x_n}{x_{n-1}-x_n}\right)\left(\dfrac{x-x_{n-1}}{x_n-x_{n-1}}\right)^2, & x\in[x_{n-1},x_n]\end{cases}$$

$$\beta_0(x)=\begin{cases}(x-x_0)\left(\dfrac{x-x_1}{x_0-x_1}\right)^2, & x\in[x_0,x_1]\\ 0, & x\notin[x_0,x_1]\end{cases}$$

$$\beta_i(x)=\begin{cases}(x-x_i)\left(\dfrac{x-x_{i-1}}{x_i-x_{i-1}}\right)^2, & x\in[x_{i-1},x_i]\\ (x-x_i)\left(\dfrac{x-x_{i+1}}{x_i-x_{i+1}}\right)^2, & x\in(x_i,x_{i+1}]\\ 0, & x\notin[x_{i-1},x_{i+1}]\end{cases}\quad(i=1,2,\cdots,n-1)$$

$$\beta_n(x)=\begin{cases}0, & x\notin[x_{n-1},x_n]\\ (x-x_n)\left(\dfrac{x-x_{n-1}}{x_n-x_{n-1}}\right)^2, & x\in[x_{n-1},x_n]\end{cases}$$

于是

$$H_h(x)=\sum_{i=0}^{n}[\alpha_i(x)y_i+\beta_i(x)y_i']$$

3. 分段三次埃尔米特插值的余项

定理 8.3 设给定节点 $x_0<x_1<\cdots<x_n$ 上的函数值 y_i 及导数值 $y_i'(i=0,1,2,\cdots,n)$。

$f^{(4)}(x)$在$[a,b]$上连续,则对任意 $x\in[a,b]$有

$$|R(x)|=|f(x)-H(x)|\leqslant\frac{M_4h^4}{384}$$

其中,$M_4=\max\limits_{a\leqslant x\leqslant b}|f^{(4)}(x)|$,$h=\max\limits_{1\leqslant i\leqslant n}(x_i-x_{i-1})$。

证明从略。

8.7　三次样条插值

三次样条插值

分段低次插值函数有很好的局部稳定性,在分段点处是连续的,但在分段点处难以保证插值函数的光滑性。在实际问题中,不仅要求插值函数连续,而且要求它具有一定的光滑性,这就要用到样条插值。

8.7.1　三次样条插值

样条(spline)早期是绘图员用来描绘光滑曲线的一种工具,为了得到一条经过若干点的光滑曲线,绘图员把一根均匀、富有弹性的细长木条或金属条(所谓样条)用压铁固定在若干样点上,其他地方让它自由弯曲,然后沿其画出曲线,称为样条曲线。样条曲线不仅连续、光滑而且有连续的曲率。对绘图员做出的曲线进行模拟,得到的函数叫样条函数,样条函数在各样点处具有连续的一、二阶导数。下面讨论最常用的三次样条函数。

定义 8.6　已知有 $n+1$ 个样点$(x_0,y_0),(x_1,y_1),\cdots,(x_n,y_n)$,其中 $x_0<x_1<\cdots<x_n$,构造一个函数 $S(x)$,使其满足:

(1) $S(x_i)=y_i(i=0,1,2,\cdots,n)$。

(2) 在(x_0,x_n)内,$S(x)$具有连续的二阶导数。

(3) 在$[x_{i-1},x_i]$ $(i=1,2,\cdots,n)$上,$S(x)$是一个三次多项式,即

$$S(x)=\begin{cases}s_1(x), & x\in[x_0,x_1]\\ s_2(x), & x\in[x_1,x_2]\\ \vdots & \\ s_n(x), & x\in[x_{n-1},x_n]\end{cases}$$

其中,$s_i(x)$ $(i=1,2,\cdots,n)$皆为三次多项式,则称 $S(x)$为关于给定点列的三次样条插值函数。三次样条插值函数的求法可分为两种:一种是系数用节点处的二阶导数值表示的;另一种是系数用节点处的一阶导数值表示的。在此只给出系数用节点处的二阶导数值表示的方法。

8.7.2　用节点处的二阶导数值表示的三次样条函数

在$[x_{i-1},x_i]$上,$S(x)=s_i(x)$ $(i=1,2,\cdots,n)$ 。由定义中的条件(1)有

$$s_i(x_{i-1})=y_{i-1},\quad s_i(x_i)=y_i \tag{8.17}$$

假设 $S(x)$在 x_{i-1},x_i 处的二阶导数值分别为M_{i-1}、M_i,于是

$$s_i''(x_{i-1})=M_{i-1},\quad s_i''(x_i)=M_i \tag{8.18}$$

$s_i(x)$是三次多项式,所以 $s_i''(x)$必为一次多项式,于是在$[x_{i-1},x_i]$上对 $s_i''(x)$做线性插

值,即可得到

$$s_i''(x)=\frac{x-x_i}{x_{i-1}-x_i}M_{i-1}+\frac{x-x_{i-1}}{x_i-x_{i-1}}M_i \tag{8.19}$$

令 $h_i=x_i-x_{i-1}$,则式(8.19)即为

$$s_i''(x)=\frac{x_i-x}{h_i}M_{i-1}+\frac{x-x_{i-1}}{h_i}M_i \tag{8.20}$$

对式(8.20)积分两次可得

$$s_i(x)=\frac{M_{i-1}}{6h_i}(x_i-x)^3+\frac{M_i}{6h_i}(x-x_{i-1})^3+c_1x+c_2 \tag{8.21}$$

其中,c_1、c_2 为积分常数。将式(8.17)代入式(8.21)可得

$$\begin{cases}\dfrac{h_i^2}{6}M_{i-1}+c_1x_{i-1}+c_2=y_{i-1}\\ \dfrac{h_i^2}{6}M_i+c_1x_i+c_2=y_i\end{cases}$$

由此解得

$$\begin{cases}c_1=\dfrac{y_i-y_{i-1}}{h_i}+\dfrac{h_i}{6}(M_{i-1}-M_i)\\ c_2=\dfrac{y_{i-1}x_i-y_ix_{i-1}}{h_i}+\dfrac{h_i}{6}(M_ix_{i-1}-M_{i-1}x_i)\end{cases}$$

将 c_1、c_2 代入式(8.21),并整理得

$$\begin{aligned}s_i(x)=&M_{i-1}\frac{(x_i-x)^3}{6h_i}+M_i\frac{(x-x_{i-1})^3}{6h_i}+\left(y_{i-1}-\frac{M_{i-1}}{6}h_i^2\right)\frac{x_i-x}{h_i}+\\&\left(y_i-\frac{M_i}{6}h_i^2\right)\frac{x-x_{i-1}}{h_i}\quad(i=1,2,\cdots,n)\end{aligned} \tag{8.22}$$

对式(8.22)求导可得

$$\begin{aligned}s_i'(x)&=-M_{i-1}\frac{(x_i-x)^2}{2h_i}+M_i\frac{(x-x_{i-1})^2}{2h_i}+\frac{1}{h_i}\left(\frac{M_{i-1}}{6}h_i^2-y_{i-1}\right)+\frac{1}{h_i}\left(y_i-\frac{M_i}{6}h_i^2\right)\\&=-M_{i-1}\frac{(x_i-x)^2}{2h_i}+M_i\frac{(x-x_{i-1})^2}{2h_i}+\frac{y_i-y_{i-1}}{h_i}-\\&\quad\frac{h_i}{6}(M_i-M_{i-1})\quad(i=1,2,\cdots,n)\end{aligned}$$

于是

$$\begin{aligned}s_{i+1}'(x)=&-M_i\frac{(x_{i+1}-x)^2}{2h_{i+1}}+M_{i+1}\frac{(x-x_i)^2}{2h_{i+1}}+\frac{y_{i+1}-y_i}{h_{i+1}}-\\&\frac{h_{i+1}}{6}(M_{i+1}-M_i)\quad(i=1,2,\cdots,n-1)\end{aligned}$$

分别用 $s_i'(x_i^-)$表示 $s_i(x)$在$[x_{i-1},x_i]$上右端点 x_i 处的一阶导数,$s_{i+1}'(x_i^+)$表示 $s_{i+1}(x)$在$[x_i,x_{i+1}]$上左端点 x_i 处的一阶导数,则有

$$s_i'(x_i^-)=\frac{M_i}{2}h_i+\frac{y_i-y_{i-1}}{h_i}+\frac{h_i}{6}(M_{i-1}-M_i)$$

$$s'_{i+1}(x_i^+) = -\frac{M_i}{2}h_{i+1} + \frac{y_{i+1}-y_i}{h_{i+1}} + \frac{h_{i+1}}{6}(M_i - M_{i+1})$$

由定义 8.6 中的第二条 $s(x)$ 的一阶导数连续可知必有

$$s'_i(x_i^-) = s'_{i+1}(x_i^+) \quad (i=1,2,\cdots,n-1)$$

即

$$\frac{h_i}{6}M_{i-1} + \frac{h_i+h_{i+1}}{3}M_i + \frac{h_{i+1}}{6}M_{i+1} = \frac{y_{i+1}-y_i}{h_{i+1}} - \frac{y_i-y_{i-1}}{h_i} \quad (i=1,2,\cdots,n-1)$$

上式两边同乘以 $\frac{6}{h_i+h_{i+1}}$，得

$$\frac{h_i}{h_i+h_{i+1}}M_{i-1} + 2M_i + \frac{h_{i+1}}{h_i+h_{i+1}}M_{i+1} = \frac{6}{h_i+h_{i+1}}\left(\frac{y_{i+1}-y_i}{h_{i+1}} - \frac{y_i-y_{i-1}}{h_i}\right) \quad (i=1,2,\cdots,n-1) \tag{8.23}$$

令

$$\lambda_i = \frac{h_{i+1}}{h_i+h_{i+1}}, \quad \mu_i = 1-\lambda_i = \frac{h_i}{h_i+h_{i+1}},$$

$$d_i = \frac{6}{h_i+h_{i+1}}\left(\frac{y_{i+1}-y_i}{h_{i+1}} - \frac{y_i-y_{i-1}}{h_i}\right)$$

式(8.23)即为

$$\mu_i M_{i-1} + 2M_i + \lambda_i M_{i+1} = d_i (i=1,2,\cdots,n-1) \tag{8.24}$$

式(8.24)是含有 $n+1$ 个未知数 $M_0,M_1,\cdots,M_n$，但只有 $n-1$ 个方程的方程组，因而解不确定，必须补充两个方程才能保证有唯一解。这样的条件通常是在边界 x_0、x_n 处给出，称为边界条件。边界条件形式很多，常见的有以下两种。

(1) 第二类边界条件——给定端点处的二阶导数(弯矩)

$$M_0 = y''_0, \quad M_n = y''_n$$

当 $M_0 = M_n = 0$ 时，称为自然样条。

(2) 第一类边界条件——给定端点处的一阶导数(斜率)

$$s'(x_0) = y'_0, \quad s'(x_n) = y'_n$$

由

$$s'_i(x) = -M_{i-1}\frac{(x_i-x)^2}{2h_i} + M_i\frac{(x-x_{i-1})^2}{2h_i} + \frac{y_i-y_{i-1}}{h_i} - \frac{h_i}{6}(M_i - M_{i-1})$$

将 $s'(x_0) = y'_0$，代入得

$$y'_0 = -M_0\frac{(x_1-x_0)^2}{2h_1} + M_1\frac{(x_0-x_0)^2}{2h_1} + \frac{y_1-y_0}{h_1} - \frac{h_1}{6}(M_1 - M_0)$$

$$= -\frac{h_1}{3}M_0 - M_1\frac{h_1}{6} + \frac{y_1-y_0}{h_1}$$

即有

$$2M_0 + M_1 = \frac{6}{h_1}\left(\frac{y_1-y_0}{h_1} - y'_0\right)$$

类似可得

$$M_{n-1}+2M_n=\frac{6}{h_n}\left(y'_n-\frac{y_n-y_{n-1}}{h_n}\right)$$

它们与第二类边界条件可以统一写成

$$\begin{cases}2M_0+\lambda_0 M_1=d_0\\ \mu_n M_{n-1}+2M_n=d_n\end{cases}\tag{8.25}$$

其中

$$d_0=\frac{6\lambda_0}{h_1}\left(\frac{y_1-y_0}{h_1}-y'_0\right)+2(1-\lambda_0)y''_0$$

$$d_n=\frac{6\mu_n}{h_n}\left(y'_n-\frac{y_n-y_{n-1}}{h_n}\right)+2(1-\mu_n)y''_n$$

当 $\lambda_0=\mu_n=0$ 时,即为第二类边界条件;当 $\lambda_0=\mu_n=1$ 时,即为第一类边界条件。将式(8.24)与式(8.25)合在一起就形成含有 $n+1$ 个未知数 $M_0,M_1,\cdots,M_n$ 的 $n+1$ 阶方程组,矩阵形式为

$$\begin{bmatrix}2 & \lambda_0 & & & & \\ \mu_1 & 2 & \lambda_1 & & & \\ & \mu_2 & 2 & \lambda_2 & & \\ & \vdots & \vdots & \vdots & & \\ & & & \mu_{n-1} & 2 & \lambda_{n-1}\\ & & & & \mu_n & 2\end{bmatrix}\begin{bmatrix}M_0\\ M_1\\ M_2\\ \vdots\\ M_{n-1}\\ M_n\end{bmatrix}=\begin{bmatrix}d_0\\ d_1\\ d_2\\ \vdots\\ d_{n-1}\\ d_n\end{bmatrix}$$

这是一个三对角形方程组,其系数矩阵为严格主对角占优阵,且可以证明系数矩阵行列式不为 0,因而此方程组有唯一解。用追赶法解出 $M_0,M_1,M_2,\cdots,M_n$ 后代入式(8.22),则系数用节点处的二阶导数值表示的三次样条插值函数就完全确定了。

三次样条插值函数算法:

(1) 输入样点(x_i,y_i) $(i=0,1,2,\cdots,n)$,插值点 t,边界条件 y'_0、y'_n、y''_0、y''_n及 a_n、c_0。

(2) 构造求 $M_i(i=0,1,2,\cdots,n)$的三对角形方程组。

① $b_i=2$ $(i=1,2,\cdots,n)$。

② $i=1,2,\cdots,n$

$$h_i=x_i-x_{i-1}$$

③ $i=1,2,\cdots,n-1$

$$a_i=\frac{h_i}{h_i+h_{i+1}},c_i=1-a_i,d_i=\frac{6}{h_i+h_{i+1}}\left(\frac{y_{i+1}-y_i}{h_{i+1}}-\frac{y_i-y_{i-1}}{h_i}\right)$$

④ $d_0=\dfrac{6c_0}{h_1}\left(\dfrac{y_1-y_0}{h_1}-y'_0\right)+2(1-c_0)y''_0$

$$d_n=\frac{6a_n}{h_n}\left(y'_n-\frac{y_n-y_{n-1}}{h_n}\right)+2(1-a_n)y''_n$$

(3) 用追赶法求解三对角形方程组,解出 $M_i(i=0,1,2,\cdots,n)$。

(4) 判断 t 所在区间位置,当 $t\in[x_{i-1},x_i]$时用式(8.22)计算出其函数值 $s_i(t)$。

8.8 MATLAB中的插值函数

interp1 函数

在MATLAB中，一维插值函数为interp1，其调用的一般形式为

```
Y1=interp1(X,Y,T,method)
```

根据X、Y的值，计算函数在T处的值。其中，X、Y是两个等长的已知向量，Y为对应于X的函数值，或称对应于样本点的采样值，通常是根据实验测得的观察数据。T是插值点，可以是一个向量或标量，表示要计算在T处的函数值的近似值。求值的办法是根据X、Y的数据构造一个插值函数近似X和Y之间的函数关系。用这个插值函数求在T处的函数值，作为插值结果。插值函数可选多种形式，例如线性插值和三次样条插值等。

method参数用于指定插值方法，常用的取值有以下4种。

(1) linear：线性插值，默认方法。将与插值点靠近的两个数据点用直线连接，然后在直线上选取对应插值点的数据。

(2) nearest：最近点插值。选择最近样本点的值作为插值数据。

(3) pchip：分段3次埃尔米特插值。采用分段三次多项式，除满足插值条件，还需满足在若干节点处相邻段插值函数的一阶导数相等，使得曲线光滑的同时，还具有保形性。

(4) spline：3次样条插值。插值函数是一个分段函数，每个分段内都是一个三次多项式，使其插值函数除满足插值条件外，还要求在各节点处具有连续的一阶和二阶导数。

【例8.7】 interp1用法举例。

```
x=[0 1 3 6 9 11 12 13 15 16];
y=[0 0.9 1.3 1.8 2.0 2.1 1.8 1.5 1.1 1.6];
t=0:0.1:16;
subplot(2,2,1)
y1=interp1(x,y,t,'nearest');
plot(t,y1),title('nearest 插值效果')
%采用默认的 linear 方法插值
subplot(2,2,2)
y2=interp1(x,y,t);
plot(t,y2),title('linear 插值效果')
%采用 pchip 方法插值
subplot(2,2,3)
y3=interp1(x,y,t,'pchip');
plot(t,y3),title('pchip 插值效果')
%采用 spline 方法插值
subplot(2,2,4)
y4=interp1(x,y,t,'spline');
plot(t,y4),title('spline 插值效果')
%三次样条插值也可以使用 spline
```

```
spline(x,y,t);
```

interp1 函数插值效果如图 8-2 所示。

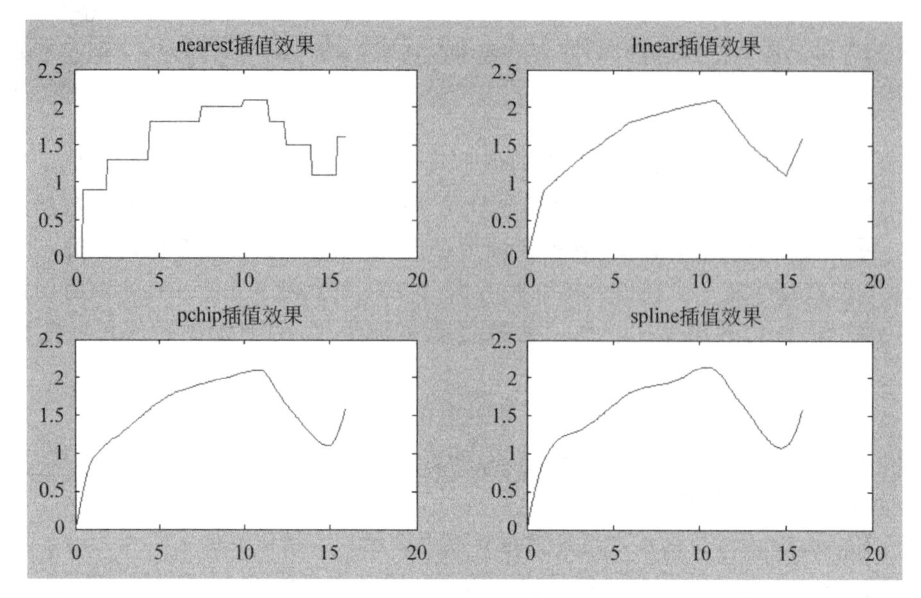

图 8-2 interp1 函数插值效果

线性插值和最近点插值方法比较简单。其中,线性插值方法的计算量与样本点 n 无关。n 越大,误差越小。3 次埃尔米特插值和 3 次样条插值都能保证曲线的光滑性。相比较而言,3 次埃尔米特插值具有保形性;而 3 次样条插值要求其二阶导数也连续,所以插值函数的性态更好。

【例 8.8】 已知 x=[1 9 25 49],y=[1 3 5 7],求 t=[4 16 36 64]处的近似值。

```
>>x=[1 9 25 49];
>>y=[1 3 5 7];
>>t=[4 16 36 64];
>>interp1(x,y,t)
ans=
    1.7500    3.8750    5.9167       NaN
```

【说明】 此处 NaN 表示非数字,即利用线性插值方法无法求出 64 处的函数值,因为 64 不在插值区间之内,MATLAB 不知用哪两个点连线,所以没有求出结果。

```
>>interp1(x,y,t,'nearist')
ans=
     1     3     5   NaN
```

【说明】 nearist 方法是选择最近样本点的值作为插值数据,因为 64 不在插值区间之内,没有两个点比较和哪一个更近,所以没有求出结果。

```
>>interp1(x,y,t,'pchip')
```

```
ans=
    1.8529    4.0222    6.0431    7.5343
>>interp1(x,y,t,'spline')
ans=
    1.8555    4.1211    5.7305   10.4336
>>spline(x,y,t)
ans=
    1.8555    4.1211    5.7305   10.4336
```

【说明】 interp1(x,y,t,'spline')和 spline(x,y,t)都表示样条插值。

从结果可以看出，当使用线性插值和最临近点插值时，如果插值点不在插值区间内，即外推时，interp1 得不到计算结果，返回非数字 NaN，但其他两种方法都可以得到计算结果，插值结果是有误差的，准确的结果应该是 2、4、6 和 8。

MATLAB 中的二维插值函数为 interp2，其调用格式为

拟合思路

```
Z1=interp2(X,Y,Z,X1,Y1,method)
```

其中，X、Y 是两个向量，表示两个参数的采样点，Z 是采样点对应的函数值。X1、Y1 是两个标量或向量，表示插值点，即求 X1、Y1 处函数值的近似值。

8.9　最小二乘法与曲线拟合

在自然科学、社会科学等领域内，为确定客观存在的变量之间的函数关系，需对大量的实验、观测或社会调查所得数据——样点(x_0,y_0)，(x_1,y_1)，…，(x_n,y_n)建立函数关系式。这些样点不可避免地存在误差，甚至出现一些失真的坏点，如果用插值法求函数关系近似表达式，即要求近似函数曲线经过所有的样点，就会将不合理的误差带入函数关系式中，使近似函数不能反映事物本质的函数关系。如果不要求近似函数曲线经过所有的样点，而只要求该曲线能够反映所给数据的基本趋势，便称为数据拟合，或称为求经验公式，求经验公式时需要用到最小二乘法。

8.9.1　最小二乘法

最小二乘法

解线性方程组时，通常要求未知数的个数与方程的个数相等，如果方程的个数多于未知数的个数，往往无解，这样的方程组叫作矛盾方程组。最小二乘法是解矛盾方程组的一个常用方法。

一般地，设有矛盾方程组

$$\begin{cases} a_{11}x_1 + a_{12}x_2 + \cdots + a_{1m}x_m = b_1 \\ a_{21}x_1 + a_{22}x_2 + \cdots + a_{2m}x_m = b_2 \\ \vdots \\ a_{N1}x_1 + a_{N2}x_2 + \cdots + a_{Nm}x_m = b_N \end{cases} \quad (m < N) \tag{8.26}$$

即

$$\sum_{j=1}^{m} a_{ij}x_j = b_i \quad (i=1,2,\cdots,N) \tag{8.27}$$

能同时满足这 N 个方程的解是不存在的,于是转而寻求在某种意义下的近似解,这种近似解不是矛盾方程组的精确解的近似值(因为精确解根本不存在),而是使矛盾方程组(8.26)最大限度地近似成立的一组数值。记

$$R_i = \sum_{j=1}^{m} a_{ij}x_j - b_i \quad (i=1,2,\cdots,N)$$

称为误差方程组。

根据最小二乘法原理,应选一组解 $x_1,x_2,\cdots,x_m$ 使

$$Q(x_1,x_2,\cdots,x_m) = \sum_{i=1}^{N} R_i^2 = \sum_{i=1}^{N}\left(\sum_{j=1}^{m} a_{ij}x_j - b_i\right)^2$$

达到最小。

二次函数 Q 是关于 $x_1,x_2,\cdots,x_m$ 的连续函数,且

$$Q(x_1,x_2,\cdots,x_m) \geqslant 0$$

故一定存在一组数 $x_1,x_2,\cdots,x_m$ 使得 Q 达到最小值。根据多元函数极值的必要条件可知,在最小值点应满足

$$\frac{\partial Q}{\partial x_1}=0,\frac{\partial Q}{\partial x_2}=0,\cdots,\frac{\partial Q}{\partial x_m}=0$$

由此可以建立起包含有 m 个未知数且相互独立的 m 个方程,称为矛盾方程组(8.26)所对应的正规方程组。由于

$$\begin{aligned}
\frac{\partial Q}{\partial x_k} &= \sum_{i=1}^{N} 2\left(\sum_{j=1}^{m} a_{ij}x_j - b_i\right)\cdot a_{ik} \\
&= 2\sum_{i=1}^{N}\left(\sum_{j=1}^{m} a_{ij}\cdot a_{ik}x_j - a_{ik}\cdot b_i\right) \\
&= 2\sum_{j=1}^{m}\left(\sum_{i=1}^{N} a_{ik}\cdot a_{ij}\right)x_j - 2\sum_{i=1}^{N} a_{ik}b_i \quad (k=1,2,\cdots,m)
\end{aligned}$$

令 $\frac{\partial Q}{\partial x_k}=0(k=1,2,\cdots,m)$,则有

$$\sum_{j=1}^{m}\left(\sum_{i=1}^{N} a_{ik}\cdot a_{ij}\right)x_j = \sum_{i=1}^{N} a_{ik}\cdot b_i(k=1,2,\cdots,m) \tag{8.28}$$

式(8.28)就是对应于矛盾方程组(8.26)的正规方程组,它的解是矛盾方程组的最优近似解。

上述正规方程组可以写成

$$\sum_{j=1}^{m} c_{kj}x_j = d_k \quad (k=1,2,\cdots,m)$$

其中

$$c_{kj} = \sum_{i=1}^{N} a_{ik}\cdot a_{ij} \quad (k,j=1,2,\cdots,m)$$

$$d_k = \sum_{i=1}^{N} a_{ik}\cdot b_i \quad (k=1,2,\cdots,m)$$

正规方程组系数矩阵的第 k 行第 j 列元素等于对应的矛盾方程组的系数矩阵的第 k 列与第 j 列两列对应元素乘积之和，正规方程组右端项第 k 行元素等于对应矛盾方程组系数矩阵第 k 列与右端项对应元素乘积之和。矛盾方程组的增广矩阵为

$$\begin{bmatrix} a_{11} & a_{12} & a_{13} & \cdots & a_{1m} & b_1 \\ a_{21} & a_{22} & a_{23} & \cdots & a_{2m} & b_2 \\ \vdots & \vdots & \vdots & \vdots & \vdots & \vdots \\ a_{N1} & a_{N2} & a_{N3} & \cdots & a_{Nm} & b_N \end{bmatrix}$$

对应的正规方程组的增广矩阵为

$$\begin{bmatrix} \sum_{i=1}^{N} a_{i1}^2 & \sum_{i=1}^{N} a_{i1}a_{i2} & \sum_{i=1}^{N} a_{i1}a_{i3} & \cdots & \sum_{i=1}^{N} a_{i1}a_{im} & \sum_{i=1}^{N} a_{i1}b_i \\ \sum_{i=1}^{N} a_{i2}a_{i1} & \sum_{i=1}^{N} a_{i2}^2 & \sum_{i=1}^{N} a_{i2}a_{i3} & \cdots & \sum_{i=1}^{N} a_{i2}a_{im} & \sum_{i=1}^{N} a_{i2}b_i \\ \vdots & \vdots & \vdots & \vdots & \vdots & \vdots \\ \sum_{i=1}^{N} a_{im}a_{i1} & \sum_{i=1}^{N} a_{im}a_{i2} & \sum_{i=1}^{N} a_{im}a_{i3} & \cdots & \sum_{i=1}^{N} a_{im}^2 & \sum_{i=1}^{N} a_{im}b_i \end{bmatrix}$$

由此，可根据矛盾方程组直接构造正规方程组，再求出正规方程组的解就是矛盾方程组的最优近似解。

【例 8.9】 用最小二乘法求矛盾方程组

$$\begin{cases} 2x + 4y = 9 \\ 3x - y = 3 \\ x + 2y = 4 \\ 4x + 2y = 11 \end{cases}$$

的最优近似解。

【解】 建立对应的正规方程组：

$$\begin{bmatrix} \sum_{i=1}^{4} a_{i1}^2 & \sum_{i=1}^{4} a_{i1}a_{i2} \\ \sum_{i=1}^{4} a_{i2}a_{i1} & \sum_{i=1}^{4} a_{i2}^2 \end{bmatrix} \begin{bmatrix} x \\ y \end{bmatrix} = \begin{bmatrix} \sum_{i=1}^{4} a_{i1}b_i \\ \sum_{i=1}^{4} a_{i2}b_i \end{bmatrix}$$

将数据代入得

$$\begin{bmatrix} 4+9+1+16 & 8-3+2+8 \\ 8-3+2+8 & 16+1+4+4 \end{bmatrix} \begin{bmatrix} x \\ y \end{bmatrix} = \begin{bmatrix} 18+9+4+44 \\ 36-3+8+22 \end{bmatrix}$$

即正规方程组为

$$\begin{cases} 30x + 15y = 75 \\ 15x + 25y = 63 \end{cases}$$

解正规方程组得

$$\begin{cases} x = 1.771429 \\ y = 1.457143 \end{cases}$$

即为矛盾方程组的最优近似解。

8.9.2 多项式拟合

多项式拟合

根据实验数据$(x_1,y_1),(x_2,y_2),\cdots,(x_N,y_N)$确定 x、y 间的近似函数关系 $y=\varphi(x)$或称经验公式,最简单的办法是设所求的表达式为一个次数低于 $N-1$ 的多项式。设

$$\varphi(x)=a_0+a_1x+a_2x^2+\cdots+a_mx^m=\sum_{k=0}^{m}a_kx^k \tag{8.29}$$

其中,$m<N-1$。只要确定了系数 $a_k(k=0,1,2,\cdots,m)$,就确定了所要求的经验公式。

将已知的 N 组实验数据分别代入式(8.29),可得

$$\begin{cases}a_0+a_1x_1+a_2x_1^2+\cdots+a_mx_1^m=y_1\\a_0+a_1x_2+a_2x_2^2+\cdots+a_mx_2^m=y_2\\\vdots\\a_0+a_1x_N+a_2x_N^2+\cdots+a_mx_N^m=y_N\end{cases} \tag{8.30}$$

其中,未知数为 $a_k(k=0,1,2,\cdots,m)$,共有 $m+1$ 个,而方程的个数为 N,由 $m<N-1$ 可知式(8.30)为矛盾方程组。依据最小二乘法原理,其对应的正规方程组为

$$\begin{bmatrix}N & \sum_{i=1}^{N}x_i & \sum_{i=1}^{N}x_i^2 & \cdots & \sum_{i=1}^{N}x_i^m\\\sum_{i=1}^{N}x_i & \sum_{i=1}^{N}x_i^2 & \sum_{i=1}^{N}x_i^3 & \cdots & \sum_{i=1}^{N}x_i^{m+1}\\\vdots & \vdots & \vdots & \vdots & \vdots\\\sum_{i=1}^{N}x_i^m & \sum_{i=1}^{N}x_i^{m+1} & \sum_{i=1}^{N}x_i^{m+2} & \cdots & \sum_{i=1}^{N}x_i^{2m}\end{bmatrix}\begin{bmatrix}a_0\\a_1\\a_2\\\vdots\\a_m\end{bmatrix}=\begin{bmatrix}\sum_{i=1}^{N}y_i\\\sum_{i=1}^{N}x_iy_i\\\vdots\\\sum_{i=1}^{N}x_i^my_i\end{bmatrix} \tag{8.31}$$

可以证明,正规方程组(8.31)的矩阵行列式不为 0,因此该方程组有唯一解。m 取何值应由数据所反映的趋势来定。

【例 8.10】 已知一组实验数据如表 8-9 所示,用最小二乘法求其多项式型经验公式。

表 8-9 例 8.10 实验数据表

i	x_i	y_i
1	2	2
2	4	11
3	6	28
4	8	48

【解】

(1) 画草图,由草图可以看出总趋势是一条直线,如图 8-3 所示。

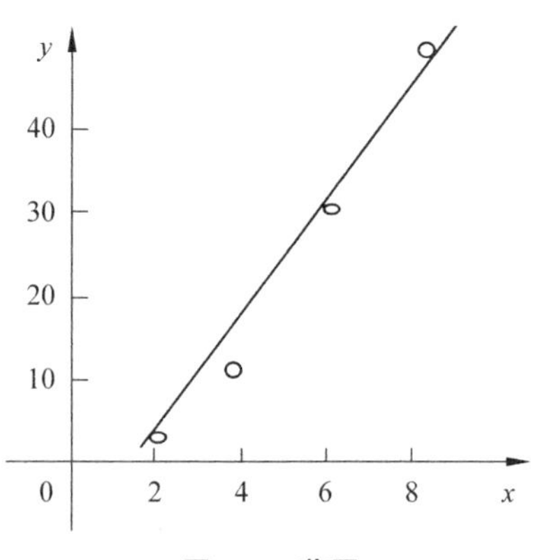

图 8-3　草图

(2) 造型：由草图可设拟合曲线为

$$y=\varphi(x)=a_0+a_1x$$

(3) 建立正规方程组

$$\begin{bmatrix} 4 & \sum_{i=1}^{4}x_i \\ \sum_{i=1}^{4}x_i & \sum_{i=1}^{4}x_i^2 \end{bmatrix}\begin{bmatrix} a_0 \\ a_1 \end{bmatrix}=\begin{bmatrix} \sum_{i=1}^{4}y_i \\ \sum_{i=1}^{4}x_iy_i \end{bmatrix}$$

将方程组中要用到的数据列于表 8-10 中。

表 8-10　方程组中要用到的数据

i	1	2	3	4	和
x_i	2	4	6	8	20
y_i	2	11	28	48	89
x_iy_i	4	44	168	384	600
x_i^2	4	16	36	64	120

于是，正规方程组为

$$\begin{bmatrix} 4 & 20 \\ 20 & 120 \end{bmatrix}\begin{bmatrix} a_0 \\ a_1 \end{bmatrix}=\begin{bmatrix} 89 \\ 600 \end{bmatrix}$$

由此解得

$$\begin{bmatrix} a_0 \\ a_1 \end{bmatrix}=\begin{bmatrix} -16.5 \\ 7.75 \end{bmatrix}$$

即所求多项式型经验公式为

$$y=-16.5+7.75x$$

设经验公式在各节点处的函数值为 $\bar{y}_i$，则

$$P=\sum_{i=1}^{N}(\bar{y}_i-y_i)^2$$

称为经验公式的拟合度,拟合度越小说明经验公式越逼近实验数据所表示的函数,它是衡量对应于同一组实验数据的各经验公式优劣的一个依据。

实际中常用拟合绝对偏差

$$E_{\text{abs}}=\frac{\sum_{i=1}^{N}|\bar{y}_i-y_i|}{N}$$

或拟合相对偏差

$$E_{\text{rel}}=\frac{\sum_{i=1}^{N}|\bar{y}_i-y_i|}{\sum_{i=1}^{N}y_i}$$

来检查经验公式的可信程度。如果它们在实际问题允许的绝对误差或相对误差范围内,那么所做的经验公式就是可信、可靠的。

得出经验公式后,还需要对原实验数据进行"坏点"检验。"坏点"是指$|\bar{y}_i-y_i|$超过允许绝对误差限或$\frac{|\bar{y}_i-y_i|}{|y_i|}$超过允许相对误差限的点,对于"坏点"可视实际情况进行重测、补测或摒弃。

【例 8.11】 已知一组实验数据如表 8-11 所示,求其多项式型经验公式。

表 8-11 实验数据表

i	1	2	3	4	5	6	7
x_i	1	2	3	4	5	6	7
y_i	5	3	2	1	2	4	7

【解】 (1) 画草图(见图 8-4),从图可以看出曲线所反映的趋势为一条抛物线。

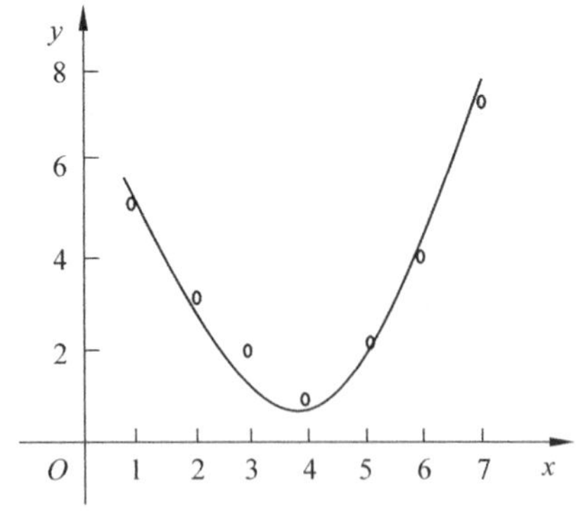

图 8-4 例 8.11 草图

(2) 造型:设拟合曲线为

$$y=\varphi(x)=a_0+a_1x+a_2x^2$$

(3) 建立正规方程组

$$\begin{bmatrix} N & \sum_{i=1}^{7} x_i & \sum_{i=1}^{7} x_i^2 \\ \sum_{i=1}^{7} x_i & \sum_{i=1}^{7} x_i^2 & \sum_{i=1}^{7} x_i^3 \\ \sum_{i=1}^{7} x_i^2 & \sum_{i=1}^{7} x_i^3 & \sum_{i=1}^{7} x_i^4 \end{bmatrix} \begin{bmatrix} a_0 \\ a_1 \\ a_2 \end{bmatrix} = \begin{bmatrix} \sum_{i=1}^{7} y_i \\ \sum_{i=1}^{7} x_i y_i \\ \sum_{i=1}^{7} x_i^2 y_i \end{bmatrix}$$

计算出各个和,于是正规方程组为

$$\begin{bmatrix} 7 & 28 & 140 \\ 28 & 140 & 784 \\ 140 & 784 & 4676 \end{bmatrix} \begin{bmatrix} a_0 \\ a_1 \\ a_2 \end{bmatrix} = \begin{bmatrix} 24 \\ 104 \\ 588 \end{bmatrix}$$

由此解得

$$\begin{bmatrix} a_0 \\ a_1 \\ a_2 \end{bmatrix} = \begin{bmatrix} 8.57 \\ -3.9 \\ 0.52 \end{bmatrix}$$

即所求经验公式为

$$y = 8.57 - 3.9x + 0.52x^2$$

多项式型经验公式算法

多项式型经验公式算法：

(1) 输入样点(x_i, y_i) $(i=1,2,\cdots,N)$,拟合多项式的次数 m。

(2) 求正规方程组的增广矩阵。

当 $i=0,1,2,\cdots,m$ 时做,

$$a_{i,m+1} = \sum_{k=1}^{N} x_k^i y_k$$

对 $j=0,1,2,\cdots,m$,做

$$a_{ij} = \sum_{k=1}^{N} x_k^{i+j}$$

(3) 用列主元高斯消去法求正规方程组的解 $t_i$$(i=0,1,2,\cdots,m)$。

(4) 输出经验公式

$$y = t_0 + t_1 x + t_2 x^2 + \cdots + t_m x^m$$

(5) 如有必要,计算并输出拟合度、拟合绝对偏差、拟合相对偏差、“坏点”检验等信息。

8.9.3　幂函数型、指数函数型经验公式

幂函数型经验公式

有时可能需要用非多项式型经验公式来拟合一组数据,例如指数函数或幂函数,这时拟合函数是关于待定参数的非线性函数,根据最小二乘法原理建立的正规方程组将是关于待定参数的非线性方程组,这类数据拟合问题称为非线性最小二乘问题。其中有些简单情形可以转化为线性最小二乘问题求解。下面给出一个求幂函数型经验公式的例子,指数函数型经验公式求解问题可以类

似处理。

【例 8.12】 求一函数较好地拟合表 8-12 所示的数据。

表 8-12 数据表(二)

i	x_i	y_i
1	1.1	2.1
2	2.5	10.2
3	4.4	27.3
4	5.2	38.4
5	6.6	71.4
6	7.5	92.1

【解】 根据这组数据画出草图(见图 8-5),据图可取拟合函数为幂函数

$$y(x)=ax^b \tag{8.32}$$

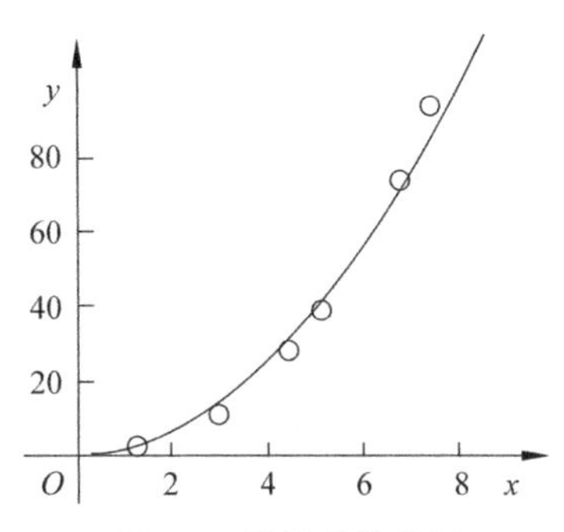

图 8-5 数据趋势草图

其中,a、b 为待定参数。对式(8.32)两边取对数得

$$\lg y=\lg a+b\lg x \tag{8.33}$$

令

$$Y=\lg y,\quad X=\lg x,\quad A=\lg a$$

则式(8.33)为

$$Y=A+bX$$

由(x_i,y_i)可得到相应的(X_i,Y_i),如表 8-13 所示。

表 8-13 结果表

i	X_i	Y_i
1	0.041393	0.322219
2	0.397940	1.008600
3	0.643453	1.436163
4	0.716003	1.584331
5	0.819544	1.853698
6	0.875061	1.964260

相应的正规方程组为

$$\begin{bmatrix} 6 & \sum_{i=1}^{6} X_i \\ \sum_{i=1}^{6} X_i & \sum_{i=1}^{6} X_i^2 \end{bmatrix} \begin{bmatrix} A \\ b \end{bmatrix} = \begin{bmatrix} \sum_{i=1}^{6} Y_i \\ \sum_{i=1}^{6} X_i Y_i \end{bmatrix}$$

即

$$\begin{bmatrix} 6 & 3.493394 \\ 3.493394 & 2.524164 \end{bmatrix} \begin{bmatrix} A \\ b \end{bmatrix} = \begin{bmatrix} 8.169271 \\ 5.711224 \end{bmatrix}$$

由此解得

$$\begin{bmatrix} A \\ b \end{bmatrix} = \begin{bmatrix} 0.2 \\ 1.9 \end{bmatrix}$$

再求出 $a = 10^A = 1.584893$，便得所求函数为

$$y = 1.584893x^{1.9}$$

在处理幂函数型经验公式时采用了取对数的方法，因而要求对于幂函数型的经验公式全部实验数据不允许有 0 或负数。对于指数函数型经验公式也需要采用取对数的方法。因此，对指数型经验公式的 y 值不允许有 0 或负数，在实际问题中若出现 0 或负数时，可先进行坐标平移，使之全为正，这样在新坐标系得到的经验公式同样可以使用，只不过用这样的经验公式计算出的结果再移回原坐标系下就行了。

8.10 MATLAB 中的拟合函数

拟合函数

polyfit 函数可以求出拟合多项式的系数，一般形式为

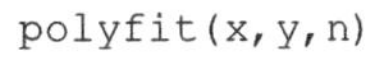

```
polyfit(x,y,n)
```

其中，x、y 为已知的一组数据点，n 为所求多项式的次数。

【例 8.13】 用 4 次多项式拟合正弦函数。

```
%多项式拟合正弦函数曲线,原始数据点为 x0,y0
x0=-pi:0.1:pi;
y0=sin(x0);
%4 次多项式拟合,p0 为所求出的拟合多项式的系数
p0=polyfit(x0,y0,4);
y1=polyval(p0,x0);
plot(x0,y0,x0,y1,'r');
```

多项式拟合效果如图 8-6 所示。

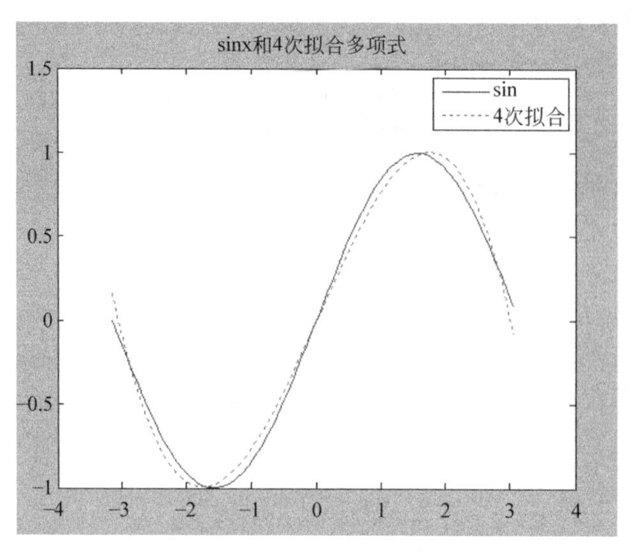

图 8-6 多项式拟合效果

【例 8.14】 高次插值的龙格振荡现象。

```
x1=-1:0.2:1;
y1=1./(1+25*x1.^2);
%分别使用 3 次、5 次、8 次多项式拟合
p3=polyfit(x1,y1,3);
p5=polyfit(x1,y1,5);
p8=polyfit(x1,y1,8);
x  =-1:0.01:1;
y  =1./(1+25*x.^2);
y3=polyval(p3,x);
y5=polyval(p5,x);
y8=polyval(p8,x);
plot(x,y,'g',x,y3,'r-',x,y5,'m:',x,y8,'b--','linewidth',4);
legend('原始','3 次','5 次','8 次');
```

龙格振荡现象如图 8-7 所示。

从图 8-7 可以看出,多项式拟合阶次越高,并不一定拟合效果越好,相反,会有龙格振荡现象。

【例 8.15】 非多项式拟合举例。

使用非多项式拟合方法,首先建立拟合选项结构体。

```
x1=-1:0.2:1;
y1=1./(1+25*x1.^2);
x  =-1:0.01:1;
y  =1./(1+25*x.^2);
options=fitoptions('Method','NonlinearLeastSquare');
```

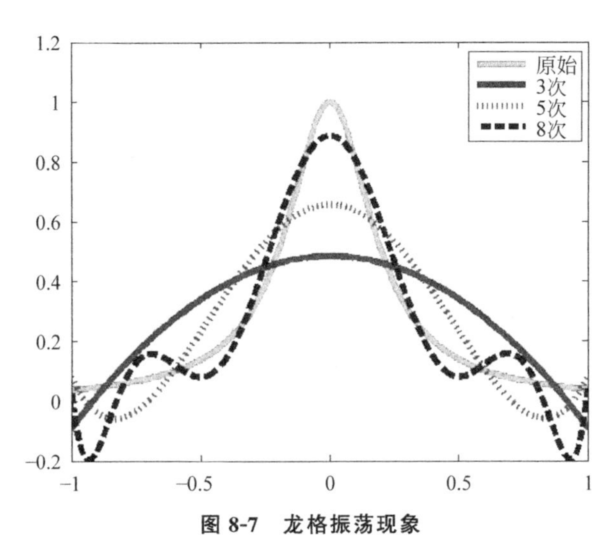

图 8-7　龙格振荡现象

```
options.Lower=[-Inf,-Inf,-Inf];
options.Upper=[Inf,Inf,Inf];
%通过 fittype 建立非线性拟合模型
type=fittype('a/(b+c*x^n)','problem','n','options',options);
%拟合
[cfun gof]=fit(x1',y1',type,'problem',2);
%拟合效果
ynp=feval(cfun,x);
plot(x,y,'k','LineWidth',6);
hold on
plot(x,ynp,'r');
```

非多项式拟合效果如图 8-8 所示。

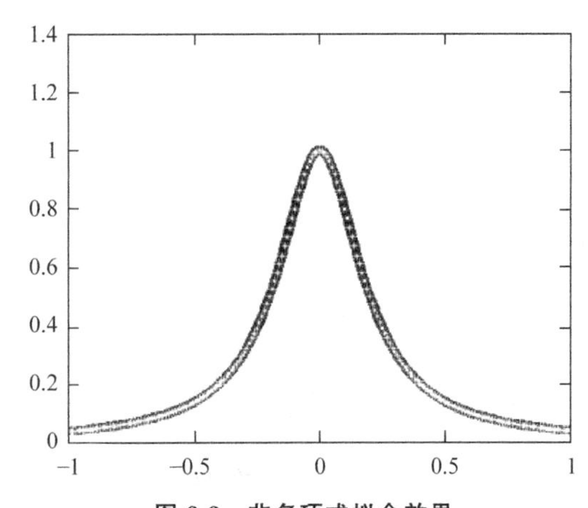

图 8-8　非多项式拟合效果

8.11 问题探究

前面学习了拉格朗日插值、牛顿基本插值、三次样条插值等各种插值方法和曲线拟合的方法，那么当面对一组数据时，到底如何选择插值或拟合的方法？什么样的问题适合采取插值的办法，又如何减小插值的误差？什么情况下选择拟合的办法，除了多项式拟合还可以采用什么形式的函数？

带着上面的问题看下面两组数据不同方法的逼近结果，得出自己的结论。

(1) 已知 x、y 一组数据，求其近似函数关系，求 t 点处的近似值。

已知：

```
x=
[ -6.0 -5.8-5.6 -5.4 -5.2-5.0-4.8-4.6-4.4-4.2-4.0-3.8-3.6-3.4-3.2-3.0 -2.8-
2.6-2.4-2.2-2.0-1.8-1.6-1.4-1.2-1.0-0.8-0.6-0.4-0.20.00.20.40.60.81.01.21.
41.61.82.02.22.42.62.83.03.23.43.63.84.04.24.44.64.85.05.25.45.65.86.0]
y=
[2. 007182. 192362. 359032. 500522. 611212. 686682. 723922. 721452. 679362. 599342.
484562.339622.170281.983301.786131.586641.392771.212261.052300.919260.818460.
753910.728190.742310.795720.886291.010401.163121.338341.529091.727761.926432.
117182.292402.445122.569232.659802.713212.727332.701612.637062.536262.403222.
243262.062751.868881.669391.472221.285241.115900.970960.856180.776160.734070.
731600.768840.844310.955001.096491.263161.44834]
```

数据点的趋势如图 8-9 所示。

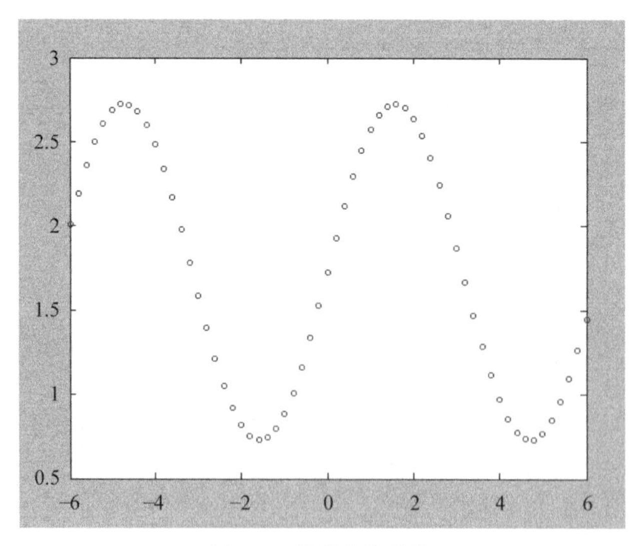

图 8-9 数据点的趋势

取插值点

```
t=[-6.0-5.5-5.0-4.5-4.0-3.5-3.0-2.5-2.0-1.5-1.0-0.50.00.51.01.52.02.53.03.
54.04.55.05.56.0]
```

做 3 次拟合多项式的效果如图 8-10 所示，基本没有近似的效果。

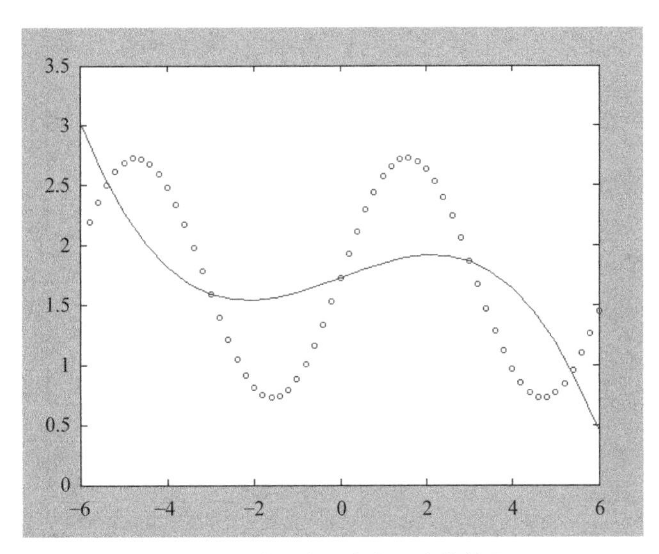

图 8-10　做 3 次拟合多项式的效果

使用 3 次样条插值的效果如图 8-11 所示。

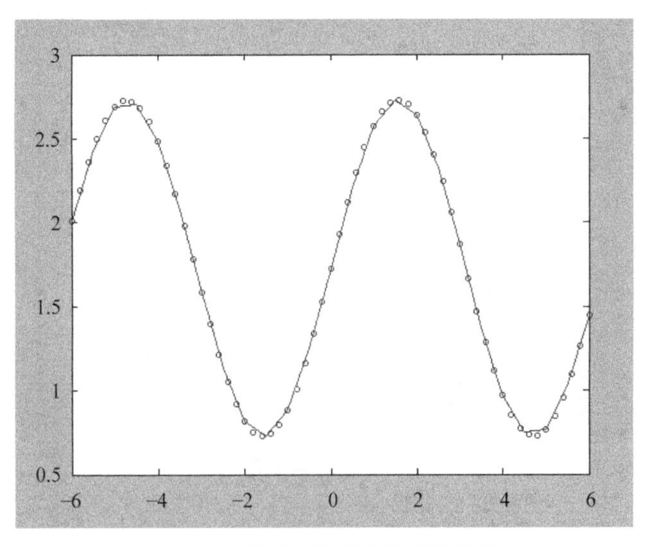

图 8-11　使用 3 次样条插值的效果

【思考】　插值与拟合的区别是什么？什么时候使用拟合多项式？什么时候使用三次样条插值？取点的稀疏对结果有什么影响？如何做可以得到更好的结果？

(2) 已知数据，x 的范围为－pi～pi，y 为 sinx 的值，趋势如图 8-12 所示，分别用 3 次拟合多项式和 3 次样条插值,结果如图 8-13 所示,可以得到什么结论?改用 2 次或 4 次拟合多项式,结果又会如何?

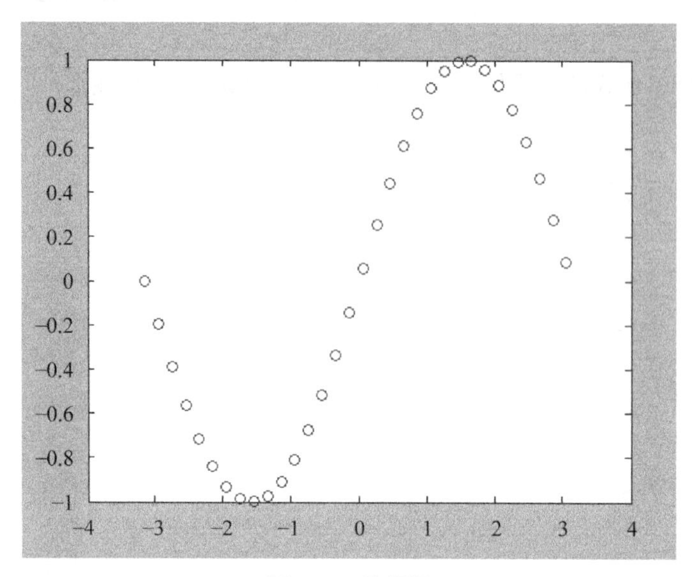

图 8-12 数据图

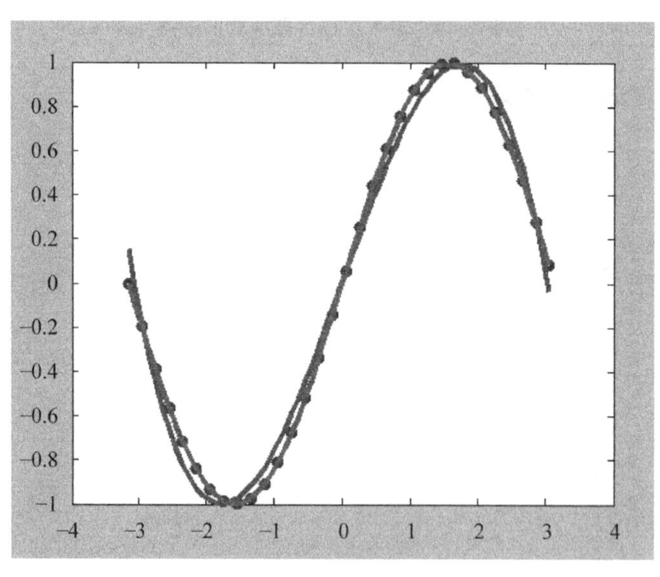

图 8-13 结果图

实验与习题 8

8.1 已知节点 x 为 1 2 3 4 5 6 7,对应的 y 值为 5 3 2 1 2 4 7,利用拉格朗日插值多项式求在 u=0.75,1.25,…,7.25 处函数值的近似值。

(1) u 作为插值点,求出插值点处的函数值。

```
x=1:7;
y=[5 3 2 1 2 4 7];
u=0.75:0.5:7.25;
n=length(x);
v=zeros(size(u));
for k=1:n
  w=ones(size(u));
for j=[1:k-1 k+1:n]
      w=__(1)__.*w;
end
   v=v+__(2)__;
end
z=[u;v]
plot(x,y,'o',u,v,'-','linewidth',3);
```

(2) 符号版,求出插值多项式的表达式形式并绘图。

```
syms t;
x=1:7;
y=[5 3 2 1 2 4 7];
n=length(x);
s=0;
for k=1:n
lagbase=1;
for j=1:n
        if __(1)__
          lagbase=__(2)__*lagbase;
end
end
   s=s+(3);
end
s=collect(s)
ezplot(s,[0,8])
```

8.2　已知节点 x 为 1 2 3 4 5 6 7,对应的 y 值为 5 3 2 1 2 4 7,利用牛顿基本插值公式求其插值多项式。

牛顿插值

```
x=1:7;
y=[5 3 2 1 2 4 7];
syms p;
n=length(x);
fork=1:n
for(j=n:-1:k+1)
```

```
            y(j)=(y(j)-y(j-1))/__(1)__;      %求各阶均差
    end
    end
    v=0;w=1;
    for k=1:n
    v=v+__(2)__;
    w=w*__(3)__;
    end
       s=subs(v,'p','x');
       s=collect(s)
    ezplot(s,1,7)
```

8.3 插值与拟合函数的填空。

已知 x、y 的值,求 t 点处的函数值的近似值,在横线处填入 MATLAB 命令或计算结果。

```
>>x=[4 9 16 25];
>>y=[2 3 4 5]
>>t=[2 5 7 11 19]
```

使用线性插值的命令为

>>__(1)__

结果为

__(2)__

使用三次样条插值的命令为

>>__(3)__

结果为

__(4)__

使用多项式拟合的函数求得 2 次拟合多项式的系数为

>>__(5)__

计算结果为

__(6)__

使用多项式拟合的函数求得 3 次拟合多项式的系数命令为

>>

系数为__(7)__

用 3 次多项式求出 t 点处的函数值为__(8)__

8.4 已知数据如表 8-14 所示,试用线性插值与二次插值计算 sin(0.629)的近似值。

表 8-14　数据表(三)

x	$\sin x$
0	0
0.523599	0.5
0.785398	0.707107
1.047198	0.866025
1.570796	1

8.5　已知数据如表 8-15 所示,用线性插值与二次插值计算 ln11.75 的近似值,并估计误差。

表 8-15　数据表(四)

x	$\ln x$
10	2.3026
11	2.3979
12	2.4849
13	2.5649

8.6　证明由表 8-16 中的数据所确定的 Lagrange 插值多项式是一个二次多项式。这说明了什么问题?

表 8-16　数据表(五)

x	$f(x)$
0	−1
0.5	−0.75
1	0
1.5	1.25
2	3
2.5	5.25

8.7　根据表 8-17 中的实验数据,用 Lagrange 全程插值,求当 $x=0.2,0.6,1.0,1.2,1.5,2.0,2.8,3.0,3.6,4.0,4.8,5.0$ 时所对应的函数值。

表 8-17　数据表(六)

x	y
0	0
0.8	0.32855

续表

x	y
1.2	0.43872
2.0	0.60598
2.6	0.70438
3.4	0.81405
4.2	0.90739
5.0	0.98959

8.8 给定数据表 8-18,用牛顿基本插值公式计算 $f(0.1581)$和 $f(0.6367)$的值。

表 8-18 数据表(七)

x	$f(x)$
0.125	0.79618
0.25	0.77334
0.375	0.74371
0.5	0.70413
0.625	0.65632
0.75	0.60228

8.9 表 8-19 是关于函数 $y=f(x)$的均差表。

表 8-19 $y=f(x)$的均差表

x_i	$f(x_i)$	一阶均差	二阶均差	三阶均差	四阶均差
1	1				
3	——		1	——	
		7			
4	——		——		0
5	25	——	1	——	
		7			
2					

(1) 把适当的数填入表中。

(2) 根据均差表写出均差插值多项式。

(3) 计算 $f(2.5)$的值。

8.10　表 8-20 是关于函数 $y=f(x)$ 的差分表。

表 8-20　$y=f(x)$ 的差分表

x_i	$f(x_i)$	一阶差分	二阶差分	三阶差分	
1	1				
2	4	——	2		
	——			——	
3	9	——			
		7	——		
4	16				

(1) 把适当的数填入差分表中。

(2) 根据差分表写出牛顿向前(后)插值公式。

(3) 计算出 $f(1.5)$ 和 $f(3.5)$ 的值。

8.11　给定数据表 8-21,分别利用牛顿向前插值公式与牛顿向后插值公式计算 $f(0.05)$ 及 $f(0.75)$ 的近似值。

表 8-21　数据表(八)

x	$f(x)$
0	1
0.2	1.2214
0.4	1.49182
0.6	1.82212
0.8	2.22554

8.12　设 $f(x)=\dfrac{1}{1+x^2}$ 在 $[-5,5]$ 上取 $n=10$,按等距节点求分段线性插值函数 $L_n(x)$,计算各段中点处的 $L_n(x)$ 与 $f(x)$ 的值,并估计误差。

8.13　已知样点如表 8-22 所示,求三次样条函数 $S(x)$,边界条件为 $S''(0.25)=0$,$S''(0.53)=0$。

表 8-22　样点表

x_i	y_i
0.25	0.5
0.30	0.5477
0.39	0.6245
0.45	0.6708
0.53	0.728

8.14　设实验数据如表 8-23 所示,求其二次拟合多项式。

表 8-23　实验数据

x_i	y_i
0.1	5.1234
0.2	5.3053
0.3	5.5684
0.4	5.9378
0.5	6.4270
0.6	7.0798
0.7	7.9493

8.15　用形如 $y=a\mathrm{e}^{bx}$(a、b 为常数)的经验公式拟合表 8-24 中的数据。

表 8-24　数据表(九)

x_i	y_i
1	15.3
2	20.5
3	27.4
4	36.6
5	49.1
6	65.6
7	87.8
8	117.6

第9章 数值微积分

实际问题中常常需要计算定积分。根据微积分学基本定理,对于定积分

$$I=\int_a^b f(x)\mathrm{d}x \tag{9.1}$$

若 $f(x)$ 在 $[a,b]$ 上连续,则只要找到被积函数 $f(x)$ 的原函数 $F(x)$,便有牛顿-莱布尼茨公式

$$\int_a^b f(x)\mathrm{d}x=F(b)-F(a)$$

但在实际应用中,由于大量的被积函数(如 e^{-x^2}、$\sin x^2$ 等)没有解析形式的原函数,因此无法使用牛顿-莱布尼茨公式;当被积函数 $f(x)$ 只是由测量或数值计算给出的一张数据表时,更无法使用该公式。因此,研究求定积分[式(9.1)]的数值方法便显得很有必要了。

数值积分简介

本章利用插值理论来建立数值积分与微分公式,并讨论方法的稳定性和收敛性。本章介绍的数值积分方法可以分为两种:一种是利用等距节点的 Lagrange 插值多项式建立的 Newton-Cotes 公式;另一种是利用加速技术建立的 Romberg 算法。本书最后介绍利用 Lagrange 插值多项式以及样条插值函数建立的数值微分公式。

9.1 Newton-Cotes 公式

梯形公式

9.1.1 Newton-Cotes 公式简介

用插值理论建立数值积分公式的基本思路是用被积函数 $f(x)$ 的插值多项式 $L_n(x)$ 来近似 $f(x)$ 来求定积分,即若有

$$f(x)=L_n(x)+R_n(x)$$

其中,$R_n(x)$ 为 $f(x)$ 的插值多项式 $L_n(x)$ 的余项,则

$$\int_a^b f(x)\mathrm{d}x\approx\int_a^b L_n(x)\mathrm{d}x \tag{9.2}$$

最简单的情形是用线性函数 $L_1(x)=f(a)+\dfrac{f(b)-f(a)}{b-a}(x-a)$ 来近似 $f(x)$,这时可得到梯形公式

$$I \approx \int_a^b L_1(x)\mathrm{d}x = (b-a)\left[\frac{1}{2}f(a) + \frac{1}{2}f(b)\right] \tag{9.3}$$

若用二次插值多项式

$$L_2(x) = \frac{(x-b)(x-c)}{(a-b)(a-c)}f(a) + \frac{(x-a)(x-c)}{(b-a)(b-c)}f(b) + \frac{(x-a)(x-b)}{(c-a)(c-b)}f(c)$$

来近似 $f(x)$求积分可得到 Simpson 公式

$$I \approx \int_a^b L_2(x)\mathrm{d}x = (b-a)\left[\frac{1}{6}f(a) + \frac{4}{6}f(c) + \frac{1}{6}f(b)\right] \tag{9.4}$$

其中,$c=\dfrac{a+b}{2}$为$[a,b]$的中点。

从以上结果可以看出,数值积分不是求被积函数的原函数,而是通过计算被积函数在积分区间上某些点处的函数值的线性组合来实现近似计算的。

一般地,用不超过 n 次的插值多项式 $L_n(x)$近似 $f(x)$来求定积分。将积分区间$[a,b]$ n 等分,则节点是等距分布的,节点 $x_0,x_1,x_2,\cdots,x_n$ 可表示成 $x_k=x_0+kh\ (k=0,1,2,\cdots,n)$,其中,$x_0=a,x_n=b,h=\dfrac{b-a}{n}$(称为步长)。

Newton-Cotes 公式

若 $L_n(x)$为 Lagrange 插值多项式,则由第 8 章式(8.9)

$$L_n(x) = \sum_{k=0}^{n} f(x_k)l_k(x)$$

于是

$$I = \int_a^b f(x)\mathrm{d}x \approx \int_a^b L_n(x)\mathrm{d}x = \sum_{k=0}^{n}\left(\int_a^b l_k(x)\mathrm{d}x\right)f(x_k)$$

令

$$A_k = \int_a^b l_k(x)\mathrm{d}x = \int_a^b \left(\prod_{\substack{j=0\\ j\neq k}}^{n} \frac{x-x_j}{x_k-x_j}\right)\mathrm{d}x \tag{9.5}$$

则有

$$\int_a^b f(x)\mathrm{d}x \approx \sum_{k=0}^{n} A_k f(x_k) \tag{9.6}$$

式(9.6)称为等距节点内插求积公式。

利用式(9.6)计算 I,关键是求出系数 A_k。在等距节点前提下,做变换 $t=\dfrac{x-a}{h}$,由 $a\leqslant x\leqslant b$,可得 $0\leqslant t\leqslant n$。而 $x-x_j=(t-j)h\ (j=0,1,2,\cdots,n)$,$x_k-x_j=(k-j)h\,(j,k=0,1,2,\cdots,n$ 且 $j\neq k)$。于是式(9.5)即为

$$A_k = \frac{h\,(-1)^{n-k}}{k!(n-k)!}\int_0^n \prod_{\substack{j=0\\ j\neq k}}^{n}(t-j)\mathrm{d}t = (b-a)\,\frac{(-1)^{n-k}}{n\cdot k!(n-k)!}\int_0^n \prod_{\substack{j=0\\ j\neq k}}^{n}(t-j)\mathrm{d}t$$

记

$$C_k^{(n)} = \frac{(-1)^{n-k}}{n\cdot k!(n-k)!}\int_0^n \prod_{\substack{j=0\\ j\neq k}}^{n}(t-j)\mathrm{d}t \tag{9.7}$$

则

$$A_k = (b-a)C_k^{(n)} \tag{9.8}$$

于是式(9.6)即为

$$\int_a^b f(x)\mathrm{d}x \approx (b-a)\sum_{k=0}^{n} C_k^{(n)} f(x_0 + kh) \tag{9.9}$$

式(9.9)称为 Newton-Cotes 公式。其中,$C_k{}^{(n)}$ 称为 Cotes 系数,Cotes 系数与被积函数及积分区间无关,它只依赖于区间等分数 n(也可理解为插值多项式次数 n)。下面具体计算几个 Cotes 系数。

当 $n=1$ 时,有 2 个 Cotes 系数:

$$C_0^{(1)} = \frac{(-1)}{1 \cdot 0! \cdot 1!}\int_0^1 (t-1)\mathrm{d}t = \frac{1}{2}$$

$$C_1^{(1)} = \frac{(-1)^0}{1 \cdot 1! \cdot 0!}\int_0^1 t\,\mathrm{d}t = \frac{1}{2}$$

当 $n=2$ 时,有 3 个 Cotes 系数:

$$C_0^{(2)} = \frac{(-1)^2}{2 \cdot 0! \cdot 2!}\int_0^2 (t-1)(t-2)\mathrm{d}t = \frac{1}{6}$$

$$C_1^{(2)} = \frac{(-1)^1}{2 \cdot 1! \cdot 1!}\int_0^2 t(t-2)\mathrm{d}t = \frac{4}{6}$$

$$C_2^{(2)} = \frac{(-1)^0}{2 \cdot 2! \cdot 0!}\int_0^2 t(t-1)\mathrm{d}t = \frac{1}{6}$$

类似可得,当 $n=3$ 时有 4 个 Cotes 系数:

$$C_0^{(3)} = \frac{1}{8},\quad C_1^{(3)} = \frac{3}{8},\quad C_2^{(3)} = \frac{3}{8},\quad C_3^{(3)} = \frac{1}{8}$$

当 $n=4$ 时,有 5 个 Cotes 系数:

$$C_0^{(4)} = \frac{7}{90},\quad C_1^{(4)} = \frac{32}{90},\quad C_2^{(4)} = \frac{12}{90},\quad C_3^{(4)} = \frac{32}{90},\quad C_4^{(4)} = \frac{7}{90}$$

在 Newton-Cotes 公式中,最重要的是 $n=1,2,4$ 的 3 个公式,即

当 $n=1$ 时,$I \approx (b-a)\left[\frac{1}{2}f(a) + \frac{1}{2}f(b)\right]$,此即式(9.3),为梯形公式。

当 $n=2$ 时,$I \approx (b-a)\left[\frac{1}{6}f(a) + \frac{4}{6}f(c) + \frac{1}{6}f(b)\right]$,其中 $c = \frac{b+a}{2}$,称为 Simpson 公式。

当 $n=4$ 时,$I \approx \frac{b-a}{90}[7f(a) + 32f(c) + 12f(d) + 32f(e) + 7f(b)]$,其中 c、d、e 为 $[a,b]$的四等分点,称为 Cotes 公式。

下面给出 n 为 1~8 时的 Cotes 系数。

n	$C_0^{(n)}$	$C_1^{(n)}$	$C_2^{(n)}$	$C_3^{(n)}$	$C_4^{(n)}$	$C_5^{(n)}$	$C_6^{(n)}$	$C_7^{(n)}$	$C_8^{(n)}$
1	$\frac{1}{2}$	$\frac{1}{2}$							
2	$\frac{1}{6}$	$\frac{4}{6}$	$\frac{1}{6}$						
3	$\frac{1}{8}$	$\frac{3}{8}$	$\frac{3}{8}$	$\frac{1}{8}$					
4	$\frac{7}{90}$	$\frac{32}{90}$	$\frac{12}{90}$	$\frac{32}{90}$	$\frac{7}{90}$				
5	$\frac{19}{288}$	$\frac{75}{288}$	$\frac{50}{288}$	$\frac{50}{288}$	$\frac{75}{288}$	$\frac{19}{288}$			
6	$\frac{41}{840}$	$\frac{216}{840}$	$\frac{27}{840}$	$\frac{272}{840}$	$\frac{27}{840}$	$\frac{216}{840}$	$\frac{41}{840}$		
7	$\frac{751}{17280}$	$\frac{3577}{17280}$	$\frac{1323}{17280}$	$\frac{2989}{17280}$	$\frac{2989}{17280}$	$\frac{1323}{17280}$	$\frac{3577}{17280}$	$\frac{751}{17280}$	
8	$\frac{989}{28350}$	$\frac{5888}{28350}$	$\frac{-928}{28350}$	$\frac{10496}{28350}$	$\frac{-4540}{28350}$	$\frac{10496}{28350}$	$\frac{-928}{28350}$	$\frac{5888}{28350}$	$\frac{989}{28350}$

【例 9.1】 分别利用梯形公式、Simpson 公式、Cotes 公式计算 $\int_0^1 x^n \mathrm{d}x$，$n=1,2,3,4,5$，并与用牛顿-莱布尼茨公式计算的结果进行比较。

【解】 计算结果列于表 9-1 中。

表 9-1 计算结果

函数 $f(x)$	梯形值	Simpson 值	Cotes 值	准确值
x	0.5	0.5	0.5	0.5
x^2	0.5	0.333333	0.333333	0.333333
x^3	0.5	0.25	0.25	0.25
x^4	0.5	0.208333	0.20	0.20
x^5	0.5	0.1875	0.166667	0.166667

从各公式的计算结果来看，梯形公式的计算结果只对线性函数是准确的，Simpson 公式对于次数不超过 3 的代数多项式是准确的，Cotes 公式对于 5 次以内的代数多项式都能准确成立。数值求积方法是近似方法，为了保证精度，自然希望求积公式能对“尽可能多”的函数准确成立，这就提出了代数精度的概念。

定义 9.1 如果一个求积公式，对于任何次数不超过 m 的多项式都能准确成立，而对于 $m+1$ 次的多项式不一定能准确成立，则称该求积公式具有 m 次代数精度。

易证，求积公式具有 m 次代数精度的充要条件是，它对于 $f(x)=1,x,x^2,\cdots,x^m$ 都能准确成立，但对于 $f(x)=x^{m+1}$ 不能准确成立。

由此充要条件可以验证，梯形公式、Simpson 公式、Cotes 公式分别具有 1、3、5 次代数精度。

当 $f(x)$ 是次数不超过 n 的多项式时，其插值多项式 $L_n(x)=f(x)$。因此，插值型求积公式(9.6)至少具有 n 次代数精度。进一步还可以证明，n 为偶数的 Newton-Cotes 公式至少具有 $n+1$ 次代数精度。

Cotes 公式的余项

9.1.2　低阶 Newton-Cotes 公式的误差分析

在建立 Newton-Cotes 公式时，用一个不超过 n 次的插值多项式 $L_n(x)$ 来近似被积函数 $f(x)$ 求积分，$f(x)=L_n(x)+R_n(x)$，由第 8 章关于插值多项式余项的结论知

$$R_n(x)=\frac{f^{(n+1)}(\xi_x)}{(n+1)!}\prod_{j=0}^{n}(x-x_j),\quad \xi_x\in(a,b)$$

记 $I_n=\int_a^b L_n(x)\mathrm{d}x$，用 I_n 来近似 I 的误差记为 $R(I_n)$，则有

$$R(I_n)=\int_a^b R_n(x)\mathrm{d}x=\int_a^b\left[\frac{f^{(n+1)}(\xi_x)}{(n+1)!}\prod_{j=0}^{n}(x-x_j)\right]\mathrm{d}x \tag{9.10}$$

此即为 Newton-Cotes 公式的截断误差，也称为余项。

在推导求积公式的余项时，要用到积分中值定理，即如果 $f(x)$、$g(x)$ 为 $[a,b]$ 上的连续函数，且 $g(x)$ 在 (a,b) 内不变号，则存在 $\xi\in(a,b)$，使等式

$$\int_a^b f(x)g(x)\mathrm{d}x=f(\xi)\int_a^b g(x)\mathrm{d}x$$

成立。

下面分别给出梯形公式、Simpson 公式和 Cotes 公式的余项。

1. 梯形公式的余项 $R(T)$

由式(9.10)可得梯形公式的余项为

$$R(T)=\frac{1}{2}\int_a^b f''(\xi_x)(x-a)(x-b)\mathrm{d}x,\quad \xi_x\in(a,b)$$

$\omega_2(x)=(x-a)(x-b)$ 在 (a,b) 内不变号，根据积分中值定理，存在 $\eta\in(a,b)$ 使

$$R(T)=\frac{1}{2}f''(\eta)\int_a^b(x-a)(x-b)\mathrm{d}x=-\frac{(b-a)^3}{12}f''(\eta)$$

2. Simpson 公式的余项 $R(S)$ 与 Cotes 公式的余项 $R(C)$

关于 Simpson 公式和 Cotes 公式的余项不进行推导，只给出以下结果供使用。若 $f(x)$ 在 $[a,b]$ 上有连续的四阶或六阶导数，则分别有

$$R(S)=-\frac{b-a}{180}\left(\frac{b-a}{2}\right)^4 f^{(4)}(\eta),\quad \eta\in(a,b)$$

$$R(C)=-\frac{2(b-a)}{945}\left(\frac{b-a}{4}\right)^6 f^{(6)}(\eta),\quad \eta\in(a,b)$$

9.1.3　Newton-Cotes 公式的稳定性

在 9.1.1 节计算了 Cotes 系数，不难发现梯形公式、Simpson 公式、Cotes 公式的系数

之和都是 1。事实上,这一结论具有一般性。这是由于 Newton-Cotes 公式对于 $f(x)\equiv 1$ 都能准确成立,因而有

$$\int_a^b 1\mathrm{d}x = b-a = (b-a)\sum_{k=0}^{n} C_k^{(n)}$$

故有 $\sum_{k=0}^{n} C_k^{(n)} = 1(n=1,2,\cdots)$,即一个 Newton-Cotes 公式的所有系数之和为 1。

由于能准确地给出 Cotes 系数及节点值 x_k,因而使用 Newton-Cotes 公式计算积分时,舍入误差的影响主要来自函数值 $f(x_k)$的计算。

设准确值 $f(x_k)$的计算值为$\bar{f}(x_k)$,其误差 $\varepsilon_k = f(x_k)-\bar{f}(x_k)(k=0,1,2,\cdots,n)$,因而用式(9.9)计算,得到的计算值为

$$\bar{I}_n = (b-a)\sum_{k=0}^{n} C_k^{(n)}\bar{f}(x_k)$$

它与理论值 $I_n = (b-a)\sum_{k=0}^{n} C_k^{(n)} f(x_k)$ 的误差为

$$\begin{aligned} I_n - \bar{I}_n &= (b-a)\sum_{k=0}^{n} C_k^{(n)}[f(x_k)-\bar{f}(x_k)] \\ &= (b-a)\sum_{k=0}^{n} C_k^{(n)}\varepsilon_k \end{aligned}$$

记 $\varepsilon = \max\limits_{0\leqslant k\leqslant n}|\varepsilon_k|$。如果所有的求积系数 $C_k^{(n)}$ 皆为正数,则有

$$\begin{aligned} |I_n - \bar{I}_n| &= \left|(b-a)\sum_{k=0}^{n} C_k^{(n)}\varepsilon_k\right| \\ &\leqslant (b-a)\sum_{k=0}^{n}|C_k^{(n)}||\varepsilon_k| \\ &\leqslant (b-a)\varepsilon\sum_{k=0}^{n} C_k^{(n)} \\ &= (b-a)\varepsilon \end{aligned}$$

即当求积系数均为正数,ε 为$\bar{f}(x_k)(k=0,1,2,\cdots,n)$的一个绝对误差限时,结果的误差积累不会超过$(b-a)\varepsilon$,因而方法是稳定的。但是,当求积系数有正有负(例如 $n\geqslant 8$)时,将有

$$(b-a)\varepsilon\sum_{k=0}^{n}|C_k^{(n)}| > (b-a)\varepsilon$$

因而无法保证方法的稳定性。因此,在实际计算中一般不使用高阶的 Newton-Cotes 公式。

9.2 复合求积公式

9.2.1 复合 Newton-Cotes 公式

复合求积公式

为了提高求积的精确度,通常采用复合求积的方法,即将积分区间

$[a,b]N$ 等分，每个子区间的长度为 $h=\dfrac{b-a}{N}$，然后在每个子区间上使用低阶的求积公式，最后把每一区间上的计算结果累加起来，就得到定积分 I 的近似值。

1. 复合梯形公式

如果在每个子区间上使用梯形公式，就得到复合梯形公式。将积分区间 $[a,b]N$ 等分后的节点记为 x_k，$x_k=a+kh(k=0,1,2,\cdots,N)$，在每个子区间 $[x_k,x_{k+1}]$ $(k=0,1,2,\cdots,N-1)$ 上应用梯形公式，再求和得

$$I\approx h\left[\frac{1}{2}f(x_0)+\frac{1}{2}f(x_1)\right]+h\left[\frac{1}{2}f(x_1)+\frac{1}{2}f(x_2)\right]+\cdots+h\left[\frac{1}{2}f(x_{N-1})+\frac{1}{2}f(x_N)\right]$$

$$=\frac{h}{2}\left[f(a)+2\sum_{k=1}^{N-1}f(x_k)+f(b)\right]$$

复合梯形公式

公式

$$T_N=\frac{h}{2}\left[f(a)+2\sum_{k=1}^{N-1}f(x_k)+f(b)\right]$$

称为复合梯形公式(见图 9-1)，其中 $x_k=a+kh$ $(k=0,1,2,\cdots,N)$，$h=\dfrac{b-a}{N}$。

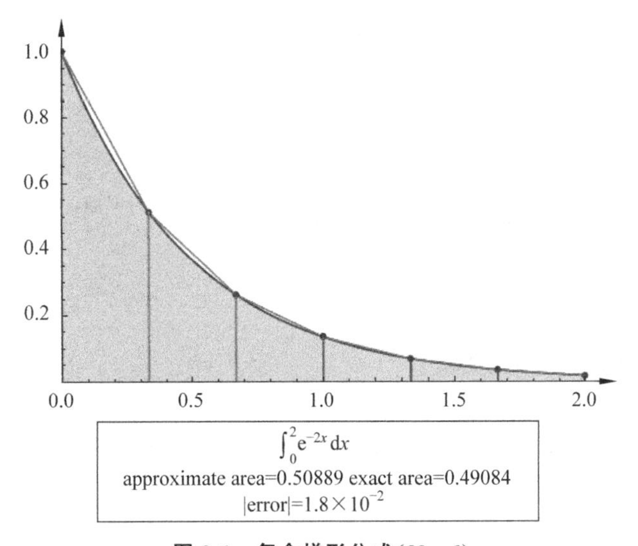

图 9-1　复合梯形公式($N=6$)

2. 复合 Simpson 公式及复合 Cotes 公式

复合 Cotes 公式

如果在每个子区间上使用 Simpson 公式，就得到复合 Simpson 公式(见图 9-2)。将 N 等分后的每个子区间再对分一次，于是共有 $2N+1$ 个

节点,$x_k=a+k\cdot\frac{h}{2}$ $(k=0,1,2,\cdots,2N)$,在每个 N 等分的子区间$[x_{2k},x_{2k+2}]$ $(k=0,1,2,\cdots,N-1)$上应用 Simpson 公式,再求和得

$$S_N=\frac{h}{6}\left[f(a)+4\sum_{k=1}^{N}f(x_{2k-1})+2\sum_{k=1}^{N-1}f(x_{2k})+f(b)\right]$$

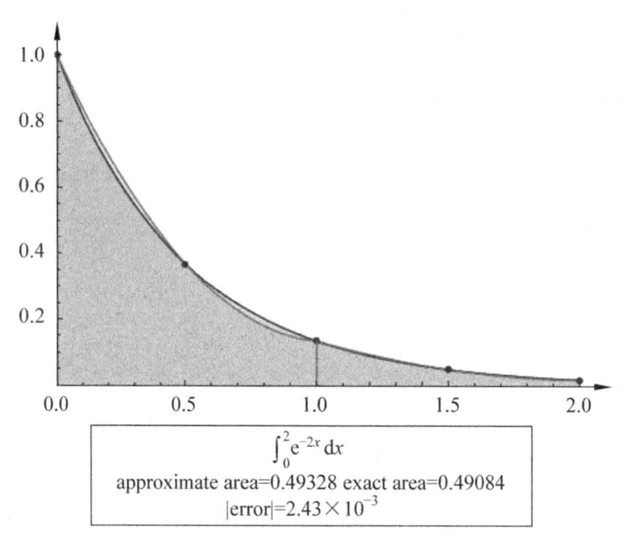

图 9-2　复合 Simpson 公式($N=2$)

同理可得复合 Cotes 公式

$$C_N=\frac{h}{90}\left[7f(a)+32\sum_{k=1}^{N}f(x_{4k-3})+12\sum_{k=1}^{N}f(x_{4k-2})+\right.$$
$$\left.32\sum_{k=1}^{N}f(x_{4k-1})+14\sum_{k=1}^{N-1}f(x_{4k})+7f(b)\right]$$

其中,$x_k=a+k\cdot\frac{h}{4}$。

9.2.2　复合求积公式的余项

复合求积公式的余项

梯形公式的余项为 $R[T]=-\frac{(b-a)^3}{12}f''(\eta)(\eta\in(a,b))$,对于复合梯形公式则有

$$I-T_N=-\frac{h^3}{12}[f''(\eta_1)+f''(\eta_2)+\cdots+f''(\eta_N)]$$
$$=-\frac{N}{12}h^3\,\frac{f''(\eta_1)+f''(\eta_2)+\cdots+f''(\eta_N)}{N}\quad \eta_k\in[x_{k-1},x_k]$$

若 $f''(x)$在$[a,b]$上连续,则存在 $\eta\in(a,b)$,使

$$f''(\eta)=\frac{f''(\eta_1)+f''(\eta_2)+\cdots+f''(\eta_n)}{N}$$

于是

$$I-T_N=-\frac{b-a}{12}h^2f''(\eta)\quad \eta\in(a,b)$$

由 $f''(x)$ 在 $[a,b]$ 上连续可知，$f''(x)$ 在 $[a,b]$ 上有界，于是存在常数 M_2，使 $\max\limits_{a\leqslant x\leqslant b}|f''(x)|\leqslant M_2$，故

$$|I-T_N|\leqslant\frac{b-a}{12}h^2M_2$$

同理可得复合 Simpson 公式的余项

$$I-S_N=-\frac{b-a}{2880}h^4f^{(4)}(\eta)\quad \eta\in(a,b)$$

若 $f^{(4)}(x)$ 在 $[a,b]$ 上连续，则存在一个常数 M_4，使 $\max\limits_{a\leqslant x\leqslant b}|f^{(4)}(x)|\leqslant M_4$，于是

$$|I-S_N|\leqslant\frac{b-a}{2880}h^4M_4$$

复合 Cotes 公式的余项

$$I-C_N=-\frac{b-a}{1935360}h^6f^{(6)}(\eta)\quad \eta\in(a,b)$$

若 $f^{(6)}(x)$ 在 $[a,b]$ 上连续，则存在一个常数 M_6，使 $\max\limits_{a\leqslant x\leqslant b}|f^{(6)}(x)|\leqslant M_6$，于是

$$|I-C_N|\leqslant\frac{b-a}{1935360}h^6M_6$$

当 $n\to\infty$ 时，$h\to 0$，于是从这些余项公式可以看出，当 $n\to\infty$ 时，复合求积公式 T_N、S_N、C_N 都收敛于定积分值 I，而且收敛速度一个比一个快。

复合求积举例

【例 9.2】 用复合梯形公式、复合 Simpson 公式、复合 Cotes 公式在取相同节点的情况下，计算定积分 $\int_0^1\frac{\sin x}{x}\mathrm{d}x$ 的近似值。设把区间 8 等分。

【解】 把 $[0,1]$ 8 等分，$h=\frac{1}{8}$，共有 9 个节点，节点表示为 $x_k=a+k\times\frac{1}{8}(k=0,1,2,\cdots,8)$。

(1) 用复合梯形公式计算，相当于取 $N=8$，$h_T=\frac{1}{8}$，于是

$$\begin{aligned}T_8&=\frac{h_T}{2}\left[f(a)+2\sum_{k=1}^{N-1}f(x_k)+f(b)\right]\\&=\frac{1}{16}\left[f(0)+2\sum_{k=1}^{7}f\left(\frac{k}{8}\right)+f(1)\right]\\&\approx 0.9456908\end{aligned}$$

(2) 用复合 Simpson 公式计算，相当于取 $N=4$，把 $[0,1]N$ 等分，然后在每个子区间上使用 Simpson 公式，这时 $h_s=\frac{1}{4}$，　$x_k=a+k\cdot\frac{h_s}{2}=a+k\cdot\frac{1}{8}(k=0,1,2,\cdots,8)$，于是

$$S_4=\frac{h_s}{6}\left[f(a)+4\sum_{k=1}^{N}f(x_{2k-1})+2\sum_{k=1}^{N-1}f(x_{2k})+f(b)\right]$$
$$=\frac{1}{24}\left[f(0)+4\sum_{k=1}^{4}f(x_{2k-1})+2\sum_{k=1}^{3}f(x_{2k})+f(1)\right]$$
$$\approx 0.9460833$$

(3) 用复合 Cotes 公式计算，相当于取 $N=2$，把$[0,1]N$ 等分，然后在每个子区间上使用 Cotes 公式，这时 $h_c=\frac{1}{2}$，$x_k=a+k\cdot\frac{h_c}{4}=a+k\cdot\frac{1}{8}(k=0,1,2,\cdots,8)$，于是

$$C_2=\frac{h_c}{90}\left[7f(a)+32\sum_{k=1}^{2}f(x_{4k-3})+12\sum_{k=1}^{2}f(x_{4k-2})+\right.$$
$$\left.32\sum_{k=1}^{2}f(x_{4k-1})+14\sum_{k=1}^{1}f(x_{4k})+7f(b)\right]$$
$$\approx 0.9460829$$

积分 $\int_0^1 \frac{\sin x}{x}\mathrm{d}x$ 的准确值为 0.9460831…几个公式相比较，因为取的节点数一样，所以计算量基本一样，不同的只是函数值的组合方式。最后的计算结果精度是不一样的，复合梯形公式精度不高，而复合 Simpson 公式和复合 Cotes 公式精度都很高。复合 Simpson 公式计算起来更简便，所以在实际计算中，复合 Simpson 公式得到了普遍的应用。

Simpson 公式算法

复合 Simpson 公式的算法：

(1) 输入 a、b、N。

(2) $h=\frac{b-a}{2N}$，$s=f(a)$，$x=a$。

(3) 当 $i=1,2,\cdots,N$ 时做循环。

① $x=x+h$。

② $s=s+4f(x)$。

③ $x=x+h$。

④ $s=s+2f(x)$。

(4) $s=\frac{h}{3}(s-f(b))$。

9.3 变步长求积公式

变步长求积公式

9.3.1 变步长求积公式简介

从复合求积公式的余项表达式看到，计算值的精度与步长 h 有关，对于给定的精度要求，从理论上讲，可以根据复合求积公式的余项公式预先确定出恰当的步长 h。在实际应用中，当被积函数比较复杂或由列表函数给出时，其高阶导数的上界很难估计。因此，比较实用的方法是利用计算机自动地选取步长，其基本思想是用复合求积

公式进行数值积分时，将区间逐次分半进行，利用前后两次计算结果来估计误差，这样就不必求被积函数导数的上界了。

以梯形公式为例，先将积分区间分为 N 等分，利用复合梯形公式求出积分的近似值 T_N，则积分的精确值 I 可以写成

$$
\begin{aligned}
I &= T_N - \frac{b-a}{12}h^2 f''(\eta_1) \\
&= T_N - \frac{b-a}{12}\left(\frac{b-a}{N}\right)^2 f''(\eta_1), \quad \eta_1 \in (a,b)
\end{aligned}
$$

再将区间对分一次，计算 T_{2N}，则积分精确值 I 又可以写成下面的式子

$$
I = T_{2N} - \frac{b-a}{12}\left(\frac{b-a}{2N}\right)^2 f''(\eta_2), \quad \eta_2 \in (a,b)
$$

设 $f''(x)$ 在 $[a,b]$ 上变化不大，即有

$$
f''(\eta_1) \approx f''(\eta_2)
$$

于是

$$
\frac{I-T_N}{I-T_{2N}} = \frac{-\dfrac{b-a}{12}\left(\dfrac{b-a}{N}\right)^2 f''(\eta_1)}{-\dfrac{b-a}{12}\left(\dfrac{b-a}{2N}\right)^2 f''(\eta_2)} \approx 4
$$

整理可得

$$
I \approx T_{2N} + \frac{1}{3}(T_{2N} - T_N) = \frac{4}{4-1}T_{2N} - \frac{1}{4-1}T_N \tag{9.11}
$$

式(9.11)说明以 T_{2N} 作为 I 的近似值，其误差近似为 $\frac{1}{3}(T_{2N} - T_N)$，即 T_{2N} 的误差可以由 $T_{2N} - T_N$ 来控制。因此，对于给定的精度要求 ε，只要判断 $\frac{1}{3}|T_{2N} - T_N| \leqslant \varepsilon$ 是否成立。如果成立，即可取 T_{2N} 作为定积分 I 的近似值；若不成立，则再把区间对分一次，计算 T_{4N}，然后判断 $\frac{1}{3}|T_{4N} - T_{2N}| \leqslant \varepsilon$ 是否成立，直到满足精度要求为止。

这个过程实现了根据精度要求，由程序自动选取步长计算，所以式(9.11)又称为变步长的梯形公式。

同理，由复合 Simpson 公式的余项公式，若 $f^{(4)}(x)$ 在 $[a,b]$ 上变化不大，可推导出变步长的 Simpson 公式

$$
\begin{aligned}
I &\approx S_{2N} + \frac{1}{15}(S_{2N} - S_N) \\
&= \frac{4^2}{4^2-1}S_{2N} - \frac{1}{4^2-1}S_N
\end{aligned} \tag{9.12}
$$

由复合 Cotes 公式的余项公式，若 $f^{(6)}(x)$ 在 $[a,b]$ 上变化不大，可推导出变步长的 Cotes 公式

$$
I \approx C_{2N} + \frac{1}{63}(C_{2N} - C_N)
$$

$$=\frac{4^3}{4^3-1}C_{2N}-\frac{1}{4^3-1}C_N \tag{9.13}$$

9.3.2 变步长梯形公式算法

使用变步长求积公式时应考虑,在对积分区间进行逐次分半的过程中,如何利用前一次的计算结果以减少每次重复计算节点处函数值的工作量。在此只讨论复合梯形公式的递推公式,其他递推公式可类似得出。

当把$[a,b]N(N=2^{k-1})$等分时,步长$h=h_{k-1}=\frac{b-a}{2^{k-1}}$,复合梯形公式为

$$T_{2^{k-1}}=\frac{h}{2}\left[f(a)+2\sum_{i=1}^{2^{k-1}-1}f(a+ih)+f(b)\right] \tag{9.14}$$

当把区间$[a,b]$再对分一次,即把$[a,b]2N(2N=2^k)$等分时,步长变为$h_k=\frac{h}{2}=\frac{b-a}{2^k}$,此时的复合梯形公式为

$$T_{2^k}=\frac{h}{4}\left[f(a)+2\sum_{i=1}^{2^k-1}f\left(a+i\cdot\frac{h}{2}\right)+f(b)\right] \tag{9.15}$$

式(9.15)可写为

$$\begin{aligned}T_{2^k}&=\frac{h}{4}\left[f(a)+2\sum_{i=1}^{2^{k-1}}f\left(a+(2i-1)\cdot\frac{h}{2}\right)+2\sum_{i=1}^{2^{k-1}-1}f\left(a+2i\cdot\frac{h}{2}\right)+f(b)\right]\\&=\frac{h}{4}\left[f(a)+2\sum_{i=1}^{2^{k-1}-1}f(a+ih)+f(b)\right]+\frac{h}{2}\sum_{i=1}^{2^{k-1}}f\left(a+(2i-1)\frac{h}{2}\right)\end{aligned}$$

即

$$T_{2^k}=\frac{T_{2^{k-1}}}{2}+\frac{b-a}{2^k}\sum_{i=1}^{2^{k-1}}f\left(a+(2i-1)\frac{b-a}{2^k}\right) \tag{9.16}$$

式(9.16)称为复合梯形公式的递推公式。可以看出,在用式(9.16)进行递推计算时,只需计算新增节点处的函数值,原有节点处的函数值就不必再计算了。这样做能节省大约一半的工作量。由复合梯形公式的递推式(9.16)便可得到变步长梯形公式算法。

变步长梯形公式算法:

变步长梯形公式算法

(1) 输入积分上、下限 a、b,精度要求 eps。

(2) $h=b-a$, $T_1=\frac{h}{2}(f(a)+f(b))$。

(3) ① $s=0$。

② 对 $x=a+\frac{h}{2},b,h$ 做循环

$$s=s+f(x)$$

③ $T_2=\frac{T_1}{2}+\frac{h}{2}\cdot s$

(4) 如果$|T_1-T_2|>$eps,则 $T_1=T_2$, $h=\frac{h}{2}$,返回(3);

否则输出 T_2,结束。

9.4　Romberg 求积公式

Romberg 求积公式

由式(9.11)～式(9.13)可以看出,利用前后两次计算结果进行适当的线性组合,可以构造出精度更高的计算公式,这就是 Romberg 求积公式的基本思想。记

$$\overline{T}=\frac{4}{3}T_{2N}-\frac{1}{3}T_N \tag{9.17}$$

由式(9.11)可知,$\overline{T}$ 比 T_{2N} 的精度高,那么,按照式(9.17)组合得到的近似值 $\overline{T}$,其实质究竟是什么呢?由式(9.14)和式(9.15)可得

$$\begin{aligned}
\overline{T}&=\frac{4}{3}T_{2N}-\frac{1}{3}T_N\\
&=\frac{4}{3}\cdot\frac{h}{4}\left[f(a)+2\sum_{i=1}^{2^k-1}f\left(a+i\cdot\frac{h}{2}\right)+f(b)\right]-\\
&\quad\frac{1}{3}\cdot\frac{h}{2}\left[f(a)+2\sum_{i=1}^{2^{k-1}-1}f(a+ih)+f(b)\right]\\
&=\frac{h}{6}\left[2f(a)+4\sum_{i=1}^{2^{k-1}}f\left(a+(2i-1)\cdot\frac{h}{2}\right)+\right.\\
&\quad\left.4\sum_{i=1}^{2^{k-1}-1}f\left(a+(2i)\cdot\frac{h}{2}\right)+2f(b)\right]-\\
&\quad\frac{h}{6}\left[f(a)+2\sum_{i=1}^{2^{k-1}-1}f(a+ih)+f(b)\right]
\end{aligned}$$

即

$$\overline{T}=\frac{h}{6}\left[f(a)+4\sum_{i=1}^{2^{k-1}}f\left(a+(2i-1)\cdot\frac{h}{2}\right)+2\sum_{i=1}^{2^{k-1}-1}f(a+ih)+f(b)\right]$$

对于复合 Simpson 公式,设将$[a,b]$$N(N=2^{k-1})$等分,即步长为 $h=\frac{b-a}{2^{k-1}}$,节点为 $x_k=a+k\cdot\frac{h}{2}\ (k=0,1,2,\cdots,2^k)$,于是

$$\begin{aligned}
S_N&=\frac{h}{6}\left[f(a)+4\sum_{i=1}^{2^{k-1}}f(x_{2i-1})+2\sum_{i=1}^{2^{k-1}-1}f(x_{2i})+f(b)\right]\\
&=\frac{h}{6}\left[f(a)+4\sum_{i=1}^{2^{k-1}}f\left(a+(2i-1)\frac{h}{2}\right)+2\sum_{i=1}^{2^{k-1}-1}f(a+ih)+f(b)\right]
\end{aligned}$$

即

$$S_N=\overline{T}=\frac{4}{3}T_{2N}-\frac{1}{3}T_N \tag{9.18}$$

由式(9.18)可知,复合梯形公式对分前后的两个积分值 T_N 和 T_{2N} 按式(9.17)进行线性组合,得到了复合 Simpson 公式的积分值 S_N。

类似可以验证,由复合 Simpson 公式的前后两次计算结果按式(9.12)进行线性组合可以得到精度更高的 Cotes 公式

$$C_N = \frac{16}{15}S_{2N} - \frac{1}{15}S_N \tag{9.19}$$

同理,由 Cotes 公式的前后两次计算结果按式(9.13)进行线性组合,必可得到精度更高的公式

$$R_N = \frac{64}{63}C_{2N} - \frac{1}{63}C_N \tag{9.20}$$

式(9.20)称为 Romberg 求积公式。

上述加速过程还可以继续下去。为了计算方便,引入记号 $T_{k,i}$,其中,i 表示外推的次数,k 表示$[a,b]$对分的次数,即把$[a,b]2^k$ 等分。用此记号,则有复合梯形公式的递推公式

$$T_{k,0} = \frac{T_{k-1,0}}{2} + \frac{b-a}{2^k}\sum_{j=1}^{2^{k-1}} f\left(a + (2j-1)\frac{b-a}{2^k}\right) \quad (k=1,2,\cdots) \tag{9.21}$$

及外推公式

$$T_{k,i} = \frac{4^i T_{k+1,i-1}}{4^i - 1} - \frac{T_{k,i-1}}{4^i - 1} \quad (k=0,1,2,\cdots;i=1,2,\cdots) \tag{9.22}$$

其中,$T_{k,0}=T_{2^k}$,$T_{k,1}=S_{2^k}$,$T_{k,2}=C_{2^k}$,$T_{k,3}=R_{2^k}$。

利用递推的梯形公式(9.21)计算定积分 I 的粗糙近似值,经加速公式(9.22)逐步加工成高精度的积分近似值,此种方法称为 Romberg 积分方法。这一方法的计算过程可以用下面逐行构造出的三角形数表——T 数表表示。

梯形公式的递推公式

$$\begin{array}{llll}
T_{0,0} & & & \\
T_{1,0} & T_{0,1} & & \\
T_{2,0} & T_{1,1} & T_{0,2} & \\
T_{3,0} & T_{2,1} & T_{1,2} & T_{0,3} \\
\cdots & \cdots & \cdots & \cdots
\end{array}$$

可以证明,如果 $f(x)$充分光滑,那么 T 数表每一列的元素及对角线元素均收敛到所求的积分值 $I=\int_a^b f(x)\mathrm{d}x$,即

$$\lim_{k\to\infty} T_{k,i} = I(i \text{ 固定})$$

$$\lim_{i\to\infty} T_{0,i} = I$$

并且后者的收敛速度比前者快。因此,对于给定的精度要求 ε,当

$$|T_{0,i} - T_{0,i-1}| \leqslant \varepsilon$$

时,取 $I \approx T_{0,i}$,停止计算。

从理论上来讲,公式(9.22)中的 k 和 i 可以无限制地增大,但实际经验表明,外推加速过程进行到一定的时候,再继续下去,就失去了提高精度的意义。事实上,当 i 比较大时,如果 $4^i - 1 \approx 4^i$,并且 $\left|\frac{T_{k,i-1}}{4^i-1}\right|$ 相对于 $|T_{k+1,i-1}|$ 已很小,则有

$$T_{k,i} \approx T_{k+1,i-1}$$

表明加速的效果已不明显了。另外，i 的大小还与精度要求 ε 以及步长 h 的大小有关。在求积区间长度 $b-a$ 不大的情况下，i 取到 3 或 4 就能得到较精确的结果。如果 $b-a$ 很大，则应将 $[a,b]$ 等分为若干个子区间，在每个子区间上用 Romberg 积分方法求积分近似值，然后再将它们求和，作为 $I=\int_a^b f(x)\mathrm{d}x$ 的近似值。

【例 9.3】 用 Romberg 求积方法计算积分 $\int_0^1 x^2 \mathrm{e}^x \mathrm{d}x$，精度要求为 10^{-5}。

Romberg 求积方法

【解】 $f(x)=x^2\mathrm{e}^x$，$a=0$，$b=1$。

(1) 在 $[0,1]$ 上用梯形公式计算 $T_{0,0}$

$$T_{0,0}=\frac{1-0}{2}[f(0)+f(1)]=1.359141$$

(2) 将区间二等分，此时 $k=1$，$h=\frac{1}{2}$。计算新增节点处的函数值

$$f\left(\frac{1}{2}\right)=\left(\frac{1}{2}\right)^2 \mathrm{e}^{\frac{1}{2}}=0.412180$$

用递推的梯形公式计算

$$T_{1,0}=\frac{T_{0,0}}{2}+hf\left(\frac{1}{2}\right)=0.885661$$

用加速公式(9.22)计算

$$T_{0,1}=\frac{4}{3}T_{1,0}-\frac{1}{3}T_{0,0}=0.727834$$

(3) 将区间四等分，此时，$k=2$，$h=\frac{1}{4}$。计算新增节点处的函数值 $f\left(\frac{1}{4}\right)$ 和 $f\left(\frac{3}{4}\right)$，然后计算

$$T_{2,0}=\frac{T_{1,0}}{2}+h\left[f\left(\frac{1}{4}\right)+f\left(\frac{3}{4}\right)\right]=0.760596$$

$$T_{1,1}=\frac{4}{3}T_{2,0}-\frac{1}{3}T_{1,0}=0.718908$$

$$T_{0,2}=\frac{16}{15}T_{1,1}-\frac{1}{15}T_{0,1}=0.718313$$

(4) 把区间八等分，此时 $k=3$，$h=\frac{1}{8}$，新增节点为 $\frac{1}{8}$、$\frac{3}{8}$、$\frac{5}{8}$、$\frac{7}{8}$。

$$T_{3,0}=\frac{T_{2,0}}{2}+h\left[f\left(\frac{1}{8}\right)+f\left(\frac{3}{8}\right)+f\left(\frac{5}{8}\right)+f\left(\frac{7}{8}\right)\right]=0.728890$$

$$T_{2,1}=\frac{4}{3}T_{3,0}-\frac{1}{3}T_{2,0}=0.718322$$

$$T_{1,2}=\frac{16}{15}T_{2,1}-\frac{1}{15}T_{1,1}=0.718282$$

$$T_{0,3}=\frac{64}{63}T_{1,2}-\frac{1}{63}T_{0,2}=0.718282$$

(5) 将区间 16 等分,此时 $k=4,h=\frac{1}{16}$,新增节点为$\frac{1}{16},\frac{3}{16},\frac{5}{16},\frac{7}{16},\cdots,\frac{15}{16}$。

$$T_{4,0}=\frac{T_{3,0}}{2}+h\left[f\left(\frac{1}{16}\right)+f\left(\frac{3}{16}\right)+\cdots+f\left(\frac{15}{16}\right)\right]=0.720936$$

$$T_{3,1}=\frac{4}{3}T_{4,0}-\frac{1}{3}T_{3,0}=0.718284$$

$$T_{2,2}=\frac{16}{15}T_{3,1}-\frac{1}{15}T_{2,1}=0.718282$$

$$T_{1,3}=\frac{64}{63}T_{2,2}-\frac{1}{63}T_{1,2}=0.718282$$

$$T_{0,4}=\frac{256}{255}T_{1,3}-\frac{1}{255}T_{0,3}=0.718282$$

$|T_{0,4}-T_{0,3}|\leqslant 10^{-5}$,达到精度要求,取 $T_{0,4}$ 作为积分的近似值,即

$$\int_0^1 x^2 e^x dx \approx 0.718282$$

Romberg 积分算法:

Romberg 积分算法

(1) 输入积分上、下限 a、b,精度要求 eps。

(2) $k=0,h=b-a,T_{0,0}=\frac{h}{2}(f(a)+f(b))$。

(3) $k=k+1,h=\frac{h}{2},\ T_{k,0}=\frac{T_{k-1,0}}{2}+h\sum_{j=1}^{2k-1}f(a+(2j-1)h)$。

(4) 当 $i=1,2,\cdots,k$ 时

做① $j=k-i$

② $T_{j,i}=\frac{4^iT_{j+1,i-1}-T_{j,i-1}}{4^i-1}$

(5) 如果$|T_{0,k}-T_{0,k-1}|>$eps,则返回(3);否则输出 $T_{0,k}$,结束。

9.5 数值微分

9.5.1 插值型求导公式

已知 $f(x)$在 $n+1$ 个互异的节点 $x_0<x_1<x_2<\cdots<x_n$ 上的函数值为 $y_0,y_1,y_2,\cdots,y_n$,假定 $f^{(n+1)}(x)$存在,设 $P_n(x)$是满足插值条件

$$P_n(x_i)=y_i \quad (i=0,1,2,\cdots,n)$$

的插值多项式,$R_n(x)$为 $P_n(x)$的余项,则有

$$f(x)=P_n(x)+R_n(x) \tag{9.23}$$

对式(9.23)两边求一次导数得

$$f'(x)=P'_n(x)+R'_n(x)$$

取 $P_n'(x)$的值作为 $f'(x)$的近似值，这样建立的数值微分公式

$$f'(x) \approx P_n'(x) \tag{9.24}$$

统称为插值型求导公式。

必须指出，即使 $f(x)$与 $P_n(x)$的值相差不多，导数的近似值 $P_n'(x)$与导数的真值 $f'(x)$仍然可能相差很大，因此在使用求导公式(9.24)时，应特别注意误差的分析。

求导公式(9.24)的余项为

$$f'(x) - P_n'(x) = R_n'(x) = \left(\frac{f^{(n+1)}(\xi_x)}{(n+1)!}\omega(x)\right)'$$

即

$$R_n'(x) = \frac{f^{(n+1)}(\xi_x)}{(n+1)!}\omega'(x) + \frac{1}{(n+1)!}(f^{(n+1)}(\xi_x))'\omega(x) \tag{9.25}$$

在这一余项公式中，ξ_x 是 x 的未知函数，因此$(f^{(n+1)}(\xi_x))'$难以确定，即对于任意给出的 x，余项 $R_n'(x)$是无法预估的。但是，如果限定求某个节点 $x_k(k=0,1,2,\cdots,n)$上的导数值，则式(9.25)中的第二项为 0，这时有余项公式

$$f'(x_k) - P_n'(x_k) = R_n'(x_k) = \frac{f^{(n+1)}(\xi_x)}{(n+1)!}\omega'(x_k) \tag{9.26}$$

以下仅考查节点处的导数值。为了简化讨论，假设所给的节点是等距的。

1. 两点公式

设已给出两个节点 x_0、x_1 上的函数值 y_0、y_1，于是

$$P_1(x) = \frac{x-x_1}{x_0-x_1}y_0 + \frac{x-x_0}{x_1-x_0}y_1$$

对上式两端求导，记 $h=x_1-x_0$，则有

$$P_1'(x) = \frac{1}{h}(-y_0+y_1)$$

再利用余项公式(9.26)可知，带余项的两点公式是

$$\begin{cases} f'(x_0) = \dfrac{1}{h}(y_1-y_0) - \dfrac{h}{2}f''(\xi) \\ f'(x_1) = \dfrac{1}{h}(y_1-y_0) + \dfrac{h}{2}f''(\xi) \end{cases}$$

2. 三点公式

设已给出 3 个等距节点，$x_k=x_0+kh(k=0,1,2)$上的函数值 y_0、y_1、y_2，于是

$$P_2(x) = \frac{(x-x_1)(x-x_2)}{(x_0-x_1)(x_0-x_2)}y_0 + \frac{(x-x_0)(x-x_2)}{(x_1-x_0)(x_1-x_2)}y_1 + \frac{(x-x_0)(x-x_1)}{(x_2-x_0)(x_2-x_1)}y_2$$

对上式两端求导则有

$$P'_2(x)=\frac{y_0}{2h^2}[(x-x_2)+(x-x_1)]-\frac{y_1}{h^2}[(x-x_2)+(x-x_0)]+\frac{y_2}{2h^2}[(x-x_1)+(x-x_0)]$$

再利用余项公式(9.26)可知,带余项的三点公式是

$$\begin{cases} f'(x_0)=\dfrac{1}{2h}(-3y_0+4y_1-y_2)+\dfrac{h^2}{3}f'''(\xi) \\ f'(x_1)=\dfrac{1}{2h}(-y_0+y_2)-\dfrac{h^2}{6}f'''(\xi) \\ f'(x_2)=\dfrac{1}{2h}(y_0-4y_1+3y_2)+\dfrac{h^2}{3}f'''(\xi) \end{cases}$$

3. 实用的五点公式

设已给出 5 个等距节点 $x_k=x_0+kh(k=0,1,2,3,4)$上的函数值 $y_k(k=0,1,2,3,4)$,则类似于三点公式的推导可得出带余项的五点公式。对于给定的数据表,5 个节点的选择方法,一般都是在所考查的节点两侧各取两个邻近的节点;如果一侧的节点数不足两个,则用另一侧的节点补足。

$$\begin{cases} f'(x_0)=\dfrac{1}{12h}(-25y_0+48y_1-36y_2+16y_3-3y_4)+\dfrac{h^4}{5}f^{(5)}(\xi) \\ f'(x_1)=\dfrac{1}{12h}(-3y_0-10y_1+18y_2-6y_3+y_4)-\dfrac{h^4}{20}f^{(5)}(\xi) \\ f'(x_2)=\dfrac{1}{12h}(y_0-8y_1+8y_3-y_4)-\dfrac{h^4}{30}f^{(5)}(\xi) \\ f'(x_3)=\dfrac{1}{12h}(-y_0+6y_1-18y_2+10y_3+3y_4)-\dfrac{h^4}{20}f^{(5)}(\xi) \\ f'(x_4)=\dfrac{1}{12h}(3y_0-16y_1+36y_2-48y_3+25y_4)+\dfrac{h^4}{5}f^{(5)}(\xi) \end{cases}$$

显然,用五点公式求数值导数,其精度高于三点公式,通常都可获得满意的结果。

9.5.2 样条求导公式

利用插值多项式导出的数值微分公式只能求节点上的导数,换句话说,欲求函数在某一点 x 的导数,必须把该点作为一个节点,并且根据所用的数值微分公式,在 x 的邻近给出若干个节点及其相应的函数值。如果只知道函数 $f(x)$的一张函数表,而不知道其函数关系表达式,就无法求出非节点处的导数。

我们知道,三次样条函数 $S(x)$作为 $f(x)$的近似函数,不仅函数值很接近,而且导数值也很接近。因此,用三次样条函数建立数值微分公式是很自然的。而且,与插值型求导公式不同,样条求导公式可以用来计算插值范围内任何一点处的导数值。

由 8.6 节可知,系数用节点处的二阶导数值表示的三次样条函数为

$$s_i(x)=M_{i-1}\frac{(x_i-x)^3}{6h_i}+M_i\frac{(x-x_{i-1})^3}{6h_i}+$$
$$\left(y_{i-1}-\frac{M_{i-1}}{6}h_i^2\right)\frac{x_i-x}{h_i}+\left(y_i-\frac{M_i}{6}h_i^2\right)\frac{x-x_{i-1}}{h_i}\quad(i=1,2,\cdots,n)$$

于是，当 $x\in[x_{i-1},x_i]$时，

$$f'(x)\approx s_i'(x)$$
$$=-M_{i-1}\frac{(x_i-x)^2}{2h_i}+M_i\frac{(x-x_{i-1})^2}{2h_i}+\frac{y_i-y_{i-1}}{h_i}-\frac{h_i}{6}(M_i-M_{i-1})\tag{9.27}$$

$$f''(x)\approx s_i''(x)=\frac{x_i-x}{h_i}M_{i-1}+\frac{x-x_{i-1}}{h_i}M_i\tag{9.28}$$

特别地，如果要求节点处的二阶导数值，则有

$$f''(x_i)=M_i\quad(i=0,1,2,\cdots,n)$$

上机计算时，在求三次样条插值函数的程序中加上式(9.27)和式(9.28)就可实现求一、二阶数值导数了。

9.6　MATLAB 函数求定积分

1. quad 函数求定积分

该函数的调用格式为

```
[I,n]=quad('filename',a,b,tol,trace)
```

其中，filename 是被积函数名；a 和 b 分别是定积分的下限和上限；tol 用来控制积分精度，默认取 tol$=10^{-6}$；trace 控制是否展现积分过程，若取非 0 则展现积分过程，取 0 则不展现，默认取 trace=0；返回参数 I 即定积分值；n 为被积函数的调用次数。

【例 9.4】　求定积分 $\int_0^1\frac{1}{1+x^2}dx$。

先定义一个函数 fj，以 fj.m 文件存盘。

```
function f=fj(x)
    f=1./(1+x.*x)
end
```

然后在命令窗口输入以下命令：

```
>>[s,n]=quad('fj',0,1)
```

得到结果为

```
s=
    0.7854
n=
```

```
    17
```

也可以不定义函数,直接将函数表达式写在括号内,例如

```
>>[s,n]=quad('1./(1+x.^2)',0,1)
```

2. 使用 quadl 函数可以得到精度更高的结果

```
>>[s,n]=quadl('fj',0,1)
```

3. 当被积函数是以表格形式给出时,可以使用 trapz 函数求积分

例如求定积分$\int_0^1 x^2 e^x dx$

```
>>x=0:0.1:1;
>>y=x.^2.*exp(x);
>>s=trapz(x,y)
s=
    0.7251
```

小结

实验与习题 9

9.1 编制用复合 Simpson 公式求数值积分的程序,$n=8$,$\int_0^1 \frac{1}{1+x^2}dx$。

复合 Simpson 公式

```
%Simpson 计算定积分问题
a=0;
b=1;
n=8;
h=___(1)___;
x=a;
s=fsps(a);
for i=1:n
   x=x+h;
   s=s+___(2)___;
   x=x+h;
   s=s+___(3)___;
end
s=h*(___(4)___)/3
```

fsps.m 文件内容为

```
function y=fsps(x)
      y=1/(1+x*x);
end
```

运行结果：

```
s=
    0.7854
```

9.2 用 Romberg 公式求定积分 $\int_0^1 x^2 e^x dx$。

(1) Romberg 积分方法函数，以文件名 rombg.m 存盘。

```
%a,b 为积分区间
%eps 为误差要求
%s 为最后积分面积
function s=rombg(a,b,eps)
n=1;
h=b-a;
%设置设计误差初值
delt=1;
x=a;
k=0;
R=zeros(4,4);
R(1,1)=h*(rombg_f(a)+rombg_f(b))/2;
while delt>eps
%如果两次计算的差值大于给定误差则进入循环
          k=k+1;   h=h/2; s=0;
for j=1:n
             x=a+h*(2*j-1); s=s+rombg_f(x);
end
R(k+1,1)=R(k,1)/2+h*s; n=2*n;
for i=1:k
R(k+1,i+1)=((4^i)*R(k+1,i)-R(k,i))/(4^i-1);
end
%前后两次值的差
delt=abs(R(k+1,k)-R(k+1,k+1));
end
s=R(k+1,k+1);
```

(2) 定义函数，以文件名 rombg_f.m 存盘。

```
%Romberg 方法实验函数
function f=rombg_f(x)
f=x/(4+x^2);
```

(3) 在命令窗口输入以下命令，即可得到结果。

```
>>rombg(0,1,1.e-6)
ans=
   0.1116
```

9.3 使用变步长的 Simpson 公式求定积分 $\int_0^1 \frac{1}{1+x^2}dx$ 的近似值。

设已定义好函数,并已保存为 ff.m 文件,在命令窗口可以直接使用。

```
function y=ff(x)
    y=1./(1+x.^2)
end
```

命令窗口使用的命令为

____(1)____

求出的结果为

____(2)____

9.4 已知 x、y 为表格形式的数据,对表格形式的数据求定积分。

```
>>x=[ 1.0    1.1    1.2    1.3    1.4    1.5    1.6    1.7    1.8    1.9
2.0    2.1    2.2    2.3    2.4    2.5    2.6    2.7    2.8    2.9    3.0]
>>Y=[2.7183    3.6350    4.7810    6.2011    7.9482   10.0838   12.6798
15.8197   19.6009   24.1361   29.5562   36.0128    43.6811   52.7634   63.4935
76.1406   91.0149  108.4732  128.9260  152.8446  180.7698]
```

【说明】 y 的数据也可以这样求出,y=x.^2. * exp(x)。

求定积分的 MATLAB 命令为

____(1)____

计算结果为

____(2)____

9.5 分别利用梯形公式和 Simpson 公式计算下列积分。

(1) $\int_1^2 x\ln x\,dx$　　(2) $\int_0^{0.3} \sqrt{x}\,dx$

(3) $\int_0^{0.5} e^{2x}\cos 3x\,dx$　　(4) $\int_0^{0.2} \sqrt{1+x^2}\,dx$

9.6 分别利用复合梯形公式和复合 Simpson 公式计算

(1) $\int_1^3 \frac{1}{x}dx$,取 $N=4$。　　(2) $\int_0^1 x^2 e^x\,dx$,取 $N=8$。

9.7 分别用复合梯形公式和复合 Simpson 公式计算积分 $\int_1^3 e^x \sin x\,dx$,要求截断误差不超过 10^{-4},问各需要把区间分成多少等分?

9.8 已知有下列表函数 $f(x)$(见表 9-2),分别利用复合梯形公式、复合 Simpson 公式、复合 Cotes 公式计算 $\int_0^{2.4} f(x)dx$,并在节点相同的前提下比较各公式的精度(本表函数是根据函数 $f(x)=\sin x+\cos x$ 计算出来的)。

表 9-2　数据表(一)

x	y
0	1
0.3	1.250857
0.6	1.389978
0.9	1.404937
1.2	1.294397
1.5	1.068232
1.8	0.746646
2.1	0.358363
2.4	−0.061931

9.9　根据 $f(x)=\dfrac{1}{(1+x)^2}$ 的一张数据表(见表 9-3)，分别用两点公式与三点公式计算节点 1.1 和 1.2 处的导数值，并估计误差。

表 9-3　数据表(二)

x_i	$f(x_i)$
1.0	0.25
1.1	0.2268
1.2	0.2066
1.3	0.189

第10章

常微分方程初值问题的数值解法

10.1 引言

科学研究和工程技术中的很多问题往往归结为常微分方程初值问题。常微分方程的理论指出，许多方程的定解虽然存在，但可能十分复杂且难于计算，也可能无法用简单的初等函数表示，因此只能用数值方法求其近似解。

本章主要讨论一阶常微分方程初值问题

$$\begin{cases} y' = f(x,y), & a \leqslant x \leqslant b \\ y(a) = y_0 \end{cases} \tag{10.1}$$

的数值解法，其基本思想完全适用于常微分方程组和高阶常微分方程。

设 $f(x,y)$ 在区域

$$G:\{a \leqslant x \leqslant b, -\infty < y < +\infty\}$$

上连续，且关于 y 满足利普希茨条件，即存在常数 $L>0$，使

$$|f(x,y_1) - f(x,y_2)| \leqslant L|y_1 - y_2|, \quad \forall (x,y_1),(x,y_2) \in G$$

则由常微分方程理论可知，在此条件下，一阶常微分方程初值问题式(10.1)的解存在且唯一。本章恒设该条件成立。

所谓解常微分方程的数值方法，就是求 $y(x)$ 在区间 $[a,b]$ 一系列离散点(也称节点)

$$a = x_0 < x_1 < x_2 < \cdots < x_n \leqslant b$$

上 $y(x_i)$ 的近似值 $y_i(i=1,2,\cdots,n)$，这些近似值就是初值问题式(10.1)的数值解。

通常取离散点 $x_0,x_1,x_2,\cdots,x_n$ 为等距，即

$$x_{i+1} - x_i = h, \quad i = 0,1,2,\cdots,n-1$$

h 称为步长。

常微分方程初值问题简介

10.2 欧拉方法

10.2.1 欧拉方法简介

设 $y = y(x)$ 为式(10.1)的解，则

$$y'(x)=f(x,y(x)) \tag{10.2}$$

在$[x_i,x_{i+1}]$($i=0,1,2,\cdots,n-1$)上对式(10.2)进行积分，有

$$\int_{x_i}^{x_{i+1}} y'(x)\mathrm{d}x=\int_{x_i}^{x_{i+1}} f(x,y(x))\mathrm{d}x$$

$$y(x_{i+1})-y(x_i)=\int_{x_i}^{x_{i+1}} f(x,y(x))\mathrm{d}x \tag{10.3}$$

$$y(x_{i+1})=y(x_i)+\int_{x_i}^{x_{i+1}} f(x,y(x))\mathrm{d}x \quad (i=0,1,2,\cdots,n-1)$$

当 $i=0$ 时，式(10.3)为

$$y(x_1)=y(x_0)+\int_{x_0}^{x_1} f(x,y(x))\mathrm{d}x$$

在$[x_0,x_1]$上取 $f(x,y(x))\approx f(x_0,y_0)$，则有

$$y(x_1)\approx y(x_0)+f(x_0,y_0)(x_1-x_0)=y_0+hf(x_0,y_0)$$

记

$$y_1=y_0+hf(x_0,y_0)$$

于是 $y(x_1)\approx y_1$。

当 $i=1$ 时，式(10.3)为

$$y(x_2)=y(x_1)+\int_{x_1}^{x_2} f(x,y(x))\mathrm{d}x$$

在$[x_1,x_2]$上取 $f(x,y(x))\approx f(x_1,y_1)$，则有

$$y(x_2)\approx y(x_1)+f(x_1,y_1)(x_2-x_1)\approx y_1+hf(x_1,y_1)$$

记

$$y_2=y_1+hf(x_1,y_1)$$

于是 $y(x_2)\approx y_2$。

一般地，对于

$$y(x_{i+1})=y(x_i)+\int_{x_i}^{x_{i+1}} f(x,y(x))\mathrm{d}x$$

在$[x_i,x_{i+1}]$上取 $f(x,y(x))\approx f(x_i,y_i)$，又由于 $y(x_i)\approx y_i$，于是有

$$y(x_{i+1})\approx y(x_i)+f(x_i,y_i)(x_{i+1}-x_i)\approx y_i+hf(x_i,y_i)$$

记

$$y_{i+1}=y_i+hf(x_i,y_i) \quad (i=0,1,2,\cdots,n-1) \tag{10.4}$$

于是 $y(x_{i+1})\approx y_{i+1}$($i=0,1,2,\cdots,n-1$)。式(10.4)即为欧拉(Euler)公式。

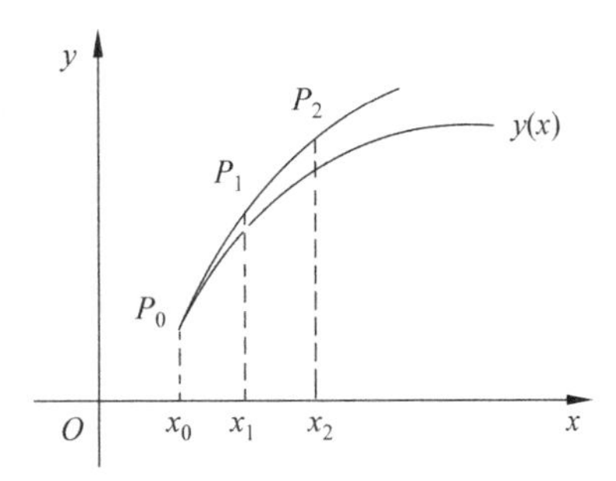

图 10-1　欧拉公式的几何意义

欧拉公式有明显的几何意义，如图 10-1 所示。从点 $P_0(x_0,y_0)$出发做一条以 $f(x_0,y_0)$为斜率的直线 P_0P_1 与直线 $x=x_1$ 交于 $P_1(x_1,y_1)$，y_1 就是 $y(x_1)$的近似值；再从 P_1 出发做一条以 $f(x_1,y_1)$为斜率的直线 P_1P_2 与直线 $x=x_2$ 交于 $P_2(x_2,y_2)$，y_2 就是$y(x_2)$的近似值；如此继续下去，得到一条折线 $P_0P_1P_2\cdots$欧拉方法就是用这条折线作为初

值问题式(10.1)的积分曲线 $y=y(x)$ 的近似曲线，因此又称欧拉方法为欧拉折线法。

10.2.2 改进的欧拉方法

可以看出，欧拉方法是在每个小区间$[x_i,x_{i+1}]$$(i=0,1,2,\cdots,n-1)$上用矩形面积$hf(x_i,y_i)$来近似曲边梯形面积$\int_{x_i}^{x_{i+1}} f(x,y(x))\mathrm{d}x$。因此，欧拉方法也称为矩形法。下面以梯形面积来近似该曲边梯形面积，这无疑将提高计算精度。设 y_i 和 y_{i+1}分别为 $y(x_i)$和 $y(x_{i+1})$的近似值，在$[x_i,x_{i+1}]$$(i=0,1,2,\cdots,n-1)$上，取 $f(x,y(x))\approx\frac{1}{2}[f(x_i,y_i)+f(x_{i+1},y_{i+1})]$，由式(10.3)有

$$
\begin{aligned}
y(x_{i+1}) &\approx y(x_i)+\frac{1}{2}[f(x_i,y_i)+f(x_{i+1},y_{i+1})](x_{i+1}-x_i) \\
&\approx y_i+\frac{h}{2}[f(x_i,y_i)+f(x_{i+1},y_{i+1})]
\end{aligned}
$$

记

$$
y_{i+1}=y_i+\frac{h}{2}[f(x_i,y_i)+f(x_{i+1},y_{i+1})] \quad (i=0,1,2,\cdots,n-1) \tag{10.5}
$$

于是 $y(x_{i+1})\approx y_{i+1}(i=0,1,2,\cdots,n-1)$。式(10.5)称为梯形公式。

梯形公式与欧拉公式有着本质的区别，欧拉公式是关于 y_{i+1}的一个直接的计算公式，这类公式统称为显式的；梯形公式的右端函数中含有未知量 y_{i+1}，它实际上是关于 y_{i+1}的一个函数方程，这类公式统称为隐式的。

显式与隐式两类方法各有特点。使用显式方法比隐式方法方便，但考虑数值稳定性等因素，有时需要选用隐式方法。

使用隐式方法时，要把 y_{i+1}从函数方程(如式(10.5))中解出来，一般情况下是很不容易的。为了避免求解函数方程，实际计算时，对于隐式公式常采用预测-校正技术，即在求 y_{i+1}时，先用显式公式得到一个预测值$\bar{y}_{i+1}$，其精度不高，然后将其代入用隐式公式求得校正值 y_{i+1}。对梯形公式(10.5)采用预测-校正技术，则有

$$
\begin{cases}
\bar{y}_{i+1}=y_i+hf(x_i,y_i) \\
y_{i+1}=y_i+\frac{h}{2}[f(x_i,y_i)+f(x_{i+1},\bar{y}_{i+1})]
\end{cases} \tag{10.6}
$$

它称为改进的欧拉公式。习惯上常将式(10.6)改写为

$$
\begin{cases}
y_{i+1}=y_i+\frac{h}{2}(k_1+k_2) \\
k_1=f(x_i,y_i) \\
k_2=f(x_i+h,y_i+hk_1)
\end{cases} \tag{10.7}
$$

改进的欧拉方法算法：

(1) 输入 x、y、h、n。

(2) 对 $i=1,2,\cdots,n$ 做循环。

① $k_1=f(x,y)$。

② $x=x+h$。

③ $k_2=f(x,y+hk_1)$。

④ $y=y+h(k_1+k_2)/2$。

⑤ 输出 x、y。

10.2.3　局部截断误差和方法的阶

定义 10.1　假设在计算 y_{i+1} 的求解公式中的 $y_k(k\leqslant i)$ 皆为精确值，即 $y_k=y(x_k)$ $(k\leqslant i)$，则称 $y(x_{i+1})-y_{i+1}$ 为局部截断误差。

考查欧拉公式的局部截断误差，有

$$y_{i+1}=y_i+hf(x_i,y_i)=y(x_i)+hf(x_i,y(x_i))=y(x_i)+hy'(x_i)$$

而据 Taylor 展开式

$$y(x_{i+1})=y(x_i+h)=y(x_i)+hy'(x_i)+\frac{h^2}{2!}y''(\xi)\quad(x_i<\xi<x_{i+1})$$

于是欧拉公式的局部截断误差为

$$y(x_{i+1})-y_{i+1}=\frac{h^2}{2!}y''(\xi)=O(h^2)\tag{10.8}$$

定义 10.2　如果某种方法的局部截断误差为 $O(h^{p+1})$，则称该方法是 p 阶的，或具有 p 阶精度。

由式(10.8)可知，欧拉方法是一阶的。

再考查改进的欧拉公式的局部截断误差，有

$$\begin{aligned}k_1&=f(x_i,y_i)=f(x_i,y(x_i))=y'(x_i)\\k_2&=f(x_i+h,y_i+hk_1)\\&=f(x_i,y_i)+hf_x(x_i,y_i)+hk_1f_y(x_i,y_i)+O(h^2)\\&=f(x_i,y(x_i))+h[f_x(x_i,y(x_i))+y'(x_i)f_y(x_i,y(x_i))]+O(h^2)\\&=y'(x_i)+hy''(x_i)+O(h^2)\end{aligned}$$

于是

$$\begin{aligned}y_{i+1}&=y_i+\frac{h}{2}(k_1+k_2)\\&=y(x_i)+\frac{h}{2}[y'(x_i)+y'(x_i)+hy''(x_i)+O(h^2)]\\&=y(x_i)+hy'(x_i)+\frac{h^2}{2}y''(x_i)+O(h^3)\end{aligned}$$

而据 Taylor 展开式

$$\begin{aligned}y(x_{i+1})&=y(x_i+h)\\&=y(x_i)+hy'(x_i)+\frac{h^2}{2}y''(x_i)+\frac{h^3}{3!}y'''(\xi)\quad(x_i<\xi<x_{i+1})\end{aligned}$$

故改进的欧拉公式的局部截断误差为

$$y(x_{i+1})-y_{i+1}=O(h^3)\tag{10.9}$$

由此可知，改进的欧拉方法是二阶的。

【例 10.1】 分别用欧拉方法和改进的欧拉方法求解

改进的欧拉方法

$$\begin{cases} y' = y - \dfrac{2x}{y}, \quad 0 \leqslant x \leqslant 1 \\ y(0) = 1 \end{cases}$$

取 $h=0.1$(其解析解为 $y=\sqrt{1+2x}$)。

【解】 据欧拉公式,有

$$y_{i+1} = y_i + 0.1\left(y_i - \frac{2x_i}{y_i}\right) = 1.1y_i - \frac{0.2x_i}{y_i} \quad (i=0,1,2,\cdots,9)$$

据改进的欧拉公式,有

欧拉方法举例

$$\begin{cases} \bar{y}_{i+1} = 1.1y_i - \dfrac{0.2x_i}{y_i} \\ y_{i+1} = y_i + 0.05\left(y_i - \dfrac{2x_i}{y_i} + \bar{y}_{i+1} - \dfrac{2x_{i+1}}{\bar{y}_{i+1}}\right) \end{cases} \quad (i=0,1,2,\cdots,9)$$

计算结果如表 10-1 所示。

表 10-1 计算结果(一)

x_i	欧拉方法	改进的欧拉方法	精确值
0.1	1.100000	1.095909	1.095445
0.2	1.191818	1.184097	1.183216
0.3	1.277438	1.266201	1.264911
0.4	1.358213	1.343360	1.341641
0.5	1.435133	1.416402	1.414214
0.6	1.508966	1.485956	1.483240
0.7	1.580338	1.552515	1.549193
0.8	1.649783	1.616478	1.612452
0.9	1.717779	1.678167	1.673320
1.0	1.784771	1.737686	1.732051

可以看出,改进的欧拉方法的计算结果更接近精确值。

10.3 龙格-库塔方法

10.3.1 龙格-库塔方法的基本思想和一般形式

龙格-库塔(Runge-Kutta)方法简称 R-K 法。它的基本思想:利用 $f(x,y)$ 在某些点的值的线性组合来构造一类数值计算公式,然后按 Taylor 公式展开,并与初值问题的真解的 Taylor 展开式相比较,以确定其中的系数,使其局部截断误差的阶数尽可能地高,也就是使方法的阶数尽可能地高。

龙格-库塔方法的一般形式为

$$\begin{cases} y_{i+1}=y_i+h\sum_{j=1}^{s}c_jk_j \\ k_1=f(x_i,y_i) \\ k_j=f(x_i+a_jh,y_i+h\sum_{l=1}^{j-1}b_{jl}k_l), \quad j=2,3,\cdots,s \end{cases}$$

下面以二阶龙格-库塔方法为例来说明如何确定龙格-库塔公式中的系数。

10.3.2 二阶龙格-库塔方法

二阶龙格-库塔方法的形式为

$$\begin{cases} y_{i+1}=y_i+h(c_1k_1+c_2k_2) \\ k_1=f(x_i,y_i) \\ k_2=f(x_i+ah,y_i+bhk_1) \end{cases} \tag{10.10}$$

现在来考查其局部截断误差,有

$$\begin{aligned} k_1&=f(x_i,y_i)=f(x_i,y(x_i))=y'(x_i) \\ k_2&=f(x_i+ah,y_i+bhk_1) \\ &=f(x_i,y_i)+ahf_x(x_i,y_i)+bhk_1f_y(x_i,y_i)+O(h^2) \\ &=f(x_i,y(x_i))+ahf_x(x_i,y(x_i))+bhy'(x_i)f_y(x_i,y(x_i))+O(h^2) \\ &=y'(x_i)+ahf_x(x_i,y(x_i))+bhy'(x_i)f_y(x_i,y(x_i))+O(h^2) \end{aligned}$$

于是

$$\begin{aligned} y_{i+1}&=y_i+h(c_1k_1+c_2k_2) \\ &=y(x_i)+c_1hy'(x_i)+c_2h[y'(x_i)+ahf_x(x_i,y(x_i))+ \\ &\quad bhy'(x_i)f_y(x_i,y(x_i))+O(h^2)] \\ &=y(x_i)+(c_1+c_2)hy'(x_i)+h^2[ac_2f_x(x_i,y(x_i))+ \\ &\quad bc_2y'(x_i)f_y(x_i,y(x_i))]+O(h^3) \end{aligned}$$

而据 Taylor 展开式

$$\begin{aligned} y(x_{i+1})&=y(x_i+h) \\ &=y(x_i)+hy'(x_i)+\frac{h^2}{2!}y''(x_i)+O(h^3) \\ &=y(x_i)+hy'(x_i)+\frac{h^2}{2}[f_x(x_i,y(x_i))+f_y(x_i,y(x_i))y'(x_i)]+O(h^3) \end{aligned}$$

故有

$$y(x_{i+1})-y_{i+1}=h(1-c_1-c_2)y'(x_i)+h^2\left[\left(\frac{1}{2}-ac_2\right)f_x(x_i,y(x_i))+\left(\frac{1}{2}-bc_2\right)f_y(x_i,y(x_i))y'(x_i)\right]+O(h^3)$$

要使 $y(x_{i+1})-y_{i+1}=O(h^3)$,即方法为二阶的,只要系数 c_1、c_2、a、b 满足方程组

$$\begin{cases} c_1 + c_2 = 1 \\ ac_2 = \dfrac{1}{2} \\ bc_2 = \dfrac{1}{2} \end{cases} \tag{10.11}$$

即可。这是一个 3 个方程、4 个未知量的方程组,有无穷多组解。对于满足式(10.11)的 c_1、c_2、a、b,式(10.10)构成了一族二阶龙格-库塔方法。以 a 为自由参数得

$$\begin{cases} c_1 = 1 - \dfrac{1}{2a} \\ b = a \\ c_2 = \dfrac{1}{2a} \end{cases}$$

取 $a=1$,则得改进的欧拉公式(10.7);取 $a=\dfrac{1}{2}$,则得中点公式

$$\begin{cases} y_{i+1} = y_i + hk_2 \\ k_1 = f(x_i, y_i) \\ k_2 = f\left(x_i + \dfrac{h}{2}, y_i + \dfrac{h}{2}k_1\right) \end{cases}$$

进一步可以证明,式(10.10)至多为二阶方法。要提高阶数必须增加函数值的计算次数。

10.3.3 四阶龙格-库塔方法

类似于二阶方法的推导,可以得到常用的标准四阶龙格-库塔公式

$$\begin{cases} y_{i+1} = y_i + \dfrac{h}{6}(k_1 + 2k_2 + 2k_3 + k_4) \\ k_1 = f(x_i, y_i) \\ k_2 = f\left(x_i + \dfrac{h}{2}, y_i + \dfrac{h}{2}k_1\right) \\ k_3 = f\left(x_i + \dfrac{h}{2}, y_i + \dfrac{h}{2}k_2\right) \\ k_4 = f(x_i + h, y_i + hk_3) \end{cases} \tag{10.12}$$

其局部截断误差为 $O(h^5)$。

标准四阶龙格-库塔方法算法:

(1) 输入 x、y、h、n。

(2) 对 $i=1,2,\cdots,n$ 做循环。

① 计算 k_1、k_2、k_3、k_4。

② $y=y+h(k_1+2k_2+2k_3+k_4)/6$。

③ $x=x+h$。

④ 输出 x、y。

【例 10.2】 用标准四阶龙格-库塔方法求解

$$\begin{cases}\dfrac{dy}{dx}=y-\dfrac{2x}{y}, \quad 0\leqslant x\leqslant 1\\ y(0)=1\end{cases}$$

取 $h=0.1$。

【解】 据标准四阶龙格-库塔公式,有

$$\begin{cases}y_{i+1}=y_i+\dfrac{h}{6}(k_1+2k_2+2k_3+k_4)\\ k_1=y_i-\dfrac{2x_i}{y_i}\\ k_2=y_i+\dfrac{h}{2}k_1-\dfrac{2x_i+h}{y_i+\dfrac{h}{2}k_1}\\ k_3=y_i+\dfrac{h}{2}k_2-\dfrac{2x_i+h}{y_i+\dfrac{h}{2}k_2}\\ k_4=y_i+hk_3-\dfrac{2(x_i+h)}{y_i+hk_3}\end{cases}$$

计算结果如表 10-2 所示。

表 10-2　计算结果(二)

x_i	标准四阶龙格-库塔方法	精确值
0.1	1.095446	1.095445
0.2	1.183217	1.183216
0.3	1.264912	1.264911
0.4	1.341642	1.341641
0.5	1.414216	1.414214
0.6	1.483242	1.483240
0.7	1.549196	1.549193
0.8	1.612455	1.612452
0.9	1.673324	1.673320
1.0	1.732056	1.732051

对照表 10-1 可见,四阶龙格-库塔方法比欧拉方法和改进的欧拉方法的精度高得多。但要注意,龙格-库塔方法的推导基于 Taylor 展开方法,因而要求所求解具有较好的光滑性。若解的光滑性差,使用四阶龙格-库塔方法求得的数值解的精度可能反而不如低阶方法。因此,在实际计算时,应当针对问题的具体特点选择合适的算法。

10.3.4 变步长的四阶龙格-库塔方法

下面讨论如何通过步长的自动选择,使四阶龙格-库塔方法的计算结果能够满足精度要求。

从节点 x_i 出发,先以 h 为步长,利用四阶龙格-库塔方法,得到 $y(x_{i+1})$的一个近似值,记为 $y_{i+1}^{(h)}$,则有

$$y(x_{i+1})-y_{i+1}^{(h)}=O(h^5)$$

即

$$y(x_{i+1})-y_{i+1}^{(h)}\approx ch^5 \tag{10.13}$$

当 h 充分小时,c 可以近似看成常数。

再将步长折半,即以$\frac{h}{2}$为步长,从 x_i 出发,经过两步计算,得到 $y(x_{i+1})$的一个近似值,记为 $y_{i+1}^{(h/2)}$。每计算一步的截断误差约为 $c\left(\frac{h}{2}\right)^5$,故有

$$y(x_{i+1})-y_{i+1}^{(h/2)}\approx 2c\left(\frac{h}{2}\right)^5 \tag{10.14}$$

由式(10.14)和式(10.13)相比可得

$$\frac{y(x_{i+1})-y_{i+1}^{(h/2)}}{y(x_{i+1})-y_{i+1}^{(h)}}\approx\frac{1}{16} \tag{10.15}$$

由式(10.15)整理得到

$$y(x_{i+1})-y_{i+1}^{(h/2)}\approx\frac{1}{15}(y_{i+1}^{(h/2)}-y_{i+1}^{(h)}) \tag{10.16}$$

设精度要求为 ε。当

$$|y_{i+1}^{(h/2)}-y_{i+1}^{(h)}|\leqslant\varepsilon \tag{10.17}$$

时,由式(10.16)可知,$y_{i+1}^{(h/2)}$即为 $y(x_{i+1})$的满足精度要求的近似值;如果

$$|y_{i+1}^{(h/2)}-y_{i+1}^{(h)}|>\varepsilon$$

则将步长再折半进行计算,直到式(10.17)成立为止,取此时的 $y_{i+1}^{(h/2)}$ 作为 $y(x_{i+1})$的近似值。

以上方法称为变步长的四阶龙格-库塔方法。

线性多步法

10.4 线性多步法

10.4.1 线性多步法

计算 y_{i+1}时只用到前一步的近似值 y_i 的方法称为单步法。易见,欧拉方法、改进的欧拉方法和标准四阶龙格-库塔方法都是单步法。计算 y_{i+1} 时不仅用到 y_i,还要用到 $y_{i-1},y_{i-2},\cdots,y_{i-k}(k\geqslant1)$的方法称为多步法。实际计算时,多步法必须借助于某种与它同阶的单步法(如龙格-库塔方法等),为它提供启动值 $y_1,y_2,\cdots,y_{k-1}$。

线性多步法的一般形式为

$$\begin{aligned}y_{i+1}=\alpha_0y_i+\alpha_1y_{i-1}+\cdots+\alpha_ky_{i-k}+h(\beta_{-1}f(x_{i+1},y_{i+1})+\\\beta_0f(x_i,y_i)+\beta_1f(x_{i-1},y_{i-1})+\cdots+\beta_kf(x_{i-k},y_{i-k}))\end{aligned}$$

当 $\beta_{-1}=0$ 时是显式多步法,当 $\beta_{-1}\neq0$ 时是隐式多步法。

已知

$$y(x_{i+1})=y(x_i)+\int_{x_i}^{x_{i+1}}f(x,y(x))\mathrm{d}x$$

用 k 次插值多项式 $p_k(x)$ 来近似 $f(x,y(x))$，则有

$$y(x_{i+1})\approx y(x_i)+\int_{x_i}^{x_{i+1}}p_k(x)\mathrm{d}x$$

据此可得线性多步法的计算公式

$$y_{i+1}=y_i+\int_{x_i}^{x_{i+1}}p_k(x)\mathrm{d}x \tag{10.18}$$

下面以四阶亚当斯方法为例说明线性多步法的计算公式的推导。

10.4.2 亚当斯方法

1. 亚当斯显式方法

选取 4 个点 x_{i-3}、x_{i-2}、x_{i-1}、x_i 为插值节点，于是 $F(x)=f(x,y(x))$ 的插值多项式

$$\begin{aligned}p_3(x)&=\sum_{j=i-3}^{i}\left(f(x_j,y(x_j))\prod_{\substack{k=i-3\\k\neq j}}^{i}\frac{x-x_k}{x_j-x_k}\right)\\&=\frac{(x-x_{i-1})(x-x_{i-2})(x-x_{i-3})}{(x_i-x_{i-1})(x_i-x_{i-2})(x_i-x_{i-3})}f(x_i,y(x_i))+\\&\quad\frac{(x-x_i)(x-x_{i-2})(x-x_{i-3})}{(x_{i-1}-x_i)(x_{i-1}-x_{i-2})(x_{i-1}-x_{i-3})}f(x_{i-1},y(x_{i-1}))+\\&\quad\frac{(x-x_i)(x-x_{i-1})(x-x_{i-3})}{(x_{i-2}-x_i)(x_{i-2}-x_{i-1})(x_{i-2}-x_{i-3})}f(x_{i-2},y(x_{i-2}))+\\&\quad\frac{(x-x_i)(x-x_{i-1})(x-x_{i-2})}{(x_{i-3}-x_i)(x_{i-3}-x_{i-1})(x_{i-3}-x_{i-2})}f(x_{i-3},y(x_{i-3}))\end{aligned}$$

将 $p_3(x)$ 代入式(10.18)中，并进行变量替换 $x=x_i+uh$，可得

$$\begin{aligned}y_{i+1}&=y_i+\frac{h}{6}f(x_i,y(x_i))\int_0^1(u+1)(u+2)(u+3)\mathrm{d}u-\\&\quad\frac{h}{2}f(x_{i-1},y(x_{i-1}))\int_0^1u(u+2)(u+3)\mathrm{d}u+\\&\quad\frac{h}{2}f(x_{i-2},y(x_{i-2}))\int_0^1u(u+1)(u+3)\mathrm{d}u-\\&\quad\frac{h}{6}f(x_{i-3},y(x_{i-3}))\int_0^1u(u+1)(u+2)\mathrm{d}u\\&=y_i+\frac{h}{24}[55f(x_i,y(x_i))-59f(x_{i-1},y(x_{i-1}))+\\&\quad37f(x_{i-2},y(x_{i-2}))-9f(x_{i-3},y(x_{i-3}))]\end{aligned}$$

用 y_{i-k} 替代 $y(x_{i-k})$ $(k=0,1,2,3)$，则有

$$y_{i+1}=y_i+\frac{h}{24}[55f(x_i,y_i)-59f(x_{i-1},y_{i-1})+37f(x_{i-2},y_{i-2})-9f(x_{i-3},y_{i-3})] \tag{10.19}$$

式(10.19)称为亚当斯(Adams)显式公式。

设 $y_{i-k}=y(x_{i-k})(k=0,1,2,3)$，则式(10.19)的局部截断误差为 $O(h^5)$，即亚当斯显式方法是四阶的。

2. 亚当斯隐式方法

选取 4 个点 x_{i-2}、x_{i-1}、x_i、x_{i+1} 为插值节点，于是 $F(x)=f(x,y(x))$ 的插值多项式

$$\begin{aligned}p_3(x)&=\sum_{j=i-2}^{i+1}\left(f(x_j,y(x_j))\prod_{\substack{k=i-2\\k\neq j}}^{i+1}\frac{x-x_k}{x_j-x_k}\right)\\&=\frac{(x-x_i)(x-x_{i-1})(x-x_{i-2})}{(x_{i+1}-x_i)(x_{i+1}-x_{i-1})(x_{i+1}-x_{i-2})}f(x_{i+1},y(x_{i+1}))+\\&\quad\frac{(x-x_{i+1})(x-x_{i-1})(x-x_{i-2})}{(x_i-x_{i+1})(x_i-x_{i-1})(x_i-x_{i-2})}f(x_i,y(x_i))+\\&\quad\frac{(x-x_{i+1})(x-x_i)(x-x_{i-2})}{(x_{i-1}-x_{i+1})(x_{i-1}-x_i)(x_{i-1}-x_{i-2})}f(x_{i-1},y(x_{i-1}))+\\&\quad\frac{(x-x_{i+1})(x-x_i)(x-x_{i-1})}{(x_{i-2}-x_{i+1})(x_{i-2}-x_i)(x_{i-2}-x_{i-1})}f(x_{i-2},y(x_{i-2}))\end{aligned}$$

将 $p_3(x)$ 代入式(10.18)中，并进行变量替换 $x=x_i+uh$，可得

$$\begin{aligned}y_{i+1}&=y_i+\frac{h}{6}f(x_{i+1},y(x_{i+1}))\int_0^1u(u+1)(u+2)\mathrm{d}u-\\&\quad\frac{h}{2}f(x_i,y(x_i))\int_0^1(u-1)(u+1)(u+2)\mathrm{d}u+\\&\quad\frac{h}{2}f(x_{i-1},y(x_{i-1}))\int_0^1(u-1)u(u+2)\mathrm{d}u-\\&\quad\frac{h}{6}f(x_{i-2},y(x_{i-2}))\int_0^1(u-1)u(u+1)\mathrm{d}u\\&=y_i+\frac{h}{24}[9f(x_{i+1},y(x_{i+1}))+19f(x_i,y(x_i))-\\&\quad 5f(x_{i-1},y(x_{i-1}))+f(x_{i-2},y(x_{i-2}))]\end{aligned}$$

用 y_{i-k} 替代 $y(x_{i-k})$ $(k=-1,0,1,2)$，则有

$$y_{i+1}=y_i+\frac{h}{24}[9f(x_{i+1},y_{i+1})+19f(x_i,y_i)-5f(x_{i-1},y_{i-1})+f(x_{i-2},y_{i-2})] \tag{10.20}$$

式(10.20)称为亚当斯隐式公式。

设 $y_{i-k}=y(x_{i-k})$ $(k=0,1,2)$，则式(10.20)的局部截断误差是 $O(h^5)$，即亚当斯隐式方法也是四阶的。

无论单步法还是多步法，一般隐式公式都比显式公式的稳定性好，所以常把隐式公式和

显式公式联合起来使用。将式(10.19)和式(10.20)联合起来,即得亚当斯预测-校正公式

$$\begin{cases}\bar{y}_{i+1}=y_i+\dfrac{h}{24}[55f(x_i,y_i)-59f(x_{i-1},y_{i-1})+37f(x_{i-2},y_{i-2})-9f(x_{i-3},y_{i-3})] \\ y_{i+1}=y_i+\dfrac{h}{24}[9f(x_{i+1},\bar{y}_{i+1})+19f(x_i,y_i)-5f(x_{i-1},y_{i-1})+f(x_{i-2},y_{i-2})]\end{cases}$$

其中,第一个公式称为预报公式,第二个公式称为校正公式。其局部截断误差为 $O(h^5)$,即亚当斯预测-校正方法也是四阶的。

【例 10.3】 分别用四阶亚当斯显式方法和四阶亚当斯预测-校正方法求解

$$\begin{cases}\dfrac{dy}{dx}=y-\dfrac{2x}{y}, \quad 0\leqslant x\leqslant 1 \\ y(0)=1\end{cases}$$

取 $h=0.1$。

【解】 计算结果如表 10-3 所示(y_1、y_2 和 y_3 用标准四阶龙格-库塔方法求得)。

表 10-3 计算结果(三)

x_i	标准四阶 R-K 法	Adams 显式方法	Adams 预测-校正方法	精确值
0.1	1.095446			1.095445
0.2	1.183217			1.183216
0.3	1.264912			1.264911
0.4		1.341551	1.341641	1.341641
0.5		1.414114	1.414214	1.414214
0.6		1.483037	1.483240	1.483240
0.7		1.548964	1.549193	1.549193
0.8		1.612176	1.612452	1.612452
0.9		1.672982	1.673320	1.673320
1.0		1.731645	1.732051	1.732051

10.5 一阶常微分方程组和高阶常微分方程的数值解法

10.5.1 一阶常微分方程组的数值解法

一阶常微分方程的各种数值解法,都可以直接推广到一阶常微分方程组。下面以含两个方程的常微分方程组

$$\begin{cases}y'=f(x,y,z), & y(x_0)=y_0 \\ z'=g(x,y,z), & z(x_0)=z_0\end{cases} \quad (x_0\leqslant x\leqslant x_n)$$

为例给出几个公式。

1. 欧拉公式

$$\begin{cases}y_{i+1}=y_i+hf(x_i,y_i,z_i) \\ z_{i+1}=z_i+hg(x_i,y_i,z_i)\end{cases} \quad (i=0,1,2,\cdots,n-1)$$

2. 改进的欧拉公式

$$\begin{cases}\bar{y}_{i+1}=y_i+hf(x_i,y_i,z_i)\\ \bar{z}_{i+1}=z_i+hg(x_i,y_i,z_i)\\ y_{i+1}=y_i+\dfrac{h}{2}[f(x_i,y_i,z_i)+f(x_{i+1},\bar{y}_{i+1},\bar{z}_{i+1})]\\ z_{i+1}=z_i+\dfrac{h}{2}[g(x_i,y_i,z_i)+g(x_{i+1},\bar{y}_{i+1},\bar{z}_{i+1})]\end{cases}\quad(i=0,1,2,\cdots,n-1)$$

3. 标准四阶龙格-库塔公式

$$\begin{cases}y_{i+1}=y_i+\dfrac{h}{6}(k_1+2k_2+2k_3+k_4)\\ z_{i+1}=z_i+\dfrac{h}{6}(m_1+2m_2+2m_3+m_4)\\ k_1=f(x_i,y_i,z_i)\\ k_2=f(x_i+\dfrac{h}{2},y_i+\dfrac{h}{2}k_1,z_i+\dfrac{h}{2}m_1)\\ k_3=f(x_i+\dfrac{h}{2},y_i+\dfrac{h}{2}k_2,z_i+\dfrac{h}{2}m_2)\\ k_4=f(x_i+h,y_i+hk_3,z_i+hm_3)\\ m_1=g(x_i,y_i,z_i)\\ m_2=g(x_i+\dfrac{h}{2},y_i+\dfrac{h}{2}k_1,z_i+\dfrac{h}{2}m_1)\\ m_3=g(x_i+\dfrac{h}{2},y_i+\dfrac{h}{2}k_2,z_i+\dfrac{h}{2}m_2)\\ m_4=g(x_i+h,y_i+hk_3,z_i+hm_3)\end{cases}\quad(i=0,1,2,\cdots,n-1)\qquad(10.21)$$

4. 四阶亚当斯预测-校正公式

$$\begin{cases}\bar{y}_{i+1}=y_i+\dfrac{h}{24}[55f(x_i,y_i,z_i)-59f(x_{i-1},y_{i-1},z_{i-1})+\\ \qquad 37f(x_{i-2},y_{i-2},z_{i-2})-9f(x_{i-3},y_{i-3},z_{i-3})]\\ \bar{z}_{i+1}=z_i+\dfrac{h}{24}[55g(x_i,y_i,z_i)-59g(x_{i-1},y_{i-1},z_{i-1})+\\ \qquad 37g(x_{i-2},y_{i-2},z_{i-2})-9g(x_{i-3},y_{i-3},z_{i-3})]\\ y_{i+1}=y_i+\dfrac{h}{24}[9f(x_{i+1},\bar{y}_{i+1},\bar{z}_{i+1})+19f(x_i,y_i,z_i)-\\ \qquad 5f(x_{i-1},y_{i-1},z_{i-1})+f(x_{i-2},y_{i-2},z_{i-2})]\\ z_{i+1}=z_i+\dfrac{h}{24}[9g(x_{i+1},\bar{y}_{i+1},\bar{z}_{i+1})+19g(x_i,y_i,z_i)-\\ \qquad 5g(x_{i-1},y_{i-1},z_{i-1})+g(x_{i-2},y_{i-2},z_{i-2})]\end{cases}\quad(i=0,1,2,\cdots,n-1)$$

10.5.2　高阶常微分方程的数值解法

任一高阶常微分方程总可以转化为一阶常微分方程组。例如，对二阶常微分方程

$$\begin{cases} y''=g(x,y,y'), \quad (x_0 \leqslant x \leqslant x_n) \\ y(x_0)=y_0, y'(x_0)=z_0 \end{cases} \tag{10.22}$$

可令 $z=y'$，便将其转化为一阶常微分方程组

$$\begin{cases} y'=z, & y(x_0)=y_0 \\ z'=g(x,y,z), & z(x_0)=z_0 \end{cases} \quad (x_0 \leqslant x \leqslant x_n)$$

对其应用标准四阶龙格-库塔公式(10.21)，则有

$$\begin{cases} y_{i+1}=y_i+\dfrac{h}{6}(k_1+2k_2+2k_3+k_4) \\ z_{i+1}=z_i+\dfrac{h}{6}(m_1+2m_2+2m_3+m_4) \\ k_1=z_i \\ k_2=z_i+\dfrac{h}{2}m_1 \\ k_3=z_i+\dfrac{h}{2}m_2 \\ k_4=z_i+hm_3 \\ m_1=g(x_i,y_i,z_i) \\ m_2=g\left(x_i+\dfrac{h}{2},y_i+\dfrac{h}{2}k_1,z_i+\dfrac{h}{2}m_1\right) \\ m_3=g\left(x_i+\dfrac{h}{2},y_i+\dfrac{h}{2}k_2,z_i+\dfrac{h}{2}m_2\right) \\ m_4=g(x_i+h,y_i+hk_3,z_i+hm_3) \end{cases} \quad (i=0,1,2,\cdots,n-1)$$

消去其中的 k_1、k_2、k_3、k_4，即得二阶常微分方程初值问题式(10.22)的标准四阶龙格-库塔公式

$$\begin{cases} y_{i+1}=y_i+hz_i+\dfrac{h^2}{6}(m_1+m_2+m_3) \\ z_{i+1}=z_i+\dfrac{h}{6}(m_1+2m_2+2m_3+m_4) \\ m_1=g(x_i,y_i,z_i) \\ m_2=g\left(x_i+\dfrac{h}{2},y_i+\dfrac{h}{2}z_i,z_i+\dfrac{h}{2}m_1\right) \\ m_3=g\left(x_i+\dfrac{h}{2},y_i+\dfrac{h}{2}z_i+\dfrac{h^2}{4}m_1,z_i+\dfrac{h}{2}m_2\right) \\ m_3=g\left(x_i+h,y_i+hz_i+\dfrac{h^2}{2}m_2,z_i+hm_3\right) \end{cases} \quad (i=0,1,2,\cdots,n-1)$$

其他公式亦可类似得出，在此不一一列举。

10.6 MATLAB 函数求解常微分方程

MATLAB 中用于求解常微分方程的函数包括 ode45、ode23、ode113、ode15s、ode23s、ode23t、ode23tb 等,格式为

```
[x,y]=ode45('fun',[x0,xn],y0,option)
```

其中,fun 为函数文件名,[x0,xn]为求解区域,y0 为初始条件,option 为可选参数,可参考 MATLAB 帮助文件。x 输出自变量向量,y 输出[y,y′,y″,…]。

【例 10.4】

```
>>fun=inline('y-2*x/y','x','y')
>>[x,y]=ode45(fun,[0,1],1)
```

结果为 1 列 x 的值,1 列 y 的值。数据较多,这里列出前 6 组,其他省略了。

```
x'  0  0.0250  0.05000.0750  0.1000  0.1250
y'  1.0  1.0247  1.0488  1.0724  1.0954  1.1180
```

实验与习题 10

实验

10.1 用改进的欧拉方法求解下列初值问题,取步长 $h=0.1$。

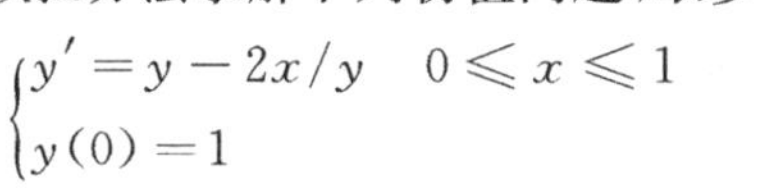

$$\begin{cases} y' = y - 2x/y & 0 \leqslant x \leqslant 1 \\ y(0) = 1 \end{cases}$$

MATLAB 程序:

```
x=0;
y=1;
h=0.1;
n=10;
for i=1:n
    k1=fxy(x,y);
    x=x+h;
    k2=fxy(x,y+h*k1);
    y=y+h*(k1+k2)/2;
    disp (['x=',num2str(x),'时,y=',num2str(y)])
end
```

fxy.m 文件内容为

```
function  y1=fxy(x,y)
    y1=y-2*x/y;
```

运行结果为

```
x=0.1时,y=1.0959
%……
x=1时,y=1.7379
```

10.2 用欧拉方法求解下列初值问题,取步长 $h=0.1$。

(1) $\begin{cases} y'=-y+2(x+1), & 0\leqslant x\leqslant 1 \\ y(0)=1 \end{cases}$

(2) $\begin{cases} y'=\dfrac{1}{2}(x+1)y^2, & 0\leqslant x\leqslant 1 \\ y(0)=1 \end{cases}$

10.3 用改进的欧拉方法求解下列初值问题,取步长 $h=0.1$。

(1) $\begin{cases} y'=x+y, & 0\leqslant x\leqslant 1 \\ y(0)=1 \end{cases}$

(2) $\begin{cases} y'=xy^2, & 0\leqslant x\leqslant 1 \\ y(0)=1 \end{cases}$

10.4 用标准四阶龙格-库塔方法求解下列初值问题,取步长 $h=0.2$。

(1) $\begin{cases} y'=\dfrac{3y}{1+x}, & 0\leqslant x\leqslant 1 \\ y(0)=1 \end{cases}$

(2) $\begin{cases} y'=x^2+x^3y, & 1\leqslant x\leqslant 2 \\ y(1)=1 \end{cases}$

10.5 用四阶亚当斯预测-校正方法求解初值问题

$$\begin{cases} y'=-xy^2, & 0\leqslant x\leqslant 1 \\ y(0)=2 \end{cases}$$

取步长 $h=0.2$。

10.6 将高阶常微分方程

$$\begin{cases} y''-0.1(1-y^2)y'+y=0 \\ y(0)=1, y'(0)=1 \end{cases}$$

化成一阶常微分方程组,并给出相应的标准四阶龙格-库塔公式。

图书资源支持

感谢您一直以来对清华版图书的支持和爱护。为了配合本书的使用，本书提供配套的资源，有需求的读者请扫描下方的“书圈”微信公众号二维码，在图书专区下载，也可以拨打电话或发送电子邮件咨询。

如果您在使用本书的过程中遇到了什么问题，或者有相关图书出版计划，也请您发邮件告诉我们，以便我们更好地为您服务。